Répertoire des fromages
du Québec

DES MÊMES AUTEURS

Les Grandes Dames de la cuisine au Québec, Tome 1, Éditions La Presse, 1984.

Les Grandes Dames de la cuisine au Québec, Tome 2, Éditions La Presse, 1986.

Le Tour du monde en 300 recettes, Éditions La Presse, 1987.

Cuisine au jour le jour, Éditions Le Manuscrit, 1987.

Guide Bizier des restaurants, Éditions Quebecor, 1992.

Guide Ulysse. Louisiane, Ulysses Distribution, 1995, 1998, 1999, 2001.

New Orleans, Ulysses Travel Publications, 1997, 1999, 2001.

Louisiana, Ulysses Travel Publications, 1998.

Guide Ulysse. La Nouvelle-Orléans, Ulysses Distribution, 1998, 2000.

Guide Ulysse. Puerto Vallarta, Ulysses Distribution, 1998, 2000, 2002.

Louisiane, Pelican Publishing Company, 1999.

Le Guide Bizier et Nadeau. Le répertoire des restaurants et des adresses gourmandes du Québec, Les Éditions de líHomme, 1999.

Tunisie. 3000 ans d'histoire, Office national du tourisme tunisien, 2002.

Les Fromages du Québec. Cinquante et une façons de les déguster et de les cuisiner, Éditions du Trécarré, 2002, 2004.

Répertoire des fromages du Québec, Éditions du Trécarré, 2002, 2004.

Célébrer le Québec gourmand. Cuisine et saveurs du terroir, Éditions du Trécarré, 2003.

Cuisine de souvenirs et recettes, Éditions du Trécarré, 2004.

Fruits et légumes de nos marchés, Éditions Caractère, 2006.

Recettes traditionnelles du temps des fêtes, Éditions du Trécarré, 2006.

Répertoire des fromages du Québec

du Québec

Richard Bizier *et* Roch Nadeau

Édition augmentée

TRÉCARRÉ
Une compagnie de Quebecor Media

Catalogage avant publication de Bibliothèque et Archives nationales
du Québec et Bibliothèque et Archives Canada

Bizier, Richard

    Répertoire des fromages du Québec
    Réédition rev. et augm.
    Comprend un index.
    ISBN 978-2-89568-402-2

1. Fromage - Variétés - Québec (Province). 2. Fromageries - Québec (Province) - Répertoires.
3. Fromage - Industrie - Québec (Province) - Répertoires. 4. Fromage - Québec (Province).
I. Nadeau, Roch. II. Titre.

SF274.C2B59 2008   637'.35'09714   C2008-941630-9

Nous reconnaissons l'aide financière du gouvernement du Canada par l'entremise du Programme
d'aide au développement de l'industrie de l'édition (PADIÉ) pour nos activités d'édition ; du
Conseil des Arts du Canada ; de la SODEC ; du gouvernement du Québec par l'entremise du
Programme de crédit d'impôt pour l'édition de livres (gestion SODEC).

Édition : Julie Simard
Révision linguistique : Anik Charbonneau
Correction d'épreuves : Céline Bouchard
Photo de la couverture : Roch Nadeau
Photographies intérieures : Roch Nadeau
Mise en pages et couverture : Louise Durocher

© 2008, Éditions du Trécarré

Groupe Librex inc.
Une compagnie de Quebecor Media
La Tourelle
1055, boul. René-Lévesque Est
Bureau 800
Montréal (Québec) H2L 4S5
Tél. : 514 849-5259
Téléc : 514 849-1388

Dépôt légal – Bibliothèque et Archives nationales du Québec
et Bibliothèque et Archives Canada, 2008

ISBN : 978-2-89568-402-2

Distribution au Canada
Messageries ADP
2315, rue de la Province
Longueuil (Québec) J4G 1G4
Téléphone : 450 640-1234
Sans frais : 1 800 771-3022

Diffusion hors Canada
Interforum

Table des matières

PRÉFACE

Le *Répertoire des fromages du Québec* en est à sa troisième édition. Conçu pour permettre aux amateurs de fromages québécois de peaufiner leurs choix, il allait devenir dès sa sortie, en 2002, un instrument incontournable de référence et de consultation. Cette nouvelle version a été entièrement revue et mise à jour pour tenir compte de l'évolution constante dans la production de fromages québécois. Elle se veut un élément essentiel pour guider les amateurs dans cette production de plus en plus variée. Certaines petites fromageries artisanales ont été vendues à de grandes unités de production, alors que des propriétaires-artisans ont été dans l'obligation de se départir de leur entreprise, faute de relève ou encore à la suite d'une maladie ou d'un décès.

Force est aussi de constater que certains fromages, fichés excellents dans les éditions précédentes, ont depuis perdu de leur panache, que d'autres ont subi une diminution de qualité sur le plan de l'affinage, et que d'autres encore, victimes de leur succès, ont vu leur qualité s'amoindrir après une commercialisation trop rapide.

Source pratique de référence, le *Répertoire des fromages du Québec* s'adresse aux consommateurs mais aussi aux restaurateurs, sans oublier les maîtres fromagers, ces dignes ambassadeurs des savoureux produits que leur talent et leur industrie permettent de bien faire connaître. Il leur arrive fréquemment de remporter des prix d'excellence aussi bien au Québec et au Canada qu'aux États-Unis et ailleurs dans le monde.

La croissance spectaculaire que connaît le Québec en matière de fabrication fromagère est un phénomène unique. Les produits offerts se comptent désormais par centaines, et il ne se passe pas un trimestre sans qu'un nouveau s'y ajoute. Nos fromages au lait – cru ou pasteurisé – de vache, de chèvre et de brebis sont des produits d'une incontestable qualité. Leur réputation à l'échelle internationale fait que le « pays du Québec » est maintenant considéré comme le haut lieu des fromages fins en terre d'Amérique.

Nous espérons que vous apprécierez la nouvelle présentation de cette toute dernière édition du *Répertoire des fromages du Québec*, ainsi que les modifications apportées pour en faciliter la consultation. Ce répertoire ne cessera de s'adapter et de s'affiner au fil des parutions.

Richard Bizier et Roch Nadeau

INTRODUCTION

La fabrication du fromage chez les francophones
d'Amérique du Nord remonte au début de la
Nouvelle-France.

Ce vaste territoire incluait alors l'Acadie et le Québec, il s'étendait au sud
des Grands Lacs, poussait ses limites territoriales à l'est et à l'ouest du
Mississippi sur plusieurs centaines de kilomètres, et s'étirait jusqu'au
golfe du Mexique. La voie fluviale du Mississippi traversait les riches
terres de la Haute-Louisiane et de la Basse-Louisiane. Dans toutes ces
régions agricoles de la colonie française d'Amérique, l'habitant fabriquait
des fromages.

 Ce sont des facteurs historiques, voire culturels, qui ont freiné la
production de ces fromages que savaient si bien fabriquer nos ancêtres, et
que l'on qualifierait aujourd'hui de fromages fins, artisanaux ou fermiers.
À la suite de la conquête britannique, puis de la vente de la Louisiane aux
États-Unis, la fabrication des fromages s'est limitée surtout au cheddar, fait
selon la méthode traditionnelle dont les Québécois ont hérité. Si l'influence
anglo-saxonne a bousculé l'éventail des fromages produits en Amérique
francophone au cours des XVIIᵉ, XVIIIᵉ et XIXᵉ siècles, le phénomène aura
quand même permis de maintenir un savoir-faire en la matière.

TRADITION PAYSANNE ET MONACALE

Même si le cheddar dominait la petite et la moyenne industrie de la production fromagère, il y eut des exceptions. À l'île d'Orléans, les cultivateurs fabriquaient un produit dont l'origine remonte au début de la colonie française. Ce divin fromage, affiné à point et particulièrement odorant, avait beaucoup de caractère. Hélas, en 1965, un règlement interdisant l'utilisation du lait cru a eu pour effet de mettre fin à la fabrication de ce fromage patrimonial. Jusqu'à cette date, la famille Aubin avait conservé de génération en génération, de mère en fille, pour être plus précis, les secrets de fabrication du regretté « fromage affiné de l'île d'Orléans », tué depuis par l'ignorance.

En 1881, huit moines trappistes venus de l'abbaye de Bellefontaine, en France, fondaient un monastère à Oka. Quelques années plus tard, l'abbaye abrita l'École d'agriculture d'Oka, mieux connue sous le nom d'Institut agricole d'Oka. Le 18 février 1893 arrivait en terre québécoise le frère Alphonse Juin, qui avait jusque-là résidé en France, à l'abbaye cistercienne de Notre-Dame de Port-du-Salut, et séjourné à la Trappe de Notre-Dame de Gethsémani, aux États-Unis. Dans son abbaye française, le frère Juin fabriquait déjà un fromage réputé sous l'appellation de « Port-du-Salut ». Cela donnera naissance au fromage d'Oka. Il faut rappeler que, chaque abbaye devant compter sur ses propres ressources pour subsister, la création du fromage d'Oka par le frère Juin allait permettre à la communauté encore naissante de pourvoir à ses besoins, puis de s'agrandir.

En 1912, après avoir acheté une immense propriété agricole en bordure du lac Memphrémagog, dans les Cantons-de-l'Est, des moines bénédictins français y construisirent l'abbaye de Saint-Benoît-du-Lac. Durant les décennies qui suivirent, divers bâtiments utilitaires s'y sont ajoutés. En 1943, la fromagerie ouvrait ses portes : on y fabriquait entre autres deux excellents bleus, l'Ermite et le Bénédictin ; un gruyère doux, le Mont Saint-Benoît ; un gruyère à saveur marquée, le Moine, et enfin le Frère Jacques et la Ricotta.

En 1993, des religieuses orthodoxes implantaient le Saint-Monastère de la Vierge-Marie-La Consolatrice à Brownsburg-Chatham, près de Lachute. Au début, la ferme monacale produisait pour les besoins de la communauté : potager, bergerie, chèvrerie, poulailler, laiterie et fromagerie leur permettaient une certaine autosuffisance alimentaire. Le dimanche matin, les pèlerins assistent de plus en plus nombreux à la messe traditionnelle orthodoxe, dont la liturgie dure quatre heures. Après l'office, les visiteurs, qui ont souvent parcouru plusieurs kilomètres, participent aux agapes offertes par les sœurs. C'est là pour eux l'occasion de goûter les bons fromages fabriqués au monastère et d'en acheter avant de reprendre la route.

Depuis 2001, pour répondre à la demande toujours croissante des pèlerins, la communauté vend ses fromages. La ferme du Troupeau Bénit produit aujourd'hui près d'une dizaine de variétés de fromages de chèvre ou de brebis, dont la féta. La moyenne d'âge de la quinzaine de sœurs vivant au monastère se situant dans la trentaine, la tradition monacale a donc une relève assurée au Québec.

LA TRADITION EUROPÉENNE S'IMPLANTE AU QUÉBEC

En 1981, le Suisse Fritz Kaiser, fraîchement arrivé au Québec, s'installait en Montérégie, à Noyan, dans la vallée du Richelieu, dans une ferme entourée de beaux pâturages. Le maître fromager ne tarda pas à mettre sur le marché une première raclette fabriquée selon la tradition de sa Suisse natale. La Fromagerie Fritz Kaiser fabrique aujourd'hui toute une gamme de fameux fromages fins (des croûtes lavées à pâtes ferme et semi-ferme) qui font à la fois l'honneur de l'industrie fromagère québécoise et le bonheur des amateurs.

Au Québec, la demande toujours croissante pour les fromages d'importation européenne va favoriser l'émergence d'une production locale originale. Les Européens qui s'installent ici aiment retrouver des fromages de leur pays d'origine en faisant leur marché. Les Italiens, les Français, les Allemands, les Grecs, les Anglais, les Suisses, les Hollandais, les Scandinaves, les Espagnols et les Portugais vont tour à tour contribuer à élargir les choix offerts aux consommateurs. Jusqu'alors, au Québec, hormis le cheddar et les rares fromages fabriqués dans nos abbayes, la liste était courte. Mais des changements s'opèrent et la tradition québécoise voit le jour.

LA RELÈVE QUÉBÉCOISE

Vers la fin des années 1980 et le début des années 1990, certains producteurs québécois ont commencé à vouloir élargir leur répertoire. Spécialisés dans la fabrication du cheddar, ils étaient conscients de leur difficulté à aborder d'autres types de production. Cela était dû à leur méconnaissance bien compréhensible des fromages européens élaborés selon une longue tradition et des recettes de fabrication souvent jalousement gardées par les familles ou dans les abbayes. À Warwick, dans la région des Bois-Francs, le fromager Georges Côté fait d'abord venir d'Europe un spécialiste qui lui apprendra à mettre au point de nouvelles variétés de fromages. Puis le Festival des fromages de Warwick prend son envol. Aujourd'hui, l'événement attire chaque année des dizaines de milliers de visiteurs et permet aux producteurs de plus en plus nombreux de mieux se faire connaître.

Depuis une dizaine d'années se déroulent à Saint-Jérôme, dans les Basses-Laurentides, la Fête des vins et la Foire des fromages. Plus intimiste que le Festival des fromages de Warwick, ce double événement est aussi très apprécié des épicuriens et des gourmets qui y accourent de partout.

On fabrique maintenant de bons fromages fins et de spécialité dans presque toutes les régions agricoles du Québec : en Montérégie, dans les Laurentides, dans l'Outaouais, en Mauricie, dans Portneuf, dans le Bas-Saint-Laurent, aux Îles-de-la-Madeleine, en Gaspésie, au Saguenay–Lac-Saint-Jean, dans les Cantons-de-l'Est, en Abitibi-Témiscamingue, dans Lanaudière et dans Chaudière-Appalaches. Nos excellents fromages au lait de vache, de chèvre et de brebis côtoient maintenant sur les étagères les fromages européens. C'est là une mosaïque tout à fait symbolique, comme si le Québec prenait enfin sa place sur l'échiquier gastronomique universel. Nos artisans et artisanes, producteurs et productrices de fromages méritent pour cette raison toute notre reconnaissance.

DISPARITION REGRETTABLE DE BONS FROMAGES ARTISANAUX ET FERMIERS

Depuis notre dernière édition, de bons producteurs de fromages artisanaux et fermiers ont disparu. Il s'agit là d'une perte non négligeable pour le marché des fins produits laitiers du Québec.

Leur liste comprend, dans la région de Lanaudière, La Bergère et le Chevrier de Lyne Brunelle et Alain Richard ; en Montérégie, la Fromagerie de l'Alpage de Pierre-Yves Chaput et la Ferme Bord des Rosiers d'André et Yves Desrosiers ; dans Portneuf, la Ferme Piluma de Luc Mailloux, et enfin dans les Cantons-de-l'Est, La P'tite Irlande d'Alexis Auclair.

LES APPELLATIONS
D'ORIGINE CONTRÔLÉE

En France, l'appellation d'origine contrôlée (AOC) permet de certifier l'authenticité des produits régionaux et de les protéger contre toute imitation ou falsification.

En 1666, l'adoption par le Parlement de Toulouse de certaines dispositions pour la protection de fins produits du terroir, tel le roquefort, jeta les bases de l'AOC. Longtemps réservées au secteur viticole, les appellations d'origine contrôlée s'étendirent à plusieurs autres produits typiques des régions de France : eaux-de-vie, fines liqueurs, volaille de Bresse, olives noires de Nyons, beurre de Charentes-Poitou, noix de Grenoble, lentilles du Puy, etc. Les fromages français pouvant se prévaloir d'une appellation d'origine contrôlée sont tout au plus une quarantaine. L'Institut national des appellations d'origine (INAO) a pour mission la surveillance des produits accrédités ainsi que l'attribution du très recherché label AOC à de nouveaux produits.

CLASSIFICATION QUÉBÉCOISE

La formule des appellations d'origine contrôlée est difficilement applicable aux fromages québécois, puisque nous ne disposons pas, comme en France, de traditions séculaires en matière de fabrication fromagère. Trop d'incertitudes planent encore sur notre industrie naissante.

Avant d'en venir à une classification, il faudra d'abord atteindre une constance dans la qualité de fabrication et former une relève capable d'en maintenir l'excellence. Il arrive que des producteurs québécois de fromages artisanaux et fermiers n'aient pas d'héritiers auxquels transmettre leurs connaissances, leur savoir et leur expérience. Qu'adviendra-t-il alors, lorsque leur entreprise passera aux mains d'acquéreurs n'ayant pas forcément la même passion qu'eux? C'est pourquoi il est sage d'attendre quelques années avant d'attribuer un label de qualité à une production, pour s'assurer de sa stabilité.

LABEL « QUALITÉ QUÉBEC »

Il existe de superbes produits québécois qui méritent un label de qualité. On ne peut pas tous les nommer, mais mentionnons le melon d'Oka, les produits de l'érable, plusieurs variétés de pommes, la prune de Damas (pourpre et jaune) de Saint-André-de-Kamouraska, le fromage bleu l'Ermite de l'abbaye de Saint-Benoît-du-Lac et les bières des microbrasseries. On peut omet-

tre le fromage d'Oka, puisqu'il n'est plus fait selon la tradition ancienne des moines.

Le Québec a déjà son label « Qualité Québec », et l'organisme qui le décerne pourrait fort bien attribuer aux fins produits de chez nous d'autres certificats d'excellence avec, par exemple, une mention « Qualité Québec – Produit d'origine certifiée ». Il faudrait alors constituer un comité ou un organisme neutre, dont les membres ne relèveraient d'aucun ministère et ne seraient liés ni de près ni de loin à l'industrie agroalimentaire. Son autonomie permettrait en effet d'éviter tout conflit d'intérêts. Dans ce contexte, plusieurs fromages fins, fermiers et de spécialité du Québec disposeraient d'un label de qualité et jouiraient ainsi d'un plus grand respect et d'une meilleure visibilité. Pour s'assurer du maintien de la qualité des produits, ce label « Qualité Québec – Produit d'origine certifiée » devrait être accordé pour une durée indéterminée et devrait pouvoir être retiré au besoin.

TERROIR

Les fromagers québécois s'attachent de plus en plus à créer des produits inspirés de leurs terroirs respectifs. Pour bénéficier de l'appellation « du terroir », le lait qu'ils utilisent doit provenir d'un troupeau nourri exclusivement de foin ou d'un pâturage de la ferme productrice. Plusieurs d'entre eux choisissent toutefois de fabriquer leurs produits sous l'accréditation « biologique », déjà, gage de qualité.

ACCRÉDITATION BIOLOGIQUE

L'utilisation du terme est désormais soumise à la Loi sur les appellations réservées. C'est le Conseil d'accréditation du Québec (CAQ) qui est chargé d'accréditer les organismes de certification, et qui, en tant que tel, se doit de faire respecter les normes et procédures minimales. La Loi sur les appellations réservées permet de protéger à la fois le consommateur et les producteurs contre l'utilisation frauduleuse et non contrôlée de l'appellation.

Pour en être bénéficiaire, chaque producteur doit respecter un cahier des charges, dont notamment, pour l'élevage des animaux, des soins thérapeutiques à base de produits naturels ainsi qu'une alimentation provenant à 95 % de l'agriculture biologique. L'agriculteur ne doit utiliser aucun engrais chimique, ni pesticide, ni désherbant,

ni hormone ou organisme génétiquement modifié (OGM). Le producteur biologique s'engage en outre à créer un équilibre écologique dans sa ferme, tout en pratiquant la rotation des cultures et en utilisant des fertilisants naturels. Une zone tampon doit aussi être maintenue entre un espace de culture biologique et un autre de culture chimique.

ORGANISMES DE CERTIFICATION

Au Québec, les principaux organismes de certification sont Québec Vrai ou OCQV (Organisme de certification Québec Vrai), Garantie Bio/Ecocert, l'OCIA – Québec (Association pour l'amélioration des cultures biologiques – Organic Crop Improvement Association), le FVO (International Certification Services – Farm Verified Organic), l'OC/PRO et l'OCPP/PRO-CERT Canada et le QAI (Quality Assurance International).

Seuls ces certificateurs sont autorisés à certifier des produits agricoles et alimentaires biologiques cultivés ou transformés sur le territoire québécois, qu'ils soient destinés à la vente sur le marché domestique ou à l'extérieur du Québec.

PRODUITS RÉGIONAUX

Le PRODUIT DU TERROIR met en valeur des potentiels naturels et culturels locaux. Sa forme ou son usage résultent de la transmission d'un savoir-faire traditionnel et du maintien d'une filière de production.

Le PRODUIT D'ORIGINE met aussi en valeur des potentiels naturels et culturels locaux. Sans résulter nécessairement de la transmission d'un savoir-faire traditionnel, le produit d'origine se distingue tout de même par l'unicité de la ressource et des procédés qui sont liés à un territoire délimité.

Le PRODUIT TRADITIONNEL résulte d'une pratique et d'un savoir-faire traditionnels, mais la matière première peut être de toute provenance.

Le PRODUIT FERMIER est élaboré à la ferme, mais n'est pas forcément le résultat d'un savoir-faire traditionnel qui se perpétue. Il touche la matière première autant que sa transformation.

On peut aussi mentionner l'existence de PRODUITS ARTISANAUX, alimentaires ou non, réalisés par des artisans à partir de matières premières et en petit volume. On trouve aussi des produits régionaux dont la seule caractéristique est de provenir d'un territoire particulier, et des produits exotiques issus d'une ressource et parfois d'un savoir-faire étranger au milieu où il est élaboré, transformé ou utilisé.

On appelle ALIMENT DU QUÉBEC tout produit entièrement québécois, ou dont les principaux ingrédients sont d'origine québécoise, et pour lequel toutes les activités de transformation et d'emballage sont réalisées au Québec.

LE LAIT

Le lait est la matière première essentielle du fromage :
il en faut 10 litres pour produire un kilo de fromage.

C'est le type d'alimentation des bêtes qui en déterminera la qualité. Par
exemple, les vaches nourries de produits ensilés donnent un lait susceptible
de retarder le gonflement des pâtes pressées cuites et d'y laisser un goût ou
une odeur désagréables. En revanche, cette alimentation n'a aucune conséquence néfaste sur les fromages frais qui n'ont pas à être affinés. Disons
qu'un bon ensilage vaut mieux qu'un mauvais foin.

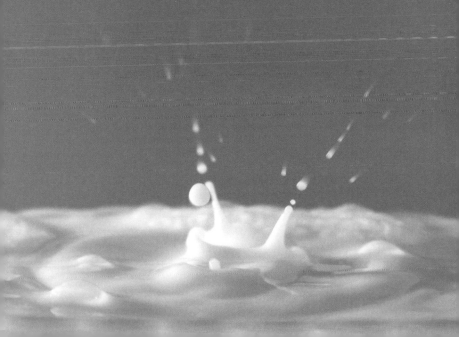

STANDARDISATION
ET ASSAINISSEMENT DU LAIT
À l'usine, la nécessité de produire des fromages de composition régulière et constante impose l'utilisation d'une matière première dont le comportement restera chaque jour identique. Avant d'entamer la fabrication du fromage, le lait doit donc subir des correctifs : nettoyage par filtration, standardisation des matières grasses et des matières protéiques, soit par apport de crème dans le lait entier ou par ajout de poudre de lait.

PASTEURISATION, THERMISATION, LAIT CRU

Pasteurisation
Le lait cru est pasteurisé pour des raisons techniques et d'hygiène. Ce procédé est nécessaire afin d'éliminer les bactéries, microbes ou germes végétatifs pathogènes, mais en respectant les qualités des nutriments (protéines, minéraux et vitamines). La pasteurisation détruit les principaux éléments bactériens, qui sont remplacés par d'autres, sélectionnés et standardisés en laboratoire. En l'absence, au Québec, de laboratoires de ferments lactiques, les mêmes souches de cultures bactériennes se retrouvent chez différents producteurs. La pasteurisation à haute température détruit aussi les ferments naturels qui permettent au lait de cailler : 95 % de la flore du lait disparaît. Pour qu'un fromage reconstitue sa flore, il faut attendre un mois. Pour cette raison, la pasteurisation à basse température (chauffage du lait à 61,6 °C durant 30 minutes) est moins radicale que la pasteurisation à haute température (entre 72 et 85 °C durant 15 à 20 secondes).

THERMISATION OU PRÉCHAUFFAGE
Ce traitement calorique à température moins élevée que la pasteurisation est considéré comme une alternative à celle-ci. Elle élimine les bactéries, microbes ou germes végétatifs pathogènes susceptibles de causer une infection à la flore lactique, mais sans détruire tous les ferments naturels. Ces produits peuvent toutefois prêter à confusion, car même s'ils ont droit à l'appellation, ce sont de « faux crus », puisque aucun « fromage au lait cru » ne doit subir un chauffage au-delà de 40 °C, alors qu'on parle ici de 57 à 63,5 °C.

LAIT CRU
Depuis quelques années, la popularité du fromage au lait cru ne cesse de croître, et c'est à une poignée d'irréductibles Québécois que l'on doit de trouver encore aujourd'hui des fromages au lait cru en Amérique du Nord. Grâce aussi à nos compatriotes italo-québécois, qui ont vivement réagi devant la mise au ban du parmesan. Les interdits sont levés, mais il faut toujours montrer patte blanche pour se proclamer producteur fermier de fromage au lait cru.

Le lait cru conserve ses ferments lactiques naturels, ses propriétés et ses caractéristiques, dont des anticorps qui lui permettent de combattre les micro-organismes pathogènes. Le fromage qu'on fabrique avec le lait cru doit attendre en cave 60 jours, par mesure de sécurité, avant sa mise en marché: c'est le temps nécessaire à l'élimination des bactéries pathogènes qui pourraient s'y développer. Le fromage au lait cru offre un éventail de saveurs toutes plus subtiles les unes que les autres. Par ailleurs, des études démontrent que les ferments naturels qui se trouvent dans le lait non traité aident à la reconstitution de la flore intestinale fatiguée par la prise d'antibiotiques.

Le gouvernement du Québec est en voie d'autoriser la commercialisation des fromages au lait cru avant la période réglementaire de 60 jours autrefois imposée.

SUBSTANCES LAITIÈRES ET SUBSTANCES LAITIÈRES MODIFIÉES

Selon Santé Canada, on appelle SUBSTANCE LAITIÈRE toute forme liquide, concentrée, séchée, congelée ou reconstituée de beurre, babeurre, huile de beurre, matière grasse du lait, crème, lait partiellement écrémé, lait écrémé et tout autre constituant du lait dont la composition chimique n'a pas été modifiée.

Le même organisme identifie sous l'appellation de SUBSTANCE LAITIÈRE MODIFIÉE toute forme liquide, concentrée, séchée, congelée ou reconstituée de lait écrémé à teneur réduite en calcium, caséine,

Ces substances laitières modifiées, appelées en France les « constituants naturels du lait » se retrouvent toutes origines confondues dans la crème glacée et les yogourts. Les fromages, toutefois, sont généralement préparés à partir de celles qui sont produites ici. Si l'on apprécie les propriétés fonctionnelles et nutritionnelles de ces substances modifiées, leur utilisation peut soulever des pro-

caséinates, produits laitiers de culture, protéines lactosériques, lait ultrafiltré, lactosérum ou petit lait, beurre de lactosérum, crème de lactosérum et tout autre constituant du lait dont l'état chimique a été modifié de façon à différer de son état premier.

blèmes. Certaines d'entre elles, qui proviennent d'Europe, de Nouvelle-Zélande ou des États-Unis et qui jouissent de subventions à l'exportation dans leurs pays respectifs, sont écoulées à rabais sur le marché international. Une manne pour le transformateur étranger, mais, mauvaise nouvelle pour nos producteurs laitiers qui, en dix ans à peine, ont perdu 50 % du marché de la crème glacée.

Le Québec produisant chaque année plus d'un million de tonnes de lactosérum, il aurait avantage à l'utiliser plutôt que de le déverser dans l'environnement. Traité dans les usines spécialisées de diverses compagnies québécoises, il donne un « concentré de protéines de lactosérum » utile pour standardiser et enrichir le lait et pour améliorer les propriétés de coloration des fromages, mieux contrôler leur degré d'humidité et augmenter la productivité.

	Lait de vache	Lait de chèvre	Lait de brebis
Énergie (kcal/litre)	705	600-759	1 100
Composants (g/l)			
Matière sèche	130	134	200
Protéines	34	33	57
Caséine	26	24	46
Lactose	48	45	50
Sels minéraux	9	8	11
Matières grasses	40	41	75
Minéraux (mg/l)			
Sodium	0,5	0,37	0,42
Potassium	1,5	1,55	1,5
Calcium	1,25	1,35	2
Magnésium	0,12	0,14	0,18
Phosphore	0,95	0,92	1,18
Chlore	1	2,2	1,08
Acide citrique	1,8	1,1	
Cuivre	0,1 – 0,4	0,4	0,3 – 1,76
Fer	0,2 – 0,5	0,55	0,2 – 1,5
Manganèse	0,01 – 0,03	0,06	0,08 – 0,36
Zinc	3 – 6	3,2	1 – 10
Vitamines (mg/l)			
A	0,37	0,24	0,83
B_1	0,42	0,41	0,85
B_2	1,72	1,38	3,3
B_6	0,48	0,6	0,75
B_9 (acide folique)	0,053	0,006	0,006
B_{12}	0,0045	0,0008	0,006
C	18	4,2	47
Bêtacarotène	0,21		0,02
Acide nicotinique	0,92	3,28	4,28

Sources : Organisation des Nations Unies pour l'alimentation et l'agriculture (FAO) et le Réseau d'information sur les opérations après récolte (INPhO).

Valeur calorique par 100 g

Pâte fraîche	entre 300 et 320 calories
Pâte molle	entre 320 et 350 calories
Pâte semi-ferme	entre 325 et 375 calories
Pâtes ferme et dure	entre 350 et 420 calories

Vache

Le lait de vache est le lait le plus consommé dans le monde. Si nous sommes depuis toujours familiarisés avec ses propriétés, il n'en va pas de même du lait de chèvre ou du lait de brebis.

Chèvre

Par leurs caractéristiques biochimiques, les laits de chèvre et de brebis présentent de grandes similitudes. Leur densité est plus élevée, ils coagulent plus vite et donnent un caillé (*coagulum*) plus ferme que le lait de vache. Leur viscosité est aussi plus grande, c'est pourquoi ces laits sont très utilisés en fromagerie.

Le lait de chèvre est moins riche en lactose que le lait de vache, mais sa teneur en minéraux, lipides et protéines est toutefois égale. Il est moins allergène parce que sa composition en protéines est différente. Il est plus facile à digérer, puisque ses graisses s'absorbent plus facilement en raison d'un transit moins long dans l'estomac. Quant à sa blancheur, c'est l'absence de bêtacarotène qui l'explique.

Le lait de chèvre est particulièrement approprié à la fabrication de fromages frais ou à affinage court. Doux ou crémeux, il peut être légèrement acide et rappeler parfois le goût de la noisette.

L'Association laitière caprine québécoise (ALCQ) a un mandat de promotion et d'information auprès de la population en ce qui a trait aux différents produits transformés, fromages, laits et yogourts. Elle favorise également la recherche sur les produits dérivés. En tant que représentante de ses membres producteurs et transformateurs, elle crée des liens de coopération avec les filières internationales, notamment avec la France.

Ses logos en identifient les différents types: le PUR CHÈVRE QUÉBEC, fait de lait de chèvre produit et transformé au Québec; le PUR CHÈVRE QUÉBEC – FERMIER qui s'applique

au fromage issu du lait d'un seul troupeau; et le Pur chèvre Québec – Artisan fermier qui est complété par du lait d'un autre producteur.

Brebis

Le lait de brebis, de texture crémeuse et au goût légèrement sucré, est très riche. Il possède un taux de matière solide fort élevé et contient deux fois plus de minéraux, de calcium, de phosphore, de zinc et de vitamines B que le lait de vache ou le lait de chèvre. À l'instar du lait de chèvre, il est aussi plus facile à digérer. Serait-ce pour cette raison qu'on en fait du fromage depuis 5 000 ans?

VALEUR NUTRITIVE

Les fromages sont une bonne source de vitamine A, de riboflavine, de vitamine B_{12} et d'acide folique. Ils fournissent également du calcium, du phosphore et du magnésium.

Les fromages à pâte ferme, parce qu'ils sont plus compacts, sont les plus riches en éléments nutritionnels. Alors que la teneur en calcium des produits plus légers comme les yogourts ou le fromage frais est moindre, elle est plus importante dans les pâtes semi-fermes comme la tomme, le saint-paulin ou la raclette.

CARACTÉRISTIQUES ET CLASSIFICATION DES FROMAGES

Au Québec, les fromages sont classés par degré de fermeté, celui-ci s'évaluant selon le rapport entre le contenu en eau et le contenu en matières grasses.

Une autre façon de les classer, toujours selon leur texture, est de tenir compte de la méthode de fabrication, de la pression exercée ainsi que de la cuisson du caillé, à laquelle s'ajoute l'effet de déshydratation ou le séchage.

MÉTHODE DE FABRICATION

Il y a autant de façons de faire du fromage qu'il y a de fromagers, chacun en ayant sa conception ou sa recette. Toutefois, les vraies créations sont rares, et l'obtention d'un fromage à point oblige à acquérir une expertise par de nombreux essais. Il faut également tenir compte de la nature environnante du terroir, des saisons et du lait.

C'est par l'ajout de ferments lactiques ou de présure, mais plus généralement d'un mélange des deux, dans le lait que l'on obtient le caillé.

Le CAILLÉ LACTIQUE, utilisé pour la fabrication des fromages frais ou à pâte molle comme le camembert et le brie, leur donne une certaine acidité.

Le CAILLÉ PRÉSURE produit des fromages doux à pâte souple mais un peu plus ferme que les pâtes molles.

La texture crayeuse, crémeuse, friable, granuleuse, souple, flexible ou à fermeté variable dépendra du dosage, du découpage, du chauffage, du lavage (ou de son omission pour le caillé), de l'égouttage du lactosérum, de la pression exercée dans le travail du caillé, et enfin de l'affinage. S'ajouteront à cela des moisissures de surface ou des champignons, des levures, des bactéries ou des ferments d'affinage. Bref, il y en a pour toutes les croûtes et toutes les pâtes, certains favorisant l'odeur, d'autres le goût.

Il existe également une méthode de «ferment du rouge» procurant un croûtage orangé aromatique.

LES PÂTES

Pâte fraîche

Le plus bel exemple de fromage à pâte fraîche est le fromage frais, l'ancêtre de tous les fromages. Il représente la première étape de la fabrication, ou son stade le moins élaboré, puisque le lait laissé à l'air libre caille spontanément.

Le caillé est déposé dans un petit panier troué – la faisselle – d'où s'égouttera le lactosérum, ce qui donnera la forme finale. Ce moule dont la matière variait autrefois selon les régions est aujourd'hui généralement en plastique.

L'ajout de ferments acidifie le lait et le transforme en un caillé ferme, friable, perméable et fragile. Le goût de ce caillé est donc acide, contrairement à celui que l'on obtient par ajout de présure, moins ferme, élastique et plus approprié aux traitements mécaniques.

Les fromages frais ont un taux d'humidité supérieur à 60 %; leur pâte, plus ou moins dense, varie de liquide à onctueuse en passant par soyeuse. On les trouve sous les appellations: fromage blanc, quark, cottage, labneh, fromage à la crème, fromage frais de chèvre ou de brebis, ricotta, etc.

Avant l'affinage, certains fromages moulés, comme le brie ou le camembert sont considérés comme des fromages frais. Ils peuvent être enveloppés de feuilles, enrobés de fruits ou d'herbes, et parfois macérés dans l'huile.

Les fromages frais se consomment rapidement après leur fabrication.

Pâte molle
(croûte fleurie et croûte lavée)

Leur ancêtre est le camembert, fromage créé il y a plus de deux siècles par la fermière normande Marie Harel. Ce type de fromage contient entre 50 et 60 % d'humidité et se décline en croûtes fleuries ou lavées. La fabrication s'effectue à partir de lait pasteurisé ou de lait cru de vache, de chèvre ou de brebis.

La texture coulante et crémeuse du fromage à croûte fleurie est due à la méthode de fabrication et à l'égouttage du caillé déposé à la louche dans les moules, sans être brisé ou rompu. Il s'égoutte naturellement sans pression ; c'est ce qu'on appelle l'égouttage spontané ou l'égouttage lent. Après quelques heures, la masse est salée à l'aide de sel fin ou de poudre de sel, ou encore plongée dans une saumure. La croûte fleurie blanche est formée par un champignon, le *Penicillium candidum*, dont on pulvérise la surface avant l'affinage, qui dure environ un mois.

Le principe de fabrication d'un fromage à croûte lavée est le même que celui d'une croûte fleurie, sauf que le caillé est coupé plus ou moins finement avant d'être mis en moule. Ce « rompage » facilitant l'écoule-

ment du lactosérum, la pâte sera plus serrée, plus compacte, mais néanmoins moelleuse et, selon le degré de séchage, coulante ou plus ferme. Durant l'affinage, qui dure de deux à quatre mois, le fromage est retourné régulièrement, puis brossé ou lavé à l'aide d'une saumure additionnée de bière, d'hydromel, de vin ou d'eau-de-vie, ce qui contribue à l'élaboration de ses diverses caractéristiques. Le fromage de type pâte molle à croûte lavée révèle des saveurs marquées ou prononcées, parfois même très fortement.

Pâte molle
(double-crème et triple-crème)

On les obtient en ajoutant de la crème au lait. À quelques rares exceptions près, c'est sous forme de brie ou de camembert qu'on les retrouve.

Pâte semi-ferme
(pressée, non cuite ou semi-cuite)

C'est la quantité de lactosérum extrait ou soutiré et la pression exercée sur le moule qui détermine la fermeté de ces fromages préalablement salés. En raison de leur taille, la période d'affinage qu'ils doivent subir se prolonge au-delà de celle qui est normalement requise pour les fromages à pâte molle. La croûte est frottée, lavée ou laissée au naturel.

Les fromages à pâte semi-ferme ont un taux d'humidité qui se situe entre 45 et 50 %. Ils sont fabriqués à partir de caillé peu ou pas chauffé (non cuit) et sont le plus souvent pressés. Leur texture peut être souple, comme celles du Migneron de Charlevoix, du morbier ou du saint-paulin; crémeuse, comme celles du capra ou du mamirolle, ou encore friable, comme la féta, les crottins affinés ou les bleus.

Pâte ferme

Les pâtes fermes non cuites, semi-cuites ou cuites ont un taux d'humidité qui oscille entre 35 et 45 %. Le caillé se raffermit sous l'effet d'un très léger chauffage, ce qui permet d'en extraire plus de petit-lait, tout en lui donnant une texture plus sèche et une certaine élasticité, comme pour les cas du cheddar, du gruyère et des autres suisses.

Pâte dure

Le procédé de fabrication des fromages à pâte dure est le même que celui des fromages à pâte ferme. Ces fromages, parmi lesquels on trouve le romano et le parmesan, subissent une forte pression et sont conservés en hâloir pour y être séchés pendant une période plus ou moins longue (jusqu'à deux ans). Leur taux d'humidité est inférieur à 35 %.

Pâte filée

Ce principe de fabrication est unique : le caillé s'obtient par une fermentation lactique suivie d'une deuxième acidification, à base de présure celle-là, destinée à activer l'élasticité du caillé et à faciliter le filage de la pâte. Le caillé est pétri, chauffé dans de l'eau ou du lactosérum, puis étiré jusqu'à l'obtention d'une masse fibreuse et plastique. On le moule en forme de boule (bocconcini) ou de poire (caciocavallo). Le salage est obtenu par une immersion dans un bain de saumure qui précède l'affinage, qui s'étend pour sa part sur une période plus ou moins longue. Les fromages sont parfois fumés, comme c'est le cas du caciocavallo, ou ne subissent aucun affinage. Certains, comme le bocconcini, doivent être consommés très frais.

Pâte persillée

La fabrication de ces fromages est semblable à celle des pâtes molles ou semi-fermes et non cuites. Le caillé est malaxé et ensemencé de *Penicillium glaucum, roqueforti* ou autre pour permettre le développement de moisissures. L'affinage se fait en cave humide ou dans un hâloir durant plusieurs mois. On incise la pâte à l'aide de broches afin de favoriser une circulation d'air dans la pâte et pour susciter la création des veines bleuâtres. Ces fromages peuvent être élaborés avec des laits différents. Ils sont plus fermes lorsqu'on utilise du lait de chèvre. Ils peuvent être couverts ou non d'une croûte naturelle et parfois d'une croûte fleurie. Leur saveur est forte et piquante.

ACHAT ET CONSERVATION

Les fromages québécois sont bien souvent vendus au détail à un prix presque prohibitif.

Malheureusement, ce ne sont pas les producteurs qui sont responsables de cette situation, mais plutôt les intermédiaires. Il vaut donc mieux acheter directement dans les boutiques des producteurs, ce qui garantit leur fraîcheur en plus d'en réduire le prix presque de moitié.

ACHAT

Vérifiez la date limite de consommation inscrite sur l'emballage avant d'acheter un fromage frais, car leur valeur première est leur parfum léger et délicat sans amertume. Vous hésitez à acheter un fromage que vous ne connaissez pas? Demandez au fromager de vous le faire goûter. Préférez les fromages au lait cru à ceux qui sont faits de lait pasteurisé ou thermisé; leur gamme de saveurs est beaucoup plus étendue. Évitez les fromages à pâte molle et à croûte fleurie qui ont une odeur d'ammoniaque ou dont la croûte est dure, brunâtre ou sableuse, de même que les fromages lavés dont la croûte serait collante ou visqueuse (pour en savoir plus, consultez la fiche du fromage en question dans le répertoire).

CONSERVATION

Évitez de garder trop longtemps vos fromages, car la plupart sont meilleurs au moment de l'achat et doivent être consommés assez rapidement.

La température idéale de conservation d'un fromage, pour une courte période, varie entre 10 et 15 °C, dans une cave ou un garde-manger, sinon il faut les ranger au réfrigérateur, dans la partie la moins froide. Pour une période plus longue, la température idéale varie entre 2 et 4 °C.

Enveloppés dans un papier ciré ou sulfurisé doublé d'une feuille d'aluminium (microperforée idéalement), les fromages à pâte molle ou semi-ferme se conservent beaucoup plus longtemps. En plus de les protéger, cet emballage assure une aération qui favorise le développement adéquat des ferments qu'ils contiennent.

Les fromages à pâte molle doivent être consommés rapidement; on peut les conserver pendant deux semaines. Les pâtes semi-fermes et fermes se conservent quant à elles jusqu'à deux mois au réfrigérateur, et parfois plus si l'on a pris soin de les envelopper dans un papier ciré doublé d'une feuille d'aluminium.

Pour une bonne conservation, privilégiez l'achat de fromages entiers ou en portions assez importantes pour qu'ils gardent bien leurs saveurs. Il en va de même pour les fromages râpés (romano ou parmesan), mais scellés sous vide, ils se conservent bien.

Ne conservez pas un fromage frais ou doux près d'un fromage fort ou affiné, les parfums de celui-ci pouvant influer sur le goût du premier. Placez-les dans des contenants avec couvercle (verre, porcelaine, terre cuite ou plastique à couvercle microperforé); vous pouvez ainsi regrouper les mêmes types de fromages dans un seul contenant.

Évitez les emballages plastifiés qui empêchent le fromage de respirer; l'humidité qu'ils provoquent favorise les moisissures, ce qui peut gâter quelque peu le plaisir de la dégustation. Transférez aussi dans du papier ciré les fromages emballés dans des pellicules de matière plastique.

Un fromage entier peut être conservé dans son emballage d'origine.

fonte de certains fromages, dont la mozzarella, qui ne fond plus aussi bien et qui devient huileuse. Il faut donc s'attendre à ce que la texture

Un fromage à pâte ferme a besoin de fraîcheur et d'humidité, il ne devrait donc pas être trop sec, et sa surface ne devrait pas comporter de craquelures. Conservez-le enveloppé dans une feuille d'aluminium. Au besoin, un linge imbibé de vin blanc lui rendra sa souplesse.

Enfin, ne retirez pas la croûte des fromages, car elle forme une protection naturelle et aide la pâte à conserver tout son bouquet.

CONGÉLATION

Il est possible de congeler les fromages, même si cela est fortement déconseillé; c'est en fait la solution ultime. La congélation ne change pas totalement la saveur des fromages, mais peut en altérer la texture. Le gel sépare l'eau du solide, modifie la structure de la pâte et peut nuire à la

d'un fromage à haut taux d'humidité soit altérée par la congélation. Plus un fromage est sec, plus sa texture deviendra friable à la suite de la congélation.

En général, la congélation ne change rien à la cuisson ou à l'utilisation dans les plats cuisinés.

Enveloppez bien les fromages d'une feuille d'aluminium, placez-les dans des sacs conçus pour la congélation et retirez tout l'air qui s'y trouverait. Laissez décongeler au réfrigérateur.

Les fromages à pâte fraîche tels que les chèvres frais se congèlent correctement: enfermez-les bien dans des sachets conçus pour la congélation en prenant soin d'en retirer l'air. Laissez-les décongeler au réfrigérateur et mélangez-les bien avant de les consommer.

PRÉSENTATION ET DÉCOUPE

Un plateau doit comprendre un fromage de chacun de ces types : frais, à pâte molle, affiné, et d'autres à pâte semi-ferme, ferme ou dure. On peut y ajouter un fromage aux herbes.

Disposez les fromages par ordre croissant de consistance, de goût et de saveur : fraîche, neutre, douce à marquée, prononcée, puis forte et piquante ou faisandée. Servez d'abord les fromages doux et délicats, suivis par ceux qui ont une saveur plus prononcée. Terminez avec les pâtes dures.

Mieux vaux choisir trois ou quatre fromages de qualité plutôt qu'un trop grand nombre de produits de moindre qualité. Associez un fromage doux à pâte molle et croûte fleurie et un plus corsé à croûte lavée, puis un autre à pâte semi-ferme et un bleu. Il est utile de pouvoir décrire les propriétés de chaque fromage présenté : s'ils sont au lait de vache, de chèvre ou de brebis, leur provenance ou origine, s'ils ont été affinés ou travaillés. Pour qu'ils soient à point, laissez chambrer les fromages au moins deux heures à la température de la pièce avant de les déguster.

LA DÉCOUPE DES FROMAGES

La découpe d'un fromage est importante. Il faut tenir compte de l'esthétique, mais aussi et surtout du fait que le fromage n'a pas un goût uniforme. La pâte est plus savoureuse près de la croûte à cause de son plus haut degré de maturation. La croûte est soit mince, soit épaisse; elle est naturelle ou couverte d'une fine couche de champignons qu'il est agréable de savourer, ou encore elle est lavée, et son goût est plus prononcé. Il faut répartir les portions de façon que chacune contienne une part de croûte et suffisamment de pâte pour pouvoir saisir toutes les nuances du fromage. Suivant la forme du fromage et sa consistance, divisez-le de façon à répartir équitablement pâte et croûte dans chaque tranche ou morceau.

Chaque forme de fromage exige un type de coupe spécifique.

Les fromages ronds ou carrés, peu épais et de petite dimension se divisent en pointes comme un gâteau ou une tarte. Ne jamais couper le nez ou la pointe d'un fromage.

Les petits fromages de chèvre comme les crottins se coupent en deux.

Les formes cylindriques de diamètre assez grand (comme le pro-volone ou certains fromages frais) sont d'abord coupées en lamelles de un ou deux centimètres (¾ po environ), puis de nouveau en pointes ou en quartiers.

Les rouleaux se coupent en tronçons, chacun pouvant à nouveau être coupé en deux ou en quartiers.

Les formes coniques ou pyramidales sont divisées en deux par le centre, de haut en bas, puis en quartiers.

Les fromages rectangulaires peu épais sont coupés en tranches parallèles à partir du côté le plus court, ou encore par coupes diagonales, ce qui permet d'offrir des pointes.

Les fromages ronds de grande dimension, tels que l'oka ou le Miranda, sont coupés en pointes, qui sont elles-mêmes séparées en deux dans le sens de l'épaisseur, au besoin.

Pour les très grands fromages comme le comté ou le gruyère, répartissez équitablement la pâte et la croûte sur chaque tranche. N'oubliez pas les règles d'esthétique et de symétrie pour que la tranche, si elle n'est pas entièrement consommée, puisse être de nouveau coupée de façon appropriée. Pratiquez des coupes transversales.

LES FROMAGES EN CUISINE ET
SUGGESTIONS D'UTILISATION

DÉGUSTATION ET ACCOMPAGNEMENTS

Chaque fromage a ses particularités. Pour la dégustation, il faut respecter quelques règles et apporter autant de soin au choix des pains qu'à celui des vins qui les accompagnent.

LES VINS

Il n'y a pas de règle stricte, mais le meilleur choix est celui qui se fonde sur les goûts personnels. Tenez compte de la saveur du fromage plutôt que de son odeur. Un fromage doux se marie avec un vin blanc ou rouge lui aussi doux et moelleux, tandis qu'un fromage marqué ou corsé s'allie à un vin rouge charpenté ou à un porto, ce qui n'empêche pas d'heureux mariages avec des vins blancs (L'Orpailleur, Vin de Mon Pays, gewurztraminer, etc.).

Il ne faudrait pas négliger le cidre ou le cidre de glace, le calvados, l'hydromel ou la bière.

Le fromage coupé en petits cubes et mis à mariner dans l'huile avec des fines herbes et des épices se conserve plusieurs jours. Ces délices conviennent aux salades, aux hors-d'œuvre et à bien d'autres entrées.

Une croûte veloutée séchée peut être râpée et utilisée dans les potages et salades. On peut détailler les croûtes ou les surfaces durcies des fromages en divers motifs ou en fines lamelles pour décorer un plat.

LES PAINS

Le goût du pain ne doit pas empiéter sur celui du fromage, ni prendre le dessus ou monopoliser le palais, car il sert de support: le bleu avec du pain aux noix; la pâte molle – camembert ou brie – avec une ficelle, une baguette ou un bon pain de campagne. Servez un chèvre frais ou un fromage au lait de brebis avec un pain blanc, un pain de blé ou mieux, un pain au levain. Un fromage à saveur forte se sert sur un pain grillé ou avec des biscottes, dont le goût prononcé pourrait masquer celui du fromage plus doux.

LES FRUITS ET NOIX

La tradition française veut que l'on n'accompagne pas les fromages de fruits frais (pommes, poires et raisins) ou secs, mais qu'importe, le mélange des deux est exquis. L'acidité et le sucré des fruits avivent et rafraîchissent le palais. Les fruits sont donc un complément tout désigné au goût riche, salé ou doux du fromage. On peut ajouter une corbeille de noix de Grenoble, d'amandes, de noisettes et de noix de pacane.

SUGGESTIONS
PAR TYPE DE FROMAGES

◢ BLEU

Vins d'accompagnement
Vin rouge corsé, porto.

Autres boissons
Des bières fortes (Maudite, Fin du Monde).

Dégustation
Avec des fruits.

En cuisine
▸ Avec des viandes (hamburger au bleu, entrecôte ou filet), des pâtes ou des légumes ;
▸ pour lier une sauce ou dans une vinaigrette au citron ;
▸ ajouté à la fondue ;
▸ émietté, nappé de vinaigrette au citron, avec une salade verte ou des endives aux noix.

Autres suggestions
▸ En guise de dessert avec un porto ;
▸ en canapés, moitié bleu et moitié beurre additionné d'un peu de cognac ;
▸ en tartinade sur du pain aux noix ou aux raisins ;
▸ en trempette avec un mélange de crème aigre, de jus de citron, de sel et de poivre.

Exemples de recettes
▸ Sauce au bleu : faire fondre une échalote sèche hachée dans un peu de beurre, incorporer 250 ml (1 tasse) de crème sure ou de crème, et du bleu au goût.
▸ Croque-monsieur Curnonsky : tartiner deux tranches de pain avec un mélange de beurre et de fromage bleu ; les refermer sur une tranche de jambon, puis les faire dorer à la poêle dans le beurre ou l'huile d'olive.

◢ **BREBIS (voir chèvre frais)**

◢ **BRIE, CAMEMBERT, FROMAGES
À CROÛTE FLEURIE ET
À PÂTE MOLLE**

Vins d'accompagnement
▸ Vin rouge (cabernet sauvignon, merlot,
syrah) ou blanc léger (chardonnay,
sauvignon), ou vin blanc québécois
(L'Orpailleur, Vignoble du Marathonien,
Vent d'Ouest), ou vin blanc fruité
(gewurztraminer, riesling).

Autres boissons
▸ Cidre ou bière légère.

Dégustation
▸ Faire chambrer deux heures sur un
plateau avant de consommer nature
avec un bon pain (blanc, de campagne
ou aux noix) et accompagné de fruits
ou de noix.

En cuisine
▸ Chauffé au four, sur des biscottes ou
des tranches de pain ;
▸ en entrée, dans une tarte au brie ;
▸ dans une soupe faite de bouillon de poulet, de carotte, de céleri, d'oignon et d'ail;
▸ fondu, ajouté à des plats de légumes,
de fruits de mer, de viandes (poulet et
veau) ou un filet de poisson ;
▸ dans une boulette de steak haché
(hamburger) ;
▸ incorporé à un plat de pâtes ;
▸ dans certaines pâtisseries : tartelettes,
tartes, quiches ;
▸ en remplacement de la crème pour
lier des sauces ;
▸ en pâte feuilletée ou filo, sur un coulis
de fruits.

Autres suggestions
▸ Dans les sandwichs avec du prosciutto ;
▸ servi avec des fruits : mangue, papaye,
cantaloup, etc. ;
▸ en décoration, avec la croûte fleurie-
découpée en motifs variés.

Exemples de recettes
▸ Croquette : retirer la croûte, badigeonner d'œuf battu ; enrober de chapelure et
réfrigérer avant de poêler dans l'huile.
▸ Croque-monsieur aux champignons :
napper une tranche de pain grillée de
champignons émincés (de Paris, pleurotes, cèpes, etc.) sautés à l'oignon, à
l'ail et au persil. Gratiner.
▸ En croûte, dans une pâte feuilletée :
couvrir de pâte feuilletée, badigeonner de jaune d'œuf et cuire au four à
200 °C (400 °F) 20 minutes ; laisser
tiédir avant de consommer nature ou

aromatisé avec des herbes ou des épices, ou encore accompagné d'un peu de saumon fumé et de champignons sautés.

- Ouvrir en deux dans le sens de l'épaisseur et farcir avec des champignons sautés, puis assaisonner d'herbes ou accompagner de fruits, etc.
- Farcir un petit pain rond préalablement évidé, remettre le dessus de la croûte en place et chauffer au four à 150 °C (300 °F).
- Faire fondre légèrement sur un carré de pâte feuilletée cuite, puis surmonter de fines tranches de poire ou de pomme, d'un jet de citron et de thym.
- Dans un gâteau ou une tarte au fromage : sur une croûte aux biscuits Graham, remplacer la moitié de fromage à la crème par du brie.

◢ CHÈVRE FLEURI OU CENDRÉ

Vins d'accompagnement
- Vin blanc fruité, sauvignon ou chardonnay, ou vin blanc québécois (L'Orpailleur, Cuvée William, Vin de Mon Pays, Vent d'Ouest ou Vignoble du Marathonien).

En cuisine
- Dans des sauces pour napper les légumes, les grillades et les poissons ;
- pour accompagner des salades et des légumes grillés ;
- en rondelles, sur un croûton de pain ficelle, avec une salade de noix et de fines laitues, ou de jeunes courgettes ;
- en chèvre chaud sur un croûton ou dans une salade ;
- en fines tranches dans un hamburger.

◢ CHEDDAR

Vins d'accompagnement
- Vin rouge (allant de fruité à charpenté) ou porto, selon son degré d'affinage.

Autres boissons
- Bière, vin mousseux ou jus de fruits.

Dégustation
- En morceaux, avec des fruits.

En cuisine
- Dans les soupes, les plats cuisinés, les gratins et les omelettes ;
- intégré à des œufs brouillés, avec de la moutarde forte et des oignons verts ;
- en raclette ;
- égrené ou en cubes dans une salade composée, des plats de pâtes, de viande ou de légumes ;
- dans des pailles au fromage ou un soufflé.

Autres suggestions
- Servi nature en collation ;
- dans les sandwichs ;
- avec de la confiture de fruits, certains desserts et pâtisseries ;
- sur la tarte aux pommes à l'ancienne.

◢ CHÈVRE, CHÈVRE FRAIS (mi-chèvre et brebis) nature

Vins d'accompagnement
- Vin blanc (sauvignon, chardonnay) ou vin blanc québécois (L'Orpailleur, Vent d'Ouest, Vin de Mon Pays, Vignoble du Marathonien), vin rosé ou vin rouge léger et fruité.

- dans une salade aux noix ou une salade d'épinards avec des raisins secs, des noix de Grenoble et des quartiers de pomme caramélisés au sirop d'érable, le tout arrosé d'huile d'olive;
- pour lier des sauces, en remplacement de la crème, de la crème sure ou du yogourt;
- partout où un fromage à la crème est requis;
- dans les gratins de légumes, les légumes farcis; dans une sauce blanche, ou pour napper un filet de poisson ou une viande blanche.

Autres suggestions

- Frais, nature ou assaisonné, sur du pain ou des biscottes;
- sur des canapés (avec du saumon fumé ou du jambon, des poires et des noix);
- avec des crêpes, des beignets et des galettes, dans les pâtisseries;
- nature, nappé de confiture, de miel ou de sirop d'érable et saupoudré de sucre;
- avec des petits fruits (fraises, framboises, bleuets, mûres, etc.) en guise de dessert;
- dans de la crème glacée;
- certains chèvres en bûchettes conviennent aux buffets: ils s'adaptent mieux aux longs séjours à température ambiante;
- en trempette, avec une bonne huile d'olive ou de la crème sure.

Exemple de recette

- Déposer sur une tranche de fruit (pomme ou poire), puis chauffer à 170 °C (325 °F) 5 minutes; servir nature ou napper de miel ou de sirop.

Dégustation

- Premier fromage de plateau, nature, consommé le plus rapidement possible.

En cuisine

- Chaud, sur un croûton ou une tranche de pain, puis chauffé 5 minutes à 160 °C/325 °F;
- sur la pizza avec des tomates et des olives noires;
- pour farcir des tomates et des feuilles d'endive;
- sur des demi-tomates épépinées et grillées au basilic, à la ciboulette ou à l'origan;

◢ CHÈVRE FRAIS nature, ou assaisonné dans l'huile

En cuisine

- ▸ CONSEIL: récupérer l'huile de macération pour une vinaigrette destinée aux salades;
- ▸ avec une salade composée;
- ▸ pour accompagner les pâtes;
- ▸ sauté avec des légumes;
- ▸ incorporé à une omelette;
- ▸ en sauce, pour accompagner une viande (poulet, veau) ou un poisson;
- ▸ fondu, sur une viande grillée;
- ▸ incorporé à une sauce blanche (béchamel) pour napper des légumes, un filet de poisson ou une viande blanche.

Autres suggestions

- ▸ Servir nature;
- ▸ en canapés sur un pain de seigle ou un pain au goût marqué, un demi-bagel;
- ▸ fondu au barbecue sur une tranche de pain (le temps de griller le pain).

◢ CHÈVRE DE TYPE CROTTIN

Vins d'accompagnement

- ▸ Vin blanc de la Loire, sancerre, sauvignon blanc, pouilly fumé ou vin blanc québécois (Cuvée William, L'Orpailleur, Vent d'Ouest, Vin de Mon Pays, Vignoble du Marathonien, etc.).

Dégustation

- ▸ Nature, sur un plateau.

En cuisine

- ▸ Sec ou demi-sec, râpé finement ou en flocons dans les salades, les soupes, les sauces, les huiles et les vinaigrettes, sur les légumes ou les viandes;
- ▸ pour farcir des têtes de champignons préalablement badigeonnées de vinaigre balsamique, avec un peu de basilic haché;
- ▸ en morceaux ou fondant, dans une salade, avec des dés de betterave, du céleri et des échalotes, et assaisonné de cumin;
- ▸ cuit au four dans une pâte feuilletée;
- ▸ sur des pâtes, mélangé à d'autres fromages : bleu, brie, fromage à la crème, mozzarella;
- ▸ dans une sauce, fondu et mélangé avec de la crème.

Autres suggestions

- ▸ En entrée, entier et chaud sur une chiffonnade de laitue;
- ▸ en bruschetta avec des dés de tomate fraîche et du basilic haché;
- ▸ râpé, s'il est vieilli;
- ▸ sur une pizza (râpé ou en minces rondelles) ou dans une sauce tomate avec olives et basilic.

Exemples de recettes

- ▸ Croûton au chèvre chaud : disposer une rondelle de chèvre sur un croûton préalablement grillé; faire fondre le fromage au four et déposer sur un lit de salade, ou agrémenter d'huile d'olive, de noix, d'olives, de raisins, de tomates, de champignons ou de quartiers de pomme.
- ▸ Chauffer et enrober de chapelure ou apprêter en croquettes (badigeonner d'œuf battu, enrober de chapelure et frire dans un peu d'huile).

▿ Disposer une rondelle de fromage chaud sur des pommes de terre, sur un autre légume ou une viande (blanc de poulet, tournedos, boulette).

▿ En papillote de pâte filo ou en feuilleté sur des tranches de poire, arroser d'huile d'olive, de tournesol ou de pépins de raisin, puis saupoudrer de poivre et de coriandre ; cuire au four à 200 °C (400 °F) jusqu'à dorure.

◢ COTTAGE

Comme le fromage blanc, le cottage se prête bien aux assaisonnements, et il accompagne bien les salades, un gâteau au fromage et des fruits.

◢ DOUBLE-CRÈME ET TRIPLE-CRÈME

En cuisine

De l'entrée au dessert, dans les plats cuisinés, pour lier des sauces ou pour napper une viande (poitrine de poulet, par exemple).

Exemple de recette

▿ Filet de bœuf au poivre vert et triple-crème : saisir la viande de chaque côté et terminer la cuisson au four à 200 °C (400 °C) de 5 à 10 minutes ; faire revenir des grains de poivre vert dans la poêle avec un verre de cognac, flamber, ajouter 250 ml (1 tasse) de crème et la moitié de triple-crème ; laisser mijoter quelques instants, puis napper le filet de bœuf de cette sauce (recette de Saputo).

◢ FÉTA

Vins d'accompagnement

▿ Vin blanc sec (chablis) ou rouge léger.

En cuisine

▿ Dans les feuilletés à base de brick (féta, ail, persil ou coriandre enroulé en feuille de brick et frit) ou les feuilletés à base de pâte filo (cuit au four) ;

▿ en salade, avec des quartiers de tomate, du concombre, de la féta en cubes, des herbes et de la vinaigrette (huile, vinaigre, sel et poivre) ;

▿ incorporée aux sauces (béchamel, à la crème, etc.) ;

▿ en gratin, égrenée sur une pizza à la grecque avec garniture d'oignons, de champignons, d'olives ;

▿ fondue au four ou au barbecue (dans une feuille d'aluminium) : bâtonnets de féta arrosés d'un peu d'huile d'olive et d'un soupçon de miel (facultatif), saupoudré d'origan ou de romarin ;

▿ en accompagnement de légumes (poivrons, courgettes, poireaux) marinés avec du citron ou du vinaigre et de l'huile d'olive, puis grillés ;

▿ dans une paupiette, mélangée avec de la viande de poulet, de veau ou de porc.

Autres suggestions

▿ En collation, en cubes, avec des olives et du pain de campagne ;

▿ au petit déjeuner, nature, arrosée d'un filet d'huile d'olive ;

▿ en canapés, avec quelques gouttes d'huile d'olive, ou en hors-d'œuvre ;

▿ dans les sandwichs à la tomate.

Exemple de recette

▶ Tarte à la féta : mélanger des pommes de terre cuites et écrasées avec presque autant de féta, un peu d'huile d'olive ou de beurre, une touche de crème et des jaunes d'œufs, pour lier ; mettre dans la pâte feuilletée ou brisée, couvrir et cuire au four 1 heure.

◢ FROMAGE FRAIS

En cuisine

▶ En remplacement de la crème pour farcir les pâtes et pour lier les sauces ;
▶ pour napper les pommes de terre au four ;
▶ dans une tarte au fromage, une quiche lorraine ;
▶ en dessert, avec des noix, des fruits, des confitures, du miel ou des sirops ;
▶ dans les gâteaux au fromage, en remplacement du fromage à la crème ;
▶ en glaçage pour les gâteaux.

Autres suggestions

▶ En trempette, avec des crudités ;
▶ en tartinade : nature sur du pain de campagne ou des biscottes ;
▶ sur un bagel, accompagné de saumon fumé ;
▶ à la place du fromage à la crème.

◢ FROMAGE EN SAUMURE ET DE TYPE MÉDITERRANÉEN

Dégustation

▶ CONSEIL : dessaler (si désiré) dans de l'eau fraîche une heure ou plus avant de consommer ; sécher aussitôt sorti de l'eau pour éviter une altération de la texture.

En cuisine

▶ Émietté ou en morceaux dans une salade de tomates au basilic et vinaigrette ;
▶ tranché et grillé dans une poêle anti-adhésive ou sur la grille du barbecue ;
▶ frit dans l'huile d'olive ;
▶ chaud, enroulé dans une feuille de laitue ;
▶ dans les gratins, seul ou mélangé à d'autres fromages.

Autres suggestions

▶ En collation, accompagné d'une bière ;
▶ chaud ou froid, en brochettes ou en amuse-gueules ;
▶ sur une tranche de pain grillée, arrosé d'une bonne huile d'olive ;

- dans les sandwichs ;
- dans un pain pita avec des dés de concombre, de tomate et des feuilles de menthe, ou avec des tomates, des oignons, du poivron vert et de l'huile d'olive ;
- en remplacement du bocconcini, avec des tranches de tomate, des feuilles de basilic et une vinaigrette balsamique ;
- sur la pizza.

◢ GOUDA

En cuisine

- Jeune, le gouda fond facilement à la chaleur ; il s'utilise donc dans les fondues ou pour lier certaines sauces ; plus âgé, il devient excellent pour les plats au gratin ;
- aux Pays-Bas, le gouda jeune assaisonné au cumin ou fumé sert à confectionner la fondue traditionnelle, le *kaasdoop* (gouda tranché et fondu sur des pommes de terre bouillies), servi avec du pain brun ;
- dans les sandwichs ou les plats cuisinés, dont il rehaussera le goût.

◢ HAVARTI

Quelques suggestions

- En guise de collation, en tranches fines avec des fruits ;
- coupé en cubes dans des salades composées ;
- dans des sandwichs ou de la soupe.

◢ MORBIER

Vins d'accompagnement

- Vin rouge ou blanc de Bourgogne.

En cuisine

- En bouchées ou sur une baguette avec une salade d'endive ou de cresson ;
- râpé pour relever la saveur des légumes et des sauces.

◢ PAILLASSON

En cuisine

- Rôtir dans une poêle antiadhésive à feu moyen, sans matière grasse, environ 2 minutes de chaque côté, et déguster chaud ;

- comme entrée avec des tranches de pomme dorées dans un peu de beurre;
- dans une salade tiède de mangue et de tomate;
- sur un muffin anglais, pour le petit déjeuner;
- avec une salade et du pain de ménage, pour le dîner;
- avec des tranches de pomme caramélisées à l'érable;
- avec des tranches de poire ou un coulis de petits fruits.

◢ PARMESAN

Vin d'accompagnement
- Porto.

En cuisine
- Pour assaisonner les plats de pâtes ou de légumes;
- râpé, dans les soupes;
- pour accompagner le carpaccio de bœuf;
- mélangé avec un fromage doux dans les plats, pour les gratins ou sur la pizza;
- dans un rizotto.

◢ PÂTE SEMI-FERME À CROÛTE LAVÉE

Vins d'accompagnement
- Vin rouge corsé, porto ou blanc sec.
Dégustation
- Comme fromage de plateau.

En cuisine
- CONSEIL: laisser fondre sans faire dorer pour un maximum de saveur;
- fondue sur un croûton et accompagnée d'une salade;
- fondue, assaisonnée de pesto ou agrémentée de champignons;
- fondue avec la croûte sur des pommes de terre aux lardons ou au bacon (lardons frits, pommes de terre en rondelles et tomme);
- fondue sur une boulette de bœuf avec des pleurotes et des échalotes sautées;
- fondue, nature, sur une viande grillée ou des pommes de terre bouillies;
- fondue sur une viande (un filet de porc ou une poitrine de poulet) servie avec une sauce à l'échalote sèche et sucs de cuisson, déglacée avec un peu de bouillon;
- dans les plats cuisinés ou sur les préparations gratinées;
- râpée, pour gratiner les pizzas;
- en entrée avec des asperges fraîches arrosées d'huile et parsemées d'ail et de fromage tranché;
- en bouchées enrobées de chapelure et frites quelques secondes;
- émincée sur une salade de tomates;
- en cubes dans les salades;
- dans les recettes de chèvre chaud;
- pour lier certaines sauces;
- incorporée à la béchamel;
- dans les roulades de jambon et d'asperges;
- dans une escalope de poulet;
- ajoutée à une polenta;
- en raclette;
- dans les soufflés, la fondue au fromage, les quiches ou les tartes.

Autres suggestions
- CONSEIL: se prête à merveille aux buffets;
- dans les sandwichs, les croque-monsieur et en canapés;

sur la bruschetta (croûton à la tomate à l'italienne) ;

- avec des fruits (dattes ou figues farcies d'un morceau de fromage) ;

- avec des poires un peu croquantes, un pain aux noix ou à la farine de sarrasin.

Exemple de recette

- Tranchée et fondue sur un morceau de thon rouge grillé accompagné d'une sauce vanillée (restaurant Le Candélabre, Saint-Léon).

◢ PÂTE FERME

Vin d'accompagnement

- Porto.

Dégustation

- Nature, sur un plateau, pour en apprécier toutes les saveurs.

En cuisine

- Dans les salades composées ;
- dans les tartes et les quiches (au jambon), ou avec des fruits ;
- râpée, sur des pâtes fraîches ;
- dans les plats cuisinés ou sur les préparations gratinées ;
- fondue sur une viande ou des pommes de terre bouillies ;
- incorporée à une purée de légumes ou de courges ;
- dans les roulades de jambon et d'asperges ;
- enroulée dans une escalope de poulet ;
- dans une béchamel, une fondue ou des muffins ;
- en fines lamelles, avec des poires sur du pain grillé ;

- nature, avec des fruits frais.

Autres suggestions

- En morceaux, en guise de collation ou dans un buffet ;
- dans un sandwich ou un croque-monsieur.

◢ PÂTES FILÉES ITALIENNES

Mozzarina mediterraneo

En cuisine

- En hors-d'œuvre ;
- en salade, avec des tomates fraîches, des poivrons rôtis et des herbes, le tout arrosé d'huile d'olive ;
- tranchée, pour accompagner des quartiers de pastèque ;
- arrosée d'huile d'olive et assaisonnée ou non de basilic ou d'origan ;
- tranchée et fondue sur une pizza aux tomates, à l'ail et aux herbes ;
- dans les plats cuisinés ou fondue sur une boulette de bœuf ou une côte de veau.

Bocconcini

En cuisine

- En antipasto ;
- en salade, avec des tomates fraîches tranchées ou des poivrons rôtis, assaisonné d'un filet d'huile d'olive et d'herbes fraîches (basilic ou origan) ;
- en brochette avec des fruits (ananas, mandarines, melon, figues), des olives et des tomates cerises, en alternance avec des tranches de jambon sec ou cuit.

Caciocavallo

Dégustation
▸ Tranché, comme fromage de table.

En cuisine
▸ Dans les salades ou les sandwichs;
▸ fondu sur une viande (poulet, veau, porc) ou une boulette de bœuf haché;
▸ dans les plats cuisinés, fondu ou gratiné.

Exemple de recette
▸ Trancher et déposer à la surface d'une soupe; excellent dans la soupe au riz, au citron et au caciocavallo fumé: voir la recette à la page 60 de *Les Fromages du Québec: cinquante et une façons de les déguster et de les cuisiner* (Éditions du Trécarré), par Richard Bizier et Roch Nadeau.

Provolone

En cuisine
▸ CONSEIL: le provolone fond à merveille et agrémente les plats cuisinés ou les gratins;
▸ en entrée, accompagné de piments marinés, de tomates, de prosciutto et d'olives.

Autres suggestions
▸ En collation, accompagné de fruits ou de noix;
▸ dans les garnitures pour les sandwichs ou autres goûters.

Exemple de recette
▸ Faire dorer des quartiers de pomme (ou des lanières d'oignon) dans le beurre, puis incorporer du provolone râpé; frire jusqu'à dorure, retourner et frire de l'autre côté; servir.

◢ PÂTE MOLLE À CROÛTE LAVÉE

Vins d'accompagnement
- Vin rouge, de fruité à charpenté ; vin blanc.

Autres boissons
- Bière.

Dégustation
- Comme fromage de plateau.

En cuisine
- Fondue avec la croûte sur des pommes de terre aux lardons ou au bacon (lardons frits, pommes de terre en rondelles et tomme).

Exemple de recette
- Farcir une figue fraîche d'un morceau de fromage jeune, chauffer au four jusqu'à ce que le fromage coule.

◢ RACLETTE

Vin d'accompagnement
- Sauvignon blanc.

Autres boissons
- Eau-de-vie.

En cuisine
- Dans les gratins et les plats cuisinés.

Exemple de recette
- La recette originale consiste à approcher une demi-meule de fromage d'une source de chaleur (flamme ou autre) et à racler ensuite le fromage bien chaud et coulant pour l'étendre sur des pommes de terre au four. La raclette s'accompagne de cornichons, de petits oignons au vinaigre et de poivre.

◢ RICOTTA

En cuisine

- ▶ CONSEIL : la ricotta fond bien et s'ajoute à des sauces en remplacement de la crème ;
- ▶ avec des crêpes, des beignets et des galettes ;
- ▶ à l'italienne, pour farcir des pâtes aux épinards ;
- ▶ ajoutée à des œufs brouillés ;
- ▶ en salade ;
- ▶ dans les gratins de légumes ou avec des légumes farcis ;
- ▶ sur la pizza ;
- ▶ dans des gâteaux au fromage ;
- ▶ en dessert, dans les *cannoli* ou le tiramisu.

Autres suggestions

- ▶ Au petit déjeuner, sur des tranches de pain grillées ou avec un bagel et des confitures artisanales ;
- ▶ en trempette.

Exemples de recette

- ▶ Pour garnir une lasagne : incorporer la même quantité de ricotta et de parmesan à une béchamel aromatisée de basilic frais, de muscade, de sel et de poivre ; mettre ensuite à gratiner.
- ▶ Dans des plats et pâtisseries corses ou méditerranéens, dont l'*imbrucciata*, une tarte garnie faite de 500 g de fromage Neige de brebis mélangé avec 6 œufs,

250 ml (1 tasse) de sucre, du zeste de citron ou de l'eau-de-vie pour parfumer ; le tout accompagné de bonne confiture.

◢ SAINT-PAULIN

Vins d'accompagnement

- ▶ Rouge fruité ou chardonnay.

En cuisine

- ▶ Dans les salades composées ; avec les légumes, les viandes et les pâtes, fondu ou non ;
- ▶ dans les gratins.

Autres suggestions

- ▶ En collation, en brochettes, accompagné de fruits ou dans un sandwich.

◢ TOMME

Dégustation

- ▶ Deuxième fromage de plateau, nature ou en raclette.

En cuisine

- ▶ Dans les salades, les soufflés, les crêpes, les soupes, les omelettes et les quiches ;
- ▶ dans les roulades de jambon ou d'asperges, les croque-monsieur, les gratins et les sauces ;
- ▶ dans une fondue ;
- ▶ avec des poires un peu croquantes, un pain aux noix ou à la farine de sarrasin.

RÉPERTOIRE DES FROMAGES

Ce corbeau signale les fromages préférés des auteurs.

TYPE DE MEULE

TYPE DE LAIT

lait de vache   lait de chèvre   lait de brebis   lait cru

TYPE DE FROMAGERIE

Artisanale, fermière, mi-industrielle, industrielle

Fromagerie Médard
Fermière
Saint-Gédéon (Saguenay–Lac-Saint-Jean)

CROÛTE	Rose orangé, trace de mousse blanche
PÂTE	Jaune beurre, lisse, parsemée de petites ouvertures, crémeuse
ODEUR	Dominance de champignon, de beurre, bon côté fermier; notes florales possibles (miel)
SAVEUR	De champignon, de noix et de levure (croûte); de beurre avec un côté végétal (artichaut, navet) et de noix (pâte)
LAIT	De vache, entier, pasteurisé, élevage de la ferme
AFFINAGE	30 jours
CHOISIR	La croûte légèrement fleurie et non collante, la pâte souple; à l'odeur fraîche
CONSERVER	2 à 3 semaines dans son emballage original ou un papier ciré doublé d'une feuille d'aluminium
NOTE	Le nom évoque la route qui longe les terres de la fromagerie, le chemin des 14 Arpents.

Pâte molle; caillé présure à dominance lactique, égouttage lent; affiné en surface, à croûte lavée

 Meules de 200 g et 1 kg

 M.G. 27%
HUM. 50%

Fromagerie La Vache à Maillotte
Artisanale
La Sarre (Abitibi-Témiscamingue)

CROÛTE	Toilée, orangé-brun, bonne consistance
PÂTE	Jaunâtre, ferme, résistante et friable à granuleuse
ODEUR	Douce à marquée, végétale (champignon des bois, humus) et lactique; un côté animal se développe avec la maturation, son odeur rappelle le cheddar vieilli et le parmesan
SAVEUR	Douce à marquée, beurre fondu, légumes cuits à l'eau, champignon, fruitée (abricot sec) et animale, semblable à la raclette
LAIT	De brebis, entier, thermisé, d'un seul élevage
AFFINAGE	120 jours à la fromagerie, la croûte est lavée et frottée avec une saumure
CHOISIR	Dans son emballage sous vide
CONSERVER	2 à 3 mois, emballé dans un papier ciré doublé d'une feuille d'aluminium, à 2 °C
NOTE	Classé Grand Champion (Caseus d'argent) toutes catégories confondues, et meilleur de la catégorie Fromage de lait de brebis au Concours des fromages fins du Québec 2004, et premier de sa catégorie au Empire Cheese Show 2006.

Pâte ferme pressée, mi-cuite; affiné dans la masse, à croûte naturelle brossée

 Meule de 3,5 kg, et en pointes

 M.G. 29%
HUM. 40%

GarantieBio – Ecocert
Fromagerie La Station · Fermière
Compton (Cantons-de-l'Est)

CROÛTE	Lavée, orangé-brun
PÂTE	Ferme et souple, couleur paille, parsemée de quelques petites ouvertures
ODEUR	Douce, la croûte dégage le boisé et le champignon; pâte lactique et florale de beurre et de miel de sarrasin
SAVEUR	Rassemble les familles florale et fruitée, de miel, de noisette et une touche rustique de sous-bois
LAIT	De vache, entier, cru fermier, élevage de la ferme
AFFINAGE	6 mois sur des planches issues de bois de la ferme
CHOISIR	La pâte ferme et souple
CONSERVER	Fromage de garde, se conserve facilement 3 mois, emballé dans un papier ciré doublé d'une feuille d'aluminium
OÙ TROUVER	Au kiosque de la ferme et dans les boutiques et fromageries spécialisées
NOTE	Ce fromage fermier au lait cru honore la mémoire de l'ancêtre Alfred Bolduc, lequel acquit la terre au début du xxe siècle et préparait lui-même son caillé.

Pâte ferme pressée, non cuite; affiné en
surface, à croûte lavée

 Meule de 4,5 à 5 kg

 M.G. 32 %
HUM. 37 %

Fromagerie Les Petits Bleuets
Fermière
Saint-Gédéon (Saguenay–Lac-Saint-Jean)

ALMA

CROÛTE	Orangée, souple, humide et vallonnée, se couvre d'une mousse blanche
PÂTE	Blanc crème, parsemée de petits trous irréguliers; lisse et onctueuse
ODEUR	Douce de foin, de sous-bois et de champignon (plus intense avec la maturation) et une légère pointe caprine
SAVEUR	Douce de lait ou de yogourt, de champignon; notes végétales et épicées
LAIT	De chèvre, entier, pasteurisé, élevage de la ferme
AFFINAGE	Environ 60 jours
CHOISIR	La croûte et la pâte souples; à l'odeur fraîche
CONSERVER	1 mois ou plus, emballé dans un papier ciré doublé d'une feuille d'aluminium, entre 2 et 4 °C

Pâte semi-ferme pressée, non cuite; caillé présure; affiné en surface, à croûte lavée

 Meule de 2 kg

 M.G. 25%
HUM 48%

Fromagerie La Voie Lactée
Artisanale
L'Assomption (Lanaudière)

APPRENTI SORCIER

CROÛTE	Blanche et fleurie, beau duvet épais, fortement vallonnée
PÂTE	Blanc crème, souple, résistante et luisante, parsemée de petites ouvertures irrégulières
ODEUR	Douce de crème fraîche et de champignon
SAVEUR	Douce, petite pointe acide, de crème et de champignon, caractère ovin doux
LAIT	De brebis, entier, pasteurisé, de la ferme Pagi, à Saint-Sixte
AFFINAGE	4 à 16 jours
CHOISIR	Tôt après sa fabrication, la croûte adhérant à la pâte
CONSERVER	2 semaines, emballé dans un papier ciré doublé d'une feuille d'aluminium, entre 2 et 4 °C

Pâte molle; caillé présure à dominance lactique; affinage en surface, à croûte fleurie

 Meule de 200-250 g

M.G. 23%
HUM. 50%

Damafro – Fromagerie Clément
Mi-industrielle
Saint-Damase (Montérégie)

Pâte semi-ferme pressée, non cuite ; caillé
présure ; affiné en surface, à croûte lavée

 Meule de 1,8 kg (20 cm sur 6 cm),
à la coupe

M.G.   26 %
HUM.   48 %

CROÛTE	Orangée, consistante, toilée et striée en damier
PÂTE	Crème, plus colorée près de la croûte, lisse, souple et onctueuse
ODEUR	Légèrement marquée
SAVEUR	De douce à marquée, bonne acidité ; notes de crème et de beurre
LAIT	De vache, entier, pasteurisé, ramassage collectif
AFFINAGE	30 jours
CHOISIR	La croûte tendre et sèche ; la pâte ferme, fine et dense
CONSERVER	2 à 4 mois, emballé dans un papier ciré doublé d'une feuille d'aluminium, à 2 °C

Bergerie Jeannine
Certifié biologique par Québec Vrai · Fermière
Saint-Rémi-de-Tingwick (Cantons-de-l'Est)

Pâte semi-ferme ; affiné dans la masse, à croûte
brûlée

 Petite tomme de 600 g
(12 cm sur 6 cm)

M.G.   28 %
HUM.   40 %

CROÛTE	Marron, brûlée à la torche
PÂTE	Blanche, assez ferme et souple, petites ouvertures irrégulières
ODEUR	Douce de pain grillé
SAVEUR	Douce et fruitée rappelant la fraise ; lait crémeux en bouche, semblable au cheddar ; pain rôti (croûte)
LAIT	De brebis, entier, cru fermier, élevages sélectionnés et accrédités biologiques
AFFINAGE	4 à 6 mois sous vide, croûte brûlée en début d'affinage à l'aide d'une torche
CHOISIR	Dans son emballage sous vide, la pâte souple et à l'odeur douce
CONSERVER	1 mois ou plus, emballé dans un papier film ou un papier ciré doublé d'une feuille d'aluminium, à 4 °C ; 2 ans dans son emballage original
NOTE	La croûte brûlée est une tradition basque (Basquitou ou Makea). Pratiquée en début d'affinage, elle confère au fromage un goût particulier tout en prévenant la formation de moisissures.

Les Fromageries F. X. Pichet
Certifié biologique par Québec Vrai · Fermière
Sainte-Anne-de-la-Pérade (Mauricie)

BALUCHON et
BALUCHON RÉSERVE

CROÛTE	Jaune orangé, légèrement humide et collante, se couvre d'une mousse jaunâtre
PÂTE	Semi-ferme, blanche à ivoire, onctueuse, fondante, texture unie
ODEUR	Douce, mais prometteuse de beurre, d'herbes, de feuilles, de chocolat, un brin fermière; de cave humide (croûte), marquée, surtout lorsque chambre
SAVEUR	Douce et délicate de crème et de beurre, de feuilles avec une pointe fermière; légère acidité et bon sel, sans amertume
LAIT	De vache, entier, thermisé, élevage de la ferme et sélectionné
AFFINAGE	60 à 75 jours et 4 mois (Réserve)
CHOISIR	La croûte légèrement humide, peut être collante, à l'odeur douce; la pâte affinée uniformément de la croûte jusqu'au centre (à point)
CONSERVER	30 à 40 jours, emballé dans un papier ciré doublé d'une feuille d'aluminium, entre 2 et 4 °C
NOTE	Le Baluchon se fabrique sensiblement de la même façon que l'oka, il est de la même catégorie que le Migneron ou le Victor et Berthold. Le Baluchon évoque le voyage; voilà qu'on le trouve désormais en Ontario et ses promoteurs visent le marché de la Colombie-Britannique, où une clientèle d'amateurs se profile.

Pâte semi-ferme pressée, non cuite; affiné
en surface, à croûte lavée

 Meule de 1,8 kg (20 cm sur 6 cm),
à la coupe

 M.G. 26 %
HUM. 48 %

BARRE À BOULARD

Ferme Tourilli
Fermière
Saint-Raymond-de-Portneuf (Québec)

CROÛTE	Ivoire fleurie (*Penicillium candidum*) parsemée de moisissures bleues (*Penicillium album*) comestibles, moisissures pionnières
PÂTE	Blanche, dense et souple, de crayeuse à onctueuse ; développe un cerne près de la croûte avec la maturation
ODEUR	Douce de crème et caprine, pointe rustique ; notes de cave ou de terre
SAVEUR	De douce à marquée, fruitée, levurée et légèrement piquante ; devenant rustique avec la maturation
LAIT	De chèvre, entier, pasteurisé, élevage de la ferme
AFFINAGE	10 à 15 jours, ensemencé de *Geotrichum candidum*
CHOISIR	La croûte adhérant ; la pâte dense et souple ; à l'odeur fraîche
CONSERVER	2 semaines, emballé dans un papier ciré doublé d'une feuille d'aluminium entre 2 et 4 °C
NOTE ·	La Barre à Boulard fait référence à un haut-fond du Saint-Laurent, à la hauteur de Deschambault. S'inspire du Sainte-Maure-de-Touraine. Trois pour cent des revenus de ce fromage servent à soutenir l'organisme Équiterre et l'agriculture biologique de proximité.

Pâte molle ; caillé présure à dominance lactique, moulé à la louche, égouttage lent ; affiné en surface, à croûte fleuri

 Meule cylindrique de 200 g

 M.G. 20 %
HUM. 55 %

CROÛTE	Naturelle (*Geotrichum candidum*), irrégulière, parsemée de mousse bleue (*Penicillium album*)
PÂTE	Ivoire, fine, soyeuse et collante, striée d'une pâte à base de basilic frais
ODEUR	De pomme et de foin
SAVEUR	De douce avec une pointe d'acidité à marquée, capinne, de basilic citronné
LAIT	De chèvre entier, pasteurisé à basse température, élevage de la ferme
AFFINAGE	15 jours
CHOISIR	La croûte cendrée, peu fleurie avec pointes de bleu; la pâte souple et crémeuse
CONSERVER	1 mois, emballé dans un papier ciré, entre 2 et 4 °C
NOTE	Le Bastidou est similaire au Cap Rond. Sa particularité réside dans l'incorporation d'un pesto au basilic frais en cours de moulage. Le prix Renaud-Cyr – artisan-transformateur – a d'ailleurs été décerné à Éric Proulx en mai 2006.

Pâte semi-ferme, striée à base de basilic frais; caillé lactique; moulé à la louche, égouttage lent

 Meule de 150 g

 M.G. 25%
HUM. 55%

CROÛTE	Mince et naturelle, humide, devenant ambrée avec la maturation
PÂTE	Très crémeuse, coulant sous la croûte avec la maturation, centre onctueux
ODEUR	Douce et délicate à piquante
SAVEUR	Douce et délicate lorsque frais, corsée avec la maturation
LAIT	De brebis, entier, pasteurisé, élevages sélectionnés
AFFINAGE	1 semaine
CHOISIR	Frais, la pâte crayeuse
CONSERVER	Jusqu'à 1 mois, réfrigéré entre 2 et 4 °C

Pâte molle; caillé présure à dominance lactique, égouttage lent; affiné en surface, à croûte naturelle

 Petite meule mince de 150 g
(10 cm sur 1,5 cm)

 M.G. 25%
HUM. 55%

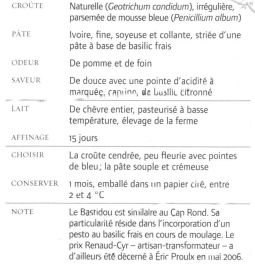

Le bleu

Le bleu est né par hasard, avec un roquefort, grâce à un berger qui avait oublié son fromage dans une caverne du Cambalou, des caves naturelles formées par des éboulements dans le sud des Cévennes.

Le roquefort a orné la table romaine de Pline et celle de Charlemagne, à Aix-la-Chapelle. Ce fromage jouit de la plus ancienne appellation d'origine connue en France, protection octroyée par Charles VI en 1411.

Les moines de l'abbaye de Saint-Benoît-du-Lac furent les premiers à produire du fromage bleu au Québec. Ils en ont fabriqué quatre sortes : l'Ermite, le Bleu Bénédictin, le Chanoine et le Chèvre-Noit, mais ce dernier n'est plus produit.

APERÇU DE LA FABRICATION

La fabrication des bleus est semblable à celle des pâtes molles ou semi-fermes et non cuites. Le caillé est malaxé et ensemencé de *Penicillium roqueforti* ou autre champignon permettant le développement de moisissures. L'affinage se fait en cave humide ou dans un hâloir (pièce ventilée et climatisée) durant plusieurs mois. On incise la pâte à l'aide de broches afin de faciliter la circulation de l'air dans le fromage et pour susciter la création des veines bleuâtres. Ces fromages peuvent être faits à base de laits différents et ils sont plus fermes lorsqu'on utilise du lait de chèvre. Généralement couverts d'une croûte naturelle formée par les ferments du lait ou, comme le Bleubry Cayer, d'une croûte fleurie, leur saveur est forte et piquante.

BLEUS FABRIQUÉS AU QUÉBEC

Bleu Bénédictin, Bleubry, Bleu de la Moutonnière, Bleu d'Élizabeth, Ciel de Charlevoix, Ermite, Étoile bleue, Fleurdelysé, Rassembleu et Soupçon de bleu

BLEU BÉNÉDICTIN

Abbaye de Saint-Benoît-du-Lac · Artisanale
Saint-Benoît-du-Lac (Cantons-de-l'Est)

CROÛTE	Grise ou blanchâtre, naturelle, sèche
PÂTE	Semi-ferme, persillée et profondément veinée, friable et crémeuse (surtout au centre), s'assèche avec la maturation
ODEUR	Franche et corsée (voire forte), de beurre, de cave humide et de moisissures, typique du bleu
SAVEUR	Riche, de crème ou de beurre salés et de champignon; piquante à âcre avec la maturation
LAIT	De vache entier, pasteurisé, élevage de l'abbaye et ramassage collectif
AFFINAGE	3 mois, pâte piquée de *Penicillium roqueforti*
CHOISIR	La pâte friable, sans être sèche ni trop piquante
CONSERVER	2 à 4 semaines, emballé dans un papier ciré doublé d'une feuille d'aluminium
NOTE	Primé Grand Champion au Grand Prix des fromages canadiens en 2000, et Champion de sa catégorie en 2002.

Pâte semi-ferme, persillée; caillé présure à dominance lactique, égouttage lent; affiné dans la masse

 Meule de 2 kg (19 cm sur 9 cm); en pointes emballées sous vide

 M.G. 28 %
HUM 47 %

BLEU DE LA MOUTONNIÈRE

La Moutonnière
Fermière et artisanale
Sainte-Hélène-de-Chester (Bois-Francs)

CROÛTE	D'orangée à grisâtre, naturelle
PÂTE	Blanche à jaune pâle, nuancée de bleu; onctueuse, lisse et crémeuse; semi-ferme à molle; moisissures bien réparties
ODEUR	Marquée, de cave, de *Penicillium roqueforti* et d'épices
SAVEUR	Douce et relevée, légèrement salée, caractère vif et épicé, grande subtilité
LAIT	De brebis, entier, thermisé ou pasteurisé selon la saison, d'un seul élevage
AFFINAGE	45 jours en cave, emballé, puis conservé 2 semaines en chambre froide
CHOISIR	La pâte crémeuse et onctueuse
CONSERVER	Jusqu'à 4 mois, réfrigéré entre 2 et 4 °C
NOTE	Deuxième de sa catégorie au Concours de l'American Cheese Society 2007.

Pâte semi-ferme, persillée; caillé présure à dominance lactique, égouttage lent; affiné dans la masse

 Meule d'environ 2 kg, à la coupe

 M.G. 29 %
HUM. 48 %

CROÛTE	Ocre à brun foncé, rustique, mousse blanche éparse
PÂTE	Crème à ivoire, crémeuse, abondance de *Penicillium roqueforti* typique du bleu
ODEUR	Prononcée, de crème, de beurre, de cave, de champignon et de bleu ; rappelle la Fourme d'Ambert ou le bleu d'Auvergne
SAVEUR	Équilibré, bon sel, acidité et amertume fortes, franche de *Penicillium roqueforti*, de beurre et d'épices
LAIT	De vache, entier, cru, élevage de la ferme Louis d'Or
AFFINAGE	60 jours
CHOISIR	Tôt après sa fabrication, la pâte crémeuse et persillée
CONSERVER	1 mois, emballé dans un papier ciré doublé d'une feuille d'aluminium entre 2 et 4 °C
NOTE	Il tient son nom du village où il est produit : Sainte-Élizabeth-de-Warwick.

Pâte semi-ferme, persillée, caillé présuré à dominance lactique, égouttage lent ; affiné dans la masse

 Meule de 1,2 kg

M.G. 28 %
HUM. 42 %

BLEUBRY

Maison Alexis-de-Portneuf – Saputo
Industrielle
Saint-Raymond-de-Portneuf (Québec)

CROÛTE	Blanche et duveteuse
PÂTE	Souple, crémeuse, de teinte légèrement crème et à peine persillée
ODEUR	De champignon, un peu piquante
SAVEUR	Délicate de bleu, faiblement piquante, avec saveurs de crème et de beurre salé
LAIT	De vache, entier, ajout de crème, pasteurisé, ramassage collectif; substances laitières modifiées
AFFINAGE	2 semaines à 1 mois
CHOISIR	La croûte bien blanche, la pâte crémeuse, mais ferme
CONSERVER	2 à 3 mois, dans son emballage original, à 4 °C
NOTE	Version douce des bleus issus du mariage entre le type pâte molle et le type bleu. Classé Grand Champion et premier dans sa catégorie au British Empire Cheese Show en 2006 et 2007, ainsi qu'au Royal Agricultural Winter Fair en 2007. Sa méthode de fabrication originale vient de Bourg-en-Bresse, en France.

Pâte molle, persillée; caillé mixte à dominance lactique, égouttage lent; affiné en surface, à croûte fleurie

 Meules de 200 g (8 cm sur 5 cm), et de 1,5 kg, à la coupe

 M.G. 37%
HUM. 45%

CIEL DE CHARLEVOIX

Maison d'affinage Maurice Dufour
Artisanale
Baie-Saint-Paul (Charlevoix)

CROÛTE	Grisâtre, naturelle, trous des piqûres apparents
PÂTE	Ivoire à jaune beurre, veinée de bleu, plutôt ferme et croquante, concentrée au centre, semi-ferme, crémeuse et onctueuse
ODEUR	Douce à marquée avec la maturation, caillé frais, de cave humide et *Penicillium roqueforti* typique du bleu
SAVEUR	De marquée à piquante, voire poivrée, légèrement salée; notes de beurre et d'amande
LAIT	De vache, entier, cru, d'un seul élevage
AFFINAGE	60 jours
CHOISIR	La pâte crémeuse et humide; à l'odeur fraîche
CONSERVER	2 à 3 semaines, emballé dans un papier ciré ou parchemin, entre 2 et 4 °C

Pâte semi-ferme, persillée; caillé présure à dominance lactique, égouttage lent; affiné dans la masse

 Meule de 2,6 à 3 kg

 M.G. 32%
HUM. 44%

Abbaye de Saint-Benoît-du-Lac
Artisanale
Saint-Benoît-du-Lact (Cantons-de-l'Est)

ERMITE

CROÛTE	Grisâtre, humide
PÂTE	Couleur crème à beurre, persillée, avec de franches veines de moisissures bleues bien réparties, texture friable devenant crémeuse avec le temps
ODEUR	Corsée, lactique et végétale, de champignon, de cave et de fermentation
SAVEUR	Franche et corsée, voire relevée fruitée (noyau), épicée et piquante légèrement âcre et salée
LAIT	De vache, pasteurisé, élevage de l'abbaye et ramassage collectif
AFFINAGE	5 à 6 semaines
CHOISIR	Bien fait, avec des moisissures bleues bien réparties, la pâte friable et humide
CONSERVER	2 à 4 mois dans son emballage d'origine ou dans un papier ciré doublé d'une feuille d'aluminium, entre 2 et 4 °

pâte semi-ferme pressée non cuite; caillé présure, égouttage lent; affiné dans la masse, persillée

 Meule de 10 cm à 12 cm sur 25 cm, à la coupe

 M.G.   30 %
HUM. 41 %

Bergerie Jeannine
Certifié biologique par Québec Vrai · Fermière
Saint-Rémi-de-Tingwick (Cantons-de-l'Est)

ÉTOILE BLEUE DE SAINT-RÉMI

CROÛTE	Grisâtre, humide
PÂTE	Crème, persillée, avec de franches veines de moisissures bleues bien réparties, texture friable, dense, riche; crémeuse avec la maturation
ODEUR	Corsée, de cave, de fermentation
SAVEUR	Franche mais douce de beurre, de bois et de champignon, corsée, voire relevée, piquante, rappelant le roquefort; notes épicées; développe un côté âcre avec la maturation
LAIT	De brebis, entier, cru ou thermisé, élevage de la ferme
AFFINAGE	8 à 9 mois
CHOISIR	Bien fait, avec des moisissures bleues bien réparties, la pâte friable et humide
CONSERVER	2 à 3 mois, emballé dans un papier ciré doublé d'une feuille d'aluminium perforée, à 4 °C

Pâte semi-ferme, persillée; caillé présure à dominance lactique, égouttage lent; affiné dans la masse

 Meule de 2 kg, à la coupe

 M.G.   29 %
HUM. 41 %

Bleu

67

FLEURDELYSÉ

Fromagiers de la Table Ronde
Certifié biologique par Québec Vrai · Fermière
Sainte-Sophie (Basses-Laurentides)

CROÛTE	Naturelle, rustique, partiellement couverte de fleurs blanches et grises
PÂTE	Crème, veinée en profondeur de *Penicillium roqueforti*, légèrement élastique et résistante ; crémeuse, voire à consistance de beurre avec la maturation
ODEUR	Marquée de cave, piquante au nez, typique du bleu
SAVEUR	Marquée, agréable sensation de fruits, de crème et de bleu
LAIT	De vache, entier, cru fermier, élevage de la ferme
AFFINAGE	60 jours
CHOISIR	La pâte crème unie, crémeuse et bien veinée de bleu
CONSERVER	1 mois ou plus, emballé dans un papier ciré doublé d'une feuille d'aluminium, entre 2 et 4 °C
OÙ TROUVER	À la fromagerie ainsi que dans les boutiques et fromageries spécialisées
NOTE	Son nom confirme son origine : un vrai bleu québécois !

Pâte semi-ferme, persillée ; caillé présure à dominance lactique, égouttage lent ; affiné dans la masse

 Meule haute de 2,2 kg

 M.G. 27 %
HUM. 48 %

Les Fromagiers de la Table Ronde
Certifié biologique par Québec Vrai · Fermière
Sainte-Sophie (Basses-Laurentides)

RASSEMBLEU

Pâte ferme, persillée; caillé présure à
dominance lactique, égouttage lent; affiné
dans la masse, à croûte naturelle

Meule haute de 1 kg (14 cm
sur 5,5 cm)

M.G. 28%
HUM. 42%

CROÛTE	Toilée, grisâtre à brunâtre, duvet blanc épars (de blanc à grisâtre ou bleuâtre, provenant du mélange de *Penicillium camemberti* de la croûte et de *Penicillium roqueforti* de l'affinage)
PÂTE	Blanche à jaune beurre, de ferme à friable, parsemée de veines bleues
ODEUR	De cave (croûte), de foin ou de grains et de ferme, légèrement piquante, bouquetée; notes typiques de bleu
SAVEUR	Franche à corsée, puissante avec l'affinage, riche saveur de crème et âcreté typique du bleu, mêlée de sel; notes rustiques, poivrées et herbacées en finale; entre le bleu d'Auvergne et le Bleu Bénédictin
LAIT	De vache, entier, cru fermier, élevage de la ferme
AFFINAGE	120 jours, la croûte ensemencée de *Penicillium* en début d'affinage
CHOISIR	La pâte ferme, les veines bleues apparentes sans excès; à l'odeur douce ou fruitée
CONSERVER	Plusieurs mois, emballé dans un papier ciré doublé d'une feuille d'aluminium, entre 2 et 4 °C

Pâte semi-ferme, persillée; caillé présure à
dominance lactique, égouttage lent; affiné
dans la masse

Meule de 500 g, à la coupe

M.G. 29%
HUM. 48%

CROÛTE	Naturelle, orangée, fine, parsemée de petites moisissures blanches
PÂTE	Crème à ivoire, veines bleu noirâtre, semi-ferme, friable, onctueuse en bouche
ODEUR	Marquée, épicée, de cave humide et de moisissures propre au bleu, pointe rustique ou fermière
SAVEUR	Bonne salinité relevée d'une pointe d'acidité, caractère vif et épicé (poivré) des moisissures, long en bouche, laisse des arômes de crème et de beurre salé
LAIT	De brebis, entier, thermisé ou pasteurisé selon la saison, d'un seul élevage
AFFINAGE	45 jours en cave, emballé, conservé en chambre froide au moins 2 semaines
CHOISIR	La pâte semi-ferme et onctueuse
CONSERVER	Jusqu'à 4 mois, dans un papier ciré doublé d'une feuille d'aluminium, entre 2 et 4 °C
NOTE	Le Soupçon de bleu est un bon substitut aux bleus plus corsés.

Le brick

D'origine américaine, le brick se fabrique dans l'État du Wisconsin depuis 1877. Son appellation lui viendrait du fait que sa pâte est pressée entre des briques, mais peut-être aussi parce qu'il en épouse la forme.

Sa pâte semi-ferme à ferme, résistante, voire élastique, est unie, souple, presque moelleuse, parfois percée de petites ouvertures. Sa saveur très douce rappelle le beurre frais ou la noisette et, après maturation, elle évoque celle du cheddar.

Il est fabriqué par quelques fromageries québécoises et reste populaire auprès d'une clientèle plus habituée au fromage doux.

CARACTÉRISTIQUES
Le brick est un fromage à pâte semi-ferme, pressée, cuite, issue d'une coagulation à dominance présure, affiné dans la masse et sans ouverture. Très souple, son goût est plus léger que celui du cheddar. Il compte 30 % de matières grasses et 40 % d'humidité.

COMMENT CHOISIR
En emballage sous vide ; la pâte souple et non collante ; à l'odeur fraîche.

CONSERVATION
Se conserve 1 mois, emballé dans un papier ciré doublé d'une feuille d'aluminium.

LES PRINCIPAUX PRODUCTEURS DE FROMAGES BRICK AU QUÉBEC
Agropur, Fromagerie Côte-de-Beaupré (aux herbes, aux trois poivres ou fumés : Fumerons et Fumignon), Fromagerie Perron (brick affiné 30 jours), Fromagerie Ferme des Chutes (Saint-Félicien, Lac-Saint-Jean), Fromagerie Saint- Guillaume, Saputo, Trappe à fromage de l'Outaouais.

Brie, camembert, coulommiers...

Fromages à pâte molle et à croûte fleurie

LE BRIE

Brie de Meaux, brie de Melun, brie de Coulommiers le brie fait partie de l'histoire de France depuis le VIIe siècle. Ces villes se situant dans la région comprise entre la Seine et la Marne, leur proximité de Paris a grandement facilité la diffusion du brie. Il a été popularisé par Charlemagne, qui en fit venir à sa cour. En 1814, Talleyrand l'introduisit au Congrès de Vienne, où il fut couronné meilleur fromage européen.

Le brie a une croûte couverte de moisissures blanches formées par le *Penicillium candidum* et pigmentée de ferments caséiques rougeâtres naturellement présents ou ajoutés dans le lait. C'est ce qui, *a priori*, le distingue du camembert. Le *Brevibacterium linens*, ou ferment du rouge, est utilisé dans la fabrication des fromages à croûte lavée. Présenté en larges meules de 30 à 40 cm de diamètre, il s'affine plus rapidement que le camembert et développe des arômes plus corsés, et sa croûte devient grisâtre sous la mousse blanche. Il faut de 13 à 20 litres de lait pour fabriquer une meule de cette dimension.

De la famille du brie, le coulommiers cache sous sa croûte blanche et fleurie une pâte riche en matières grasses, douce et onctueuse. Ses origines sont vagues. Créé dans le village du même nom, il serait selon certains l'ancêtre du brie, dont il partage les caractéristiques. Il est fabriqué avec du lait de vache cru et se reconnaît par son format plus petit, mais plus épais que le brie. On en trouve des répliques au Québec, dont le Brie DuVillage.

LE CAMEMBERT

Le camembert a été créé après la Révolution française, en 1791. Un prêtre, fuyant la nouvelle République pour ne pas devoir lui prêter serment, trouva refuge en Normandie, chez une fermière nommée Marie Harel. Il lui confia les secrets de la croûte de ce fromage frais traditionnel. Le procédé serait originaire de la Brie. Ce sont les descendants de Marie Harel qui entreprirent la fabrication de ce futur célèbre fromage.

Cent ans après, l'ingénieur Ridel créa la boîte en bois encore utilisée aujourd'hui et dans laquelle le fromage est transporté vers les différents marchés. Le camembert a séduit Napoléon III : il goûta l'un des camemberts de Victor Paynel et en redemanda. C'est ainsi que le petit-fils de Marie Harel eut l'honneur d'être reçu aux Tuileries en 1863.

Le camembert a fait la notoriété de la Normandie. Élaboré par des fermières normandes, sa fabrication s'est vite répandue dans tout le pays, en Europe et dans le monde à partir de 1950. L'interdiction des fromages au lait cru aux États-Unis, la pasteurisation et plus tard la stabilisation du lait ont bouleversé la tradition. Pour que son nom n'échappe pas à la Normandie et afin de sauvegarder la tradition, le Label rouge a été créé dans les années 1960 pour désigner une qualité supérieure, puis en tant qu'appellation d'origine contrôlée (AOC) en 1983.

« Le fromage bénéficiant de l'appellation d'origine Camembert de Normandie est un fromage à pâte molle, légèrement salée, blanche à jaune crème, à moisissures superficielles constituant un feutrage blanc pouvant laisser apparaître des taches rouges. [...] » (Article 2 du décret du 26 décembre 1986 relatif à l'AOC Camembert de Normandie).

CARACTÉRISTIQUES

Le brie et le camembert sont des fromages à pâte molle obtenus à partir d'une coagulation mixte à dominance lactique; égouttage lent, sans pression, affinés en surface, à croûte fleurie blanche et duveteuse. Le caillé peut être lactique, stabilisé ou solubilisé selon qu'il est obtenu à partir de ferment mésophile (qui se développe en milieu frais) ou thermophile (en milieu chaud). Le caillé lactique, ou classique, donne une pâte crayeuse devenant progressivement coulante de la croûte vers le centre. Les caillés stabilisés et solubilisés donnent une pâte à texture lisse et onctueuse qui ne coule pas. La pâte issue du caillé solubilisé est plus ferme et se conserve plus longtemps. Les bries et les camemberts issus des caillés stabilisés et solubilisés se caractérisent par leur odeur et leur goût franc de champignon. Le caillé lactique couvre une gamme d'arômes plus étendue. Ils comptent de 20 à 25 % de matières grasses et 50 % d'humidité. Les fromages au lait cru demandent plus d'attention et se fabriquent dans des fromageries artisanales ou fermières.

FROMAGES DE TYPE BRIE ET CAMEMBERT AU LAIT DE VACHE FABRIQUÉS AU QUÉBEC

Brie Chevalier, Brie Connaisseur et Petit Brie Connaisseur, Brie Dama 12 léger, Brie Damafro, Brie de Portneuf, Brie L'Extra, Brie Madame Clément, Brie Notre-Dame, Brie Tour de France, Brie Vaudreuil, Brise des Vignerons, Camembert Calendos, Camembert Connaisseur, Camembert Damafro, Camembert de Portneuf, Camembert L'Extra et Grand Camembert L'Extra, Camembert Madame Clément, Caprice des Saisons, Casimir, Champayeur, Desneiges, L'Évanjules, Fleurmier, Lady Laurier d'Arthabaska, Marie-Charlotte, Marquis de Témiscouata, Le Noble, Notre-Dame-des-Neiges, Perle du Littoral, Petit Brie DuVillage, Petit Champlain, Le Rang des Îles, Roubine de Noyan, Le Saint-Cœur-de-Marie, Saint-Émile, Vaudreuil Grand Camembert.

BRIE CHEVALIER

Agropur – Signature
Industrielle
Saint-Hyacinthe (Montérégie)

ODEUR	Douce de champignon
SAVEUR	Fine et veloutée, légères notes de noisette, plus marquée en pâtes à double et triple-crème
LAIT	De vache entier avec ajout ou non de crème, pasteurisé, ramassage collectif
AFFINAGE	20 à 30 jours

Pâte molle; caillé présure à dominance lactique, égouttage lent; affiné en surface, à croûte fleurie; nature ou assaisonné.

 Meules de 1,2 kg et 3 kg

M.G. 27 %
HUM. 54 %

BRIE CONNAISSEUR, BRIE PETIT CONNAISSEUR

Damafro – Fromagerie Clément
Mi-industrielle
Saint-Damase (Montérégie)

ODEUR	Douce de lait ou de crème, légèrement florale
SAVEUR	Douce, herbacée, fongique et légèrement salée
LAIT	De vache entier, pasteurisé, non stabilisé, ramassage collectif; protéines laitières
AFFINAGE	2 semaines à 1 mois

Pâte molle; caillé présure à dominance lactique, égouttage lent; affiné en surface, à croûte fleurie

 Meules de 170 g (Petit Connaisseur) et de 3 kg (Connaisseur)

M.G. 26 %
HUM. 50 %

BRIE DAMAFRO, MINI BRIE, POINTE DE BRIE

Damafro – Fromagerie Clément
Mi-industrielle
Saint-Damase (Montérégie)

ODEUR	Douce de lait et de champignon
SAVEUR	Douce de crème, notes de champignon
LAIT	De vache, entier, pasteurisé et stabilisé, ramassage collectif; protéines laitières
AFFINAGE	2 semaines

Pâte molle; caillé présure à dominance lactique et stabilisé, égouttage lent; affiné en surface, à croûte fleurie

 Meules de 220 g (Pointe de Brie), 200 g et 300 g (Mini-Brie), et 3 kg (Brie Damafro)

M.G. 26 %
HUM. 50 %

BRIE DE PORTNEUF

Maison Alexis-de-Portneuf – Saputo
Industrielle
Saint-Raymond-de-Portneuf (Québec)

ODEUR	De douce à marquée, selon l'affinage, champignon frais et notes fruitées
SAVEUR	Douce et lactique, notes légères de noisette ou de champignon, plus marquées en vieillissant
LAIT	De vache, entier ou avec ajout de crème, pasteurisé, ramassage collectif, substances laitières modifiées
AFFINAGE	Environ 2 semaines en hâloir, puis réservé de 30 à 50 jours

Pâte molle solubilisée; coagulation mixte à dominance lactique, égouttage lent; affiné en surface, à croûte fleurie

 Meules de 2,5 kg, à la coupe

M.G. 25 %
HUM. 50 %

BRIE L'EXTRA

CROÛTE	Blanche et duveteuse
PÂTE	Crème à ivoire, onctueuse
ODEUR	Douce de champignon
SAVEUR	Douce, notes de champignon (croûte) ou de noisette (pâte)
LAIT	De vache, entier, pasteurisé, de ramassage collectif; peut contenir de la poudre de lait et des protéines laitières concentrées
AFFINAGE	2 semaines
CHOISIR	La pâte crémeuse et souple ; à l'odeur fraîche
CONSERVER	Jusqu'à 65 jours, emballé dans un papier ciré, entre 2 et 4 °C
NOTE	Agropur produit un camembert et un brie allégés commercialisés sous l'appellation Allégro.

Pâte molle; caillé présure à dominance lactique, égouttage lent; affiné en surface, à croûte fleurie

 Meule de 2,5 kg

 M.G. 23%
HUM. 54%

BRIE MADAME CLÉMENT

CROÛTE	Blanche duveteuse et tendre
PÂTE	Crémeuse et coulante
ODEUR	Douce
SAVEUR	Douce, fongique et légèrement salée
LAIT	De vache, entier, pasteurisé, ramassage collectif; protéines laitières
AFFINAGE	2 semaines à 1 mois
CHOISIR	La pâte crémeuse ; à l'odeur fraîche
CONSERVER	1 mois, emballé dans un papier ciré, entre 2 et 4 °C

Pâte molle; caillé présure à dominance lactique, non stabilisé, égouttage lent; affiné en surface, à croûte fleurie

 Meule de 1 kg

 M.G. 26%
HUM. 50%

Agropur Signature
Industrielle
Saint-Hyacinthe (Montérégie)

CROÛTE	Couverte de mousse blanche
PÂTE	Crème à ivoire, crémeuse devenant coulante
ODEUR	Beurre et champignon, paille, étable
SAVEUR	Équilibrée ; lait, beurre, champignon ou boisée, et notes torréfiées (brioche) ; la croûte apporte une légère amertume
LAIT	De vache, entier, pasteurisé, ramassage collectif ; peut contenir de la poudre de lait et protéines laitières concentrées
AFFINAGE	2 semaines
CHOISIR	La pâte crémeuse ; à l'odeur fraîche
CONSERVER	2 semaines à 1 mois, emballé dans un papier ciré doublé d'une feuille d'aluminium

Pâte molle ; caillé lactique à dominance présure, égouttage lent ; affiné en surface, à croûte fleurie

 Meule de 2,5 kg

 M.G. 23 %
HUM. 54 %

Damafro – Fromagerie Clément
Mi-industrielle
Saint-Damase (Montérégie)

CROÛTE	Blanche, duveteuse, épaisse et tendre
PÂTE	Crème crayeuse au centre, s'affinant lentement depuis les bords pour devenir moelleuse et coulante
ODEUR	Douce, lactique et fongique
SAVEUR	Douce et parfumée, notes de crème et de champignon frais
LAIT	De vache, entier, pasteurisé, ramassage collectif
AFFINAGE	2 semaines
CHOISIR	La croûte blanche et fleurie ; la pâte encore crayeuse ; à l'odeur fraîche
CONSERVER	Jusqu'à 1 mois, emballé dans un papier ciré, entre 2 et 4 °C

Pâte molle ; caillé présure à dominance lactique, égouttage lent ; affiné en surface, à croûte fleurie

 Meules de 198 g et de 1 kg
et 3 kg, à la coupe

M.G. 26 %
HUM. 50 %

CAMEMBERT CALENDOS

CROÛTE	Blanche et duveteuse
PÂTE	Jaune crème, texture lisse, souple, homogène et crémeuse
ODEUR	Douce à marquée, selon l'affinage, champignon frais et lactique
SAVEUR	Douce et lactique ; légères notes de noisette ou de champignon, plus marquées avec la maturation
LAIT	De vache entier, ou avec ajout de crème, pasteurisés, ramassage collectif, substances laitières modifiées.
AFFINAGE	30 jours pour un fromage jeune et frais, 50 jours pour un fromage tendre et savoureux à souhait

Pâte molle solubilisée à croûte fleurie ; caillé présure à dominance lactique, égouttage lent ; affiné en surface

 Meule de 1,2 kg, à la coupe   M.G. 30 %
HUM. 50 %

CAMEMBERT CONNAISSEUR

CROÛTE	Blanche, duveteuse et tendre
PÂTE	Crémeuse et coulante
ODEUR	Douce et légèrement florale
SAVEUR	Douce de crème, fongique et légèrement salée
LAIT	De vache, entier, pasteurisé, ramassage collectif ; protéines laitières
AFFINAGE	2 semaines à 1 mois, croûte ensemencée de *Penicillium candidum*

Pâte molle ; caillé présure à dominance lactique, non stabilisé, égouttage ; lent, affiné en surface, à croûte fleurie

 Meule de 1,2 kg   M.G. 26 %
HUM. 50 %

CAMEMBERT DAMAFRO

CROÛTE	Blanche, duveteuse et tendre
PÂTE	Crémeuse et onctueuse
ODEUR	Douce, lactique, légèrement fruitée, notes de champignon
SAVEUR	Douce de crème et de champignon sauvage
LAIT	De vache, entier, pasteurisé, ramassage collectif ; protéines laitières
AFFINAGE	Environ 2 semaines

Pâte molle ; caillé présure à dominance lactique et stabilisé, égouttage lent ; affiné en surface, à croûte fleurie

 Meule de 1 kg   M.G. 26 %
HUM. 50 %

CAMEMBERT DE PORTNEUF

Maison Alexis-de-Portneuf – Saputo
Industrielle
Saint-Raymond-de-Portneuf (Québec)

CROÛTE	Blanche, fine et duveteuse
PÂTE	Blanche à jaune crème, souple et crémeuse
ODEUR	Douce de champignon frais
SAVEUR	Douce et lactique; notes légères de noisette ou de champignon plus marquées avec la maturation
LAIT	De vache, entier ou avec ajout de crème, pasteurisé, ramassage collectif; substances laitières modifiées
AFFINAGE	30 jours pour un fromage jeune et frais, 50 jours pour un fromage tendre et savoureux à souhait

Pâte molle; caillé mixte à dominance lactique, solubilisé, égouttage lent; affiné en surface, à croûte fleurie

 Meule de 370 g

 M.G. 25 %
HUM. 50 %

CAMEMBERT L'EXTRA ET GRAND CAMEMBERT L'EXTRA

Agropur Signature
Industrielle
Saint-Hyacinthe (Montérégie)

CROÛTE	Blanche et fleurie
PÂTE	Crème à ivoire, molle et onctueuse
ODEUR	Douce de champignon et de beurre
SAVEUR	Douce de beurre et de champignon, notes végétales et fruitées
LAIT	De vache, entier, pasteurisé, ramassage collectif; peut contenir de la poudre de lait et des protéines laitières concentrées
AFFINAGE	1 à 2 semaines

Pâte molle; caillé présure à dominance lactique, égouttage lent; affiné en surface, à croûte fleurie; nature ou assaisonné aux fines herbes ou au poivre

 Meules de 200 g (L'Extra) et 1 kg (Grand Camembert L'Extra)

M.G. 23 % (L'Extra)
HUM. 56 %

CAMEMBERT MADAME CLÉMENT

Damafro – Fromagerie Clément
Mi-industrielle
Saint-Damase (Montérégie)

CROÛTE	Blanche, duveteuse et tendre
PÂTE	Crémeuse et coulante
ODEUR	Douce de lait, légèrement florale
SAVEUR	Douce de beurre, fongique et légèrement salée
LAIT	De vache, entier, pasteurisé, ramassage collectif; protéines laitières
AFFINAGE	2 semaines à 1 mois, croûte ensemencée de *Penicillium candidum*

Pâte molle; caillé présure à dominance lactique, non stabilisé, égouttage lent; affiné en surface, à croûte fleurie

 Meule de 150 g
(8 cm sur 3 cm)

M.G. 26 %
HUM. 50 %

Fromagerie des Cantons
Artisanale
Farnham (Montérégie)

BRISE DES VIGNERONS

CROÛTE	Fleurie, rustique avec des petites veinures beiges à brunâtres
PÂTE	Crème, de souple et onctueuse à crémeuse, assez coulante, parsemée de petites ouvertures irrégulières
ODEUR	Douce de champignon frais
SAVEUR	Champignon et beurre demi-sel
LAIT	De vache, entier, cru, d'un seul élevage
AFFINAGE	60 jours au moins
CHOISIR	Tôt après sa fabrication, la pâte tendre et fraîche
CONSERVER	2 à 3 semaines, emballé dans un papier ciré doublé d'une feuille d'aluminium, entre 2 et 4 °C

Pâte molle; caillé présure à dominance lactique, égouttage lent; affiné en surface, à croûte fleurie

 Meule de 1,2 kg

 M.G. 25 %
HUM. 52 %

Fromagerie La Germaine
Fermière
Sainte-Edwidge-de-Clifton (Cantons-de-l'Est)

CAPRICE DES SAISONS

CROÛTE	Blanche, fleurie, couverte d'un beau duvet mince
PÂTE	Jaune crème, de crayeuse à lisse et crémeuse, devenant coulante de la croûte vers le centre
ODEUR	Marquée, dominance de champignon et de boisé humide, voire d'humus
SAVEUR	Marquée de champignon et de beurre frais, légèrement piquante, notes fermières
LAIT	De vache, entier, cru, élevage de la ferme
AFFINAGE	Environ 2 semaines
CHOISIR	La pâte souple et crémeuse; à l'odeur fraîche
CONSERVER	2 à 3 semaines, dans son emballage original ou dans un papier ciré doublé d'une feuille d'aluminium, entre 2 et 4 °C
NOTE	La fromagerie honore la mémoire de Germaine, la mère de Réjean Théroux, le producteur.

Pâte molle; caillé présure à dominance lactique, égouttage lent; affiné en surface, à croûte fleurie

 Meule de 250 g

 M.G. 30 %
HUM. 44 %

Brie, camembert, coulommiers   81

CASIMIR

Fromagerie de l'Érablière
Fermière
Mont-Laurier (Hautes-Laurentides)

CROÛTE	Striée brunâtre, couverte d'une mousse rase, blanche et fleurie
PÂTE	Crème à jaunâtre, onctueuse et lisse, devenant coulante lorsque bien chambrée
ODEUR	Douce de lait frais fermier, arômes de champignon frais
SAVEUR	Douce et légèrement salée, notes de lait, de noisette et de champignon
LAIT	De vache, entier, thermisé, d'un seul élevage
AFFINAGE	60 jours
CHOISIR	La pâte souple et crémeuse; à l'odeur fraîche
CONSERVER	2 mois, dans un papier ciré doublé d'une feuille d'aluminium, entre 2 et 4 °C
NOTE	Ce fromage honore la mémoire de Casimir, le grand-père de Gérald Brisebois, l'un des trois propriétaires actuels, qui s'était établi au début du siècle dernier sur les rives de la rivière du Lièvre. Avec le lait de son troupeau, il approvisionnait la petite fromagerie de sa ferme. Aujourd'hui, la fromagerie loge dans une ancienne érablière

Pâte molle; caillé présure à dominance
lactique, égouttage lent; affiné en surface,
à croûte fleurie

 Meule de 1 kg (17 cm sur 3 cm)

 M.G. 26 %
HUM. 50 %

CHAMPAYEUR

Fromagerie du Presbytère
Certifié biologique par Québec Vrai · Artisanale
Sainte-Élisabeth (Bois-Francs)

CROÛTE	Blanche, fleurie, tendre
PÂTE	Crème, de crayeuse à crémeuse, de la croûte vers le centre
ODEUR	Douce, de crème, de champignon et de châtaigne, et un gain de rusticité avec la maturation
SAVEUR	Lactique rappelant le yogourt, notes torréfiées; sensation de piquant et amertume en fin de bouche
LAIT	De vache, entier, pasteurisé, élevage de la Ferme Louis d'Or
AFFINAGE	15 jours
CHOISIR	La pâte encore crayeuse; à l'odeur fraîche
CONSERVER	3 à 4 semaines, emballé dans un papier ciré doublé d'une feuille d'aluminium, entre 2 et 4 °C
NOTE	Le mot champayeur vient de l'ancien verbe français champayer, qui signifie faire paître le bétail dans les champs.

Pâte molle; caillé présure à dominance lactique,
égouttage lent; affiné en surface, à croûte fleurie

 Meule de 140 g

 M.G. 24 %
HUM. 53 %

DESNEIGES

CROÛTE	Blanche de duvet, stries brunâtres, tendre
PÂTE	Crème, onctueuse, beurrée devenant coulante
ODEUR	Douce et fraîche de crème, le champignon de la croûte est plus marqué
SAVEUR	Douce de champignon, croûte plus marquée apportant une touche d'amertume
LAIT	De vache, entier, cru, élevage de la ferme
AFFINAGE	60 jours
CHOISIR	Tôt après sa fabrication ; la croûte et la pâte souples
CONSERVER	2 semaines, emballé dans un papier ciré doublé d'une feuille d'aluminium, entre 2 et 4 °C

Pâte molle ; caillé présure à dominance
lactique, égouttage lent ; affiné en surface,
à croûte fleurie

 Meule carrée de 330 g environ

 M.G. 28 %
HUM. 50 %

ÉVANJULES (L')

CROÛTE	Blanche, striée, couverte d'une mousse rase ; teinte de beige à orangée avec la maturation
PÂTE	Blanc-crème ; plutôt crayeuse, elle devient crémeuse avec le temps et se ramollit de la croûte vers le centre
ODEUR	De douce à marquée ; champignon et notes de beurre ; pain frais, puis foin ou brioche
SAVEUR	Douce et salée ; arômes de champignon et de beurre ou de lait acidulé, l'affinage lui confère un goût piquant rappelant le miel de fleurs
LAIT	De vache, entier, pasteurisé, ramassage collectif ; substances laitières modifiées
AFFINAGE	20 jours (saveur acidulée) à 45 jours (coulant)
CHOISIR	La pâte souple, croûte duvetée finement, de paille à orangée ; à l'odeur fraîche de champignon ; meilleur à 30 jours
CONSERVER	1 mois, dans son emballage, entre 4 et 6 °C
NOTE	Ce fromage rend hommage au regretté Jules Roiseux, passionné, bon vivant et vulgarisateur en vins et fromages. Il a grandement contribué à la promotion et à la reconnaissance des fromages du Québec.

Pâte molle ; coagulation mixte à dominance
lactique, égouttage lent ; affiné en surface,
à croûte fleurie

 Meule de 250 g

 M.G. 26 %
HUM. 50 %

Brie, camembert, coulommiers

FLEURMIER

Laiterie Charlevoix
Artisanale
Baie-Saint-Paul (Charlevoix)

CROÛTE	Blanche, fleurie et duveteuse
PÂTE	Crème, crémeuse et légèrement coulante
ODEUR	Très douce de beurre et de crème sure, de champignon
SAVEUR	Douce de champignon et de beurre, notes d'amande
LAIT	De vache entier, pasteurisé, ramassage collectif
AFFINAGE	2 semaines
CHOISIR	La croûte et la pâte souples
CONSERVER	60 jours, emballé dans un papier ciré doublé d'une feuille d'aluminium, à 4 °C

Pâte molle ; caillé présure à dominance lactique et solubilisé, égouttage lent ; affiné en surface, à croûte fleurie

 Meule de 260 g

 M.G. 27 %
HUM. 54 %

NOBLE

Fromagerie du Domaine Féodal
Artisanale
Berthierville (Lanaudière)

CROÛTE	Blanc immaculé, mousse unie et compacte
PÂTE	Crème, crémeuse à coulante de la croûte vers le centre
ODEUR	Douce à marquée de crème et de champignon frais et de légumes (navet)
SAVEUR	Douce de lait ; d'amande et de champignon frais
LAIT	De vache, entier, pasteurisé, un élevage sélectionné
AFFINAGE	21 jours
CHOISIR	Frais, la pâte fleurie, blanche et onctueuse
CONSERVER	Jusqu'à 1 mois dans un papier ciré doublé d'une feuille d'aluminium

Pâte molle ; caillé présure à dominance lactique, égouttage lent ; affiné en surface, à croûte fleurie

 Meule de 1,2 kg

 M.G. 25 %
HUM. 50 %

Fromagerie Couland
Artisanale
Joliette (Lanaudière)

 MARIE-CHARLOTTE

CROÛTE	Striée, couverte d'une mousse blanche rase ; très tendre, voire fragile
PÂTE	Crème, de crayeuse à crémeuse, puis à coulante de la croûte vers le centre
ODEUR	Douce de crème légèrement acide ou de caillé ; caractère rustique se développe avec la maturation
SAVEUR	Douce à marquée, de lait ou de crème fraîche, végétale et se terminant sur une légère amertume
LAIT	De vache, entier, pasteurisé, ramassage collectif
AFFINAGE	2 semaines à 1 mois

Pâte molle ; caillé présure à dominance lactique, égouttage lent ; affiné en surface, à croûte fleurie

Meule de 900 g environ (20 cm sur 2,5 cm)   M.G. 32 %   HUM. 54 %

Fromagerie Le Détour
Artisanale
Notre-Dame-du-Lac (Bas-Saint-Laurent)

 MARQUIS DE TÉMISCOUATA

CROÛTE	Couverte d'un duvet blanc dévoilant de petites lignes ; les stries jaune-orangé
PÂTE	Crème à beurre pâle, souple et onctueuse, devient crémeuse et coulante de la croûte vers le centre
ODEUR	Douce de champignon et de beurre
SAVEUR	Douce et délicate de crème, puis de beurre en s'affinant, la croûte apporte un goût de champignon des bois
LAIT	De vache, entier, pasteurisé, d'un seul élevage
AFFINAGE	20 jours

Pâte molle ; caillé présure à dominance lactique ; affiné en surface, à croûte fleurie

 Meule de 1,2 à 1,5 kg environ   M.G. 30 %   HUM. 50 %

Fromagerie des Basques
Mi-industrielle
Trois-Pistoles (Bas-Saint-Laurent)

NOTRE-DAME-DES-NEIGES

CROÛTE	Blanche, duvet velouté, plutôt épaisse, souple et croquante
PÂTE	Crème, coulante, crémeuse voire beurrée
ODEUR	Douce de crème, champignon des bois (croûte)
SAVEUR	Douce, crème à peine salée et légère pointe d'amertume, la croûte apporte le champignon et des notes épicées et torréfiées
LAIT	De vache, entier, pasteurisé, élevages de la région
AFFINAGE	45 jours

Pâte molle ; caillé présure à dominance lactique ; affiné en surface, à croûte fleurie

 Meule de 250 g   M.G. 25 %   HUM. 54 %

Brie, camembert, coulommiers

Fromagerie 1860 DuVillage inc.– Saputo
Mi-industrielle
Warwick (Bois-Francs)

CROÛTE	Blanche, teintes rougeâtres se développant avec l'affinage, fleurie, duveteuse et tendre
PÂTE	Crayeuse, s'affine de la croûte vers le centre
ODEUR	Douce à marquée, champignon sauvage et notes du terroir
SAVEUR	Douce, fruitée, de noisette, notes de crème, de beurre salé et de champignon
LAIT	De vache, entier, pasteurisé, ramassage collectif; substances laitières modifiées
AFFINAGE	20 à 45 jours
CHOISIR	La croûte bien blanche, la pâte moelleuse au toucher, à l'odeur de champignon frais
CONSERVER	Jusqu'à 1 mois, dans son emballage original à double épaisseur, entre 4 et 6 °C

Pâte molle; coagulation mixte à dominance lactique, égouttage lent; affiné en surface, à croûte fleurie

 Meule de 150 g

 M.G. 23 %
HUM. 54 %

Damafro – Fromagerie Clément
Mi-industrielle
Saint-Damase (Montérégie)

CROÛTE	Blanche, duveteuse et tendre
PÂTE	Crayeuse à crémeuse et coulante
ODEUR	Douce de sous-bois et de champignon
SAVEUR	Douce de beurre, fongique et légèrement salée
LAIT	De vache, entier, pasteurisé, non stabilisé, ramassage collectif
AFFINAGE	2 semaines à 1 mois, croûte ensemencée de *Penicillium candidum*
CHOISIR	La pâte lisse et souple ; à l'odeur fraîche
CONSERVER	Jusqu'à 1 mois, emballé dans un papier ciré, entre 2 et 4 °C

Pâte molle; caillé présure à dominance lactique, égouttage lent; affiné en surface, à croûte fleurie

 Meule de 135 g
(8 cm sur 3 cm)

 M.G. 26 %
HUM. 50 %

Fritz Kaiser
Mi-industrielle
Noyan (Montérégie)

CROÛTE	Blanche, fleurie, stries orangées s'intensifiant avec la maturation
PÂTE	Crème, parsemée de petites ouvertures, s'affine de la croûte vers le centre pour devenir moelleuse
ODEUR	Douce à prononcée; jeune, elle fleure le champignon frais, le côté végétal se développe avec la maturation (navet, oignon); caractère rustique
SAVEUR	Douce à prononcée, de champignon frais et de beurre noiseté; les arômes rappelant le brie français se développent à maturation
LAIT	De vache, partiellement écrémé, pasteurisé, élevage de la région
AFFINAGE	2 semaines à 1 mois
CHOISIR	La croûte et la pâte moelleuse à l'odeur fraîche de champignon
CONSERVER	2 semaines à 1 mois dans un papier ciré doublé d'une feuille d'aluminium, entre 2 et 4 °C

Pâte molle; caillé présure à dominance lactique,
égouttage lent; affiné en surface, à croûte fleurie

 Meule de 180 g

 M.G.   26 %
HUM.   50 %

La Fromagère Mistouk
Fermière et artisanale
Alma (Saguenay–Lac-Saint-Jean)

Pâte molle ; caillé présure à dominance
lactique ; affiné en surface, à croûte fleurie

 Meule de 500 g

M.G.   24 %
HUM.   48 %

CROÛTE	Blanche, striée et vallonnée, traces jaune verdâtre
PÂTE	Crème, crémeuse devenant coulante
ODEUR	Douce et végétale de champignon et de légume doux (rabiole, par exemple)
SAVEUR	Douce de crème et de champignon
LAIT	De vache, entier, pasteurisé, élevage de la ferme
AFFINAGE	15 jours
CHOISIR	La croûte souple et la pâte moelleuse à l'odeur fraîche
CONSERVER	2 semaines dans un papier ciré doublé d'une feuille d'aluminium
NOTE	Riche en acides gras oméga-3, le lait provient du troupeau dont l'alimentation est additionnée de lin produit sur la ferme.

Agropur Signature
Industrielle
Saint-Hyacinthe (Montérégie)

Pâte molle ; caillé présure à dominance lactique,
solubilisé ; affiné en surface, à croûte fleurie

 Meule de 3 kg

M.G.   24 %
HUM.   54 %

CROÛTE	Blanche et fleurie
PÂTE	Crème à ivoire, molle, plus onctueuse à maturation
ODEUR	Douce de champignon et d'humus, de beurre frais et d'herbes
SAVEUR	Fine et veloutée, lactique, beurre et champignon, avec des notes torréfiées, herbacées et fruitées d'amande
LAIT	De vache, entier, pasteurisé, ramassage collectif ; peut contenir de la poudre de lait
AFFINAGE	2 semaines
CHOISIR	La croûte bien blanche ; la pâte crémeuse
CONSERVER	Jusqu'à 65 jours, emballé dans un papier ciré, entre 2 et 4 °C

Brie et camembert, double et triple-crème

Pâte molle à croûte fleurie

Pour obtenir un fromage double ou triple-crème, il suffit d'ajouter de la crème au lait. À quelques rares exceptions près, les doubles-crèmes se trouvent sous forme de brie ou de camembert.

CARACTÉRISTIQUES

Tout comme le brie et le camembert, les doubles et triples-crèmes sont issus d'une coagulation mixte à dominance lactique. La pâte est lisse et onctueuse, crémeuse et plus goûteuse. La croûte est fleurie, blanche et duveteuse. À l'odeur comme à la saveur, on y retrouve le champignon, la crème ou le beurre, et les graines sèches comme la noisette. Ils comptent de 30 à 35 % de matières grasses et 50 % d'humidité environ.

COMMENT CHOISIR

La croûte fraîche, blanche et souple ; la pâte crayeuse ou lisse et crémeuse ; à l'odeur fraîche.

CONSERVATION

Compter environ 75 jours pour une petite meule et 90 jours pour une meule de 1 kilo, à compter du départ de l'usine, et réfrigérer entre 2 et 4 °C.

DOUBLES ET TRIPLES-CRÈMES AU LAIT DE VACHE FABRIQUÉS AU QUÉBEC

Attrape-Cœur, Belle-Crème, Brie Bonaparte, Brie d'Alexis double-crème, Brie Chevalier double-crème, Brie Chevalier triple-crème, Brie de Portneuf double-crème, Brie le Trappeur double-crème et triple-crème, Brie Vaudreuil double-crème, Brise du Matin, Camembert Calendos, Camembert des Camarades, Crémeux des Vignerons, Double-Crème DuVillage, Fleur de Lys, Riopelle de l'Isle, Rondoux double-crème, Rondoux triple-crème, Rumeur, Saint-Honoré, Triple-Crème DuVillage.

La Trappe à Fromage de l'Outaouais
Mi-industrielle
Gatineau (Outaouais)

CROÛTE	Fleurie, blanche et unie
PÂTE	Crème, de crayeuse à crémeuse, devenant plus lisse et crémeuse de la croûte vers le centre
ODEUR	Douce de noisette et de champignon
SAVEUR	Douce de crème fraîche, avec un léger arrière-goût de noisette
LAIT	De vache, entier avec ajout de crème, pasteurisé, ramassage collectif
AFFINAGE	4 à 6 semaines
CHOISIR	Jeune ; la croûte fraîche, blanche et souple ; la pâte crayeuse à onctueuse, à l'odeur fraîche
CONSERVER	2 à 4 semaines, entre 2 et 4 °C

Triple-crème, pâte molle ; caillé présure à dominance lactique, égouttage lent ; affiné en surface, à croûte fleurie

 Meule de 2,5 kg (20 cm sur 4,5 cm), à la coupe

 M.G. 32 %
HUM. 48 %

Maison Alexis-de-Portneuf – Saputo
Industrielle
Saint-Raymond-de-Portneuf (Québec)

CROÛTE	Blanche et duveteuse
PÂTE	Blanche à jaune crème, texture de crayeuse à crémeuse de la croûte vers le centre
ODEUR	Douce de crème et de champignon ; plus marquée avec la maturation
SAVEUR	Douce, légèrement salée, lactique ; notes légères de noisette, d'amande et de champignon, plus marquées avec la maturation
LAIT	De vache, entier avec ajout de crème, pasteurisé, ramassage collectif ; substances laitières modifiées
AFFINAGE	Environ 2 semaines en hâloir, puis réservé pour une consommation optimale allant de 30 à 50 jours
CHOISIR	La pâte onctueuse et fondante
CONSERVER	2 à 3 mois, emballé dans un papier ciré, à 4 °C

Triple-crème, pâte molle ; caillé mixte à dominance lactique, solubilisé, égouttage lent ; affiné en surface, à croûte fleurie

 Meules de 160 g (8 cm sur 4,5 cm), de 500 g et de 1 kg, à la coupe

 M.G. 35 %
HUM. 50 %

Maison Alexis-de-Portneuf – Saputo
Industrielle
Saint-Raymond-de-Portneuf (Québec)

BRIE BONAPARTE

CROÛTE	Blanche et duveteuse
PÂTE	Jaune crème, texture lisse, crémeuse et veloutée
ODEUR	Douce de crème et de champignon
SAVEUR	Douce et lactique; notes légères de beurre, de noisette ou de champignon; meilleur entre 30 à 50 jours
LAIT	De vache, entier avec ajout de crème, pasteurisé, ramassage collectif, substances laitières modifiées
AFFINAGE	Environ 2 semaines en hâloir, puis réservé de 30 à 50 jours

Double-crème, pâte molle; caillé mixte à dominance lactique, solubilisé, égouttage lent; affiné en surface, à croûte fleurie

 Meule de 500 g (13,5 cm sur 4,5 cm), à la coupe

M.G. 30 %
HUM. 50 %

Agropur – Usine de Corneville
Industrielle
Saint-Hyacinthe (Montérégie)

BRIE CHEVALIER DOUBLE-CRÈME ET TRIPLE-CRÈME

CROÛTE	Blanche et duveteuse
PÂTE	Crème à ivoire, molle, coulante et onctueuse à maturité
ODEUR	Douce de champignon
SAVEUR	Fine et veloutée, légères notes de noisette, plus goûteuse en pâtes à triple-crème
LAIT	De vache, entier avec ajout de crème, pasteurisé, ramassage collectif
AFFINAGE	20 à 30 jours

Pâte molle; coagulation mixte à dominance lactique, égouttage lent; affiné en surface, à croûte fleurie

 Meules de 1,2 kg, 3 kg et 1,4 kg (triple-crème)

 M.G. 27,6 % et 42 %
HUM. 54 % et 45 %

Maison Alexis-de-Portneuf – Saputo
Industrielle
Saint-Raymond-de-Portneuf (Portneuf-Québec)

BRIE D'ALEXIS DOUBLE-CRÈME

CROÛTE	Blanche et duveteuse
PÂTE	Blanche à jaune crème, lisse, souple, homogène et crémeuse
ODEUR	De douce à marquée, selon l'affinage
SAVEUR	Douce et lactique, notes légères de noisette ou de champignon plus marquées en vieillissant; meilleur à 50 jours
LAIT	De vache, entier avec ajout de crème, pasteurisé, ramassage collectif, substances laitières modifiées
AFFINAGE	Environ 2 semaines en hâloir, puis réservé de 30 à 50 jours

Pâte molle solubilisée; coagulation mixte à dominance lactique, égouttage lent; affiné en surface, à croûte fleurie

 Meule de 370 g, à la coupe

 M.G. 30 %
HUM. 50 %

BRIE DE PORTNEUF DOUBLE-CRÈME

Maison Alexis-de-Portneuf – Saputo
Industrielle
Saint-Raymond-de-Portneuf (Québec)

CROÛTE	Blanche et duveteuse
PÂTE	Blanche à jaune crème, texture lisse, souple, homogène et crémeuse
ODEUR	Douce à marquée, selon l'affinage, parfum de champignon frais et de noix
SAVEUR	Douce et lactique; notes légères de noisette ou de champignon plus marquées avec la maturation
LAIT	De vache, avec ajout de crème, pasteurisé, ramassage collectif, substances laitières modifiées
AFFINAGE	De 30 jours (pour un fromage jeune et frais) à 50 jours

Double-crème, pâte molle; caillé mixte à dominance lactique, solubilisé, égouttage lent; affiné en surface, à croûte fleurie

 Meule de 2,5 kg, à la coupe   M.G. 30 %
HUM. 50 %

BRIE DOUBLE-CRÈME et BRIE TRIPLE-CRÈME LE TRAPPEUR

Damafro – Fromagerie Clément
Mi-industrielle
Saint-Damase (Montérégie)

CROÛTE	Blanche et duveteuse
PÂTE	Couleur crème, épaisse, tendre et crémeuse
ODEUR	Douce et lactique
SAVEUR	Douce, crémeuse; lactique et champignon frais
LAIT	De vache, avec ajout de crème, pasteurisé et stabilisé, ramassage collectif; protéines laitières
AFFINAGE	Environ 2 semaines, croûte ensemencée de *Penicillium candidum*

Pâte molle; caillé lactique à dominance présure; affiné en surface, à croûte fleurie

 Meules de 175 g et 3 kg   M.G. 28 % et 33 %
(34 cm sur 2,5 cm) HUM. 54 %

BRIE DOUBLE-CRÈME VAUDREUIL

Agropur Signature
Industrielle
Saint-Hyacinthe (Montérégie)

CROÛTE	Blanche et duveteuse
PÂTE	Crème à ivoire, molle, plus onctueuse et crémeuse à maturation
ODEUR	Douce de champignon
SAVEUR	Fine et veloutée, notes de champignon
LAIT	De vache, entier avec ajout de crème, pasteurisé, ramassage collectif; peut contenir de la poudre de lait
AFFINAGE	2 semaines

Double-crème, pâte molle; coagulation mixte à dominance lactique, égouttage lent; affiné en surface, à croûte fleurie

 Meule de 3 kg   M.G. 31 %
HUM. 50 %

CAMEMBERT CALENDOS DOUBLE-CRÈME

CROÛTE	Blanche et duveteuse
PÂTE	Jaune crème, texture lisse, souple, homogène et crémeuse
ODEUR	Douce à marquée selon l'affinage, champignon frais et lactique
SAVEUR	Douce et lactique; légères notes de noisette ou de champignon plus marquées avec la maturation
LAIT	De vache entier ou avec ajout de crème, pasteurisé, ramassage collectif, substances laitières modifiées
AFFINAGE	30 jours pour un fromage jeune et frais, 50 jours pour un fromage tendre et savoureux à souhait
CHOISIR	La pâte crémeuse, l'odeur de champignons frais
CONSERVER	1 à 2 mois après l'achat, selon le format, emballé dans un papier ciré, entre 2 et 4 °C

Pâte molle; caillé mixte à dominance lactique, solubilisé, égouttage lent; affiné en surface, à croûte fleurie

 Meule de 1,2 kg, à la coupe

 M.G. 30 %
HUM. 50 %

DOUBLE-CRÈME DUVILLAGE ET TRIPLE-CRÈME DUVILLAGE

CROÛTE	Blanche, fleurie, duveteuse et tendre, teintes rougeâtres se développant avec l'affinage, qui lui confère un caractère corsé
PÂTE	Crayeuse et jeune, s'affine de la croûte vers le centre, fine ou onctueuse, moelleuse à point, se détache de sa croûte en formant une gueule, non coulante
ODEUR	Délicate, florale, légèrement fongique et lactique
SAVEUR	Douce, fruitée, de noisette, légèrement salée; notes de beurre et de champignon
LAIT	De vache, entier avec ajout de crème, pasteurisé, ramassage collectif; substances laitières modifiées
AFFINAGE	20 à 30 jours, optimal après 40 jours
CHOISIR	La pâte crémeuse et souple; à l'odeur fraîche de champignon
CONSERVER	70 jours dans son emballage original double épaisseur, entre 4 et 6 °C
NOTE	En 2002, Le Double-crème DuVillage s'est classé champion au Grand Prix des fromages canadiens, et premier au Royal Agricultural Winter Fair.

Pâte molle; caillé mixte à dominance lactique, égouttage lent; affiné en surface, à croûte fleurie

 Meule de 150 g

 M.G. 30 % et 38 %
HUM. 52 % et 48 %

Fromagerie 1860 DuVillage inc. – Saputo
Mi-industrielle
Warwick (Bois-Francs)

CROÛTE	Blanche, fleurie, prend une teinte crème avec la maturation
PÂTE	Cœur crayeux (jeune) devenant lisse avec l'affinage
ODEUR	Douce à relevée, de beurre, de champignon, de bois
SAVEUR	Crème fraîche relevée par une légère acidité qui s'estompe au cours de l'affinage; notes de champignon et de noisette
LAIT	De vache, entier avec ajout de crème, pasteurisé, ramassage collectif, substances laitières modifiées
AFFINAGE	25 (lactique) à 60 jours (corsé, pâte fondante)
CHOISIR	La croûte et la pâte souples
CONSERVER	1 à 2 mois après l'achat, selon le format, emballé dans un papier ciré, entre 2 et 4 °C

Triple-crème nature, pâte molle; caillé mixte à dominance lactique; affiné en surface, à croûte fleurie

 Meule de 300 g

 M.G. 38 %
HUM. 45 %

Agropur Signature
Industrielle
Saint-Hyacinthe (Montérégie)

CROÛTE	Blanche, fleurie
PÂTE	Crème, lisse et unie, devient crémeuse, onctueuse et fondante, non coulante
ODEUR	Douce, de crème et de champignon
SAVEUR	Douce, de crème, plus prononcée avec l'affinage, et notes légères de champignon
LAIT	De vache, entier avec ajout de crème, pasteurisé, ramassage collectif
AFFINAGE	20 à 30 jours
CHOISIR	La croûte et la pâte souples
CONSERVER	1 mois dans son emballage d'origine ou dans un papier ciré doublé d'une feuille d'aluminium, entre 2 et 4 °C

Pâte molle; caillé présure à dominance lactique, égouttage lent; affiné en surface, à croûte fleurie

 Meule de 120 g

 M.G. 28 % et 42 %
HUM. 50 % et 45 %

CROÛTE	Blanche, fleurie et duveteuse
PÂTE	Ivoire, molle, onctueuse et lisse, devenant coulante
ODEUR	De douce à marquée, fongique (champignon frais), lactique (crème et beurre) avec des notes torréfiées (brioche)
SAVEUR	Douce et crémeuse, de crème, de beurre, de champignon, de légume tel le panais ou de feuille, et des notes torréfiées s'intensifiant avec l'affinage ; salée
LAIT	De vache, entier avec ajout de crème et de lactosérum, thermisés, élevages de l'île
AFFINAGE	60 jours
CHOISIR	Tôt après sa sortie de l'usine, la croûte bien blanche, la pâte onctueuse et souple, à l'odeur fraîche
CONSERVER	Jusqu'à 1 mois, dans un papier ciré doublé d'une feuille d'aluminium, entre 2 et 4 °C
OÙ TROUVER	Dans les boutiques et fromageries spécialisées
NOTE	Le Riopelle de l'Isle a remporté le Prix de la presse et le Prix de la presse nouveauté lors du Festival des fromages fins de Warwick en 2002. En 2003, le Prix de la presse et le Prix du public. Il a été classé Champion de la catégorie fromage à pâte molle au Grand Prix des Fromages 2004. Il est bien identifié à son terroir, en plus d'aider la communauté : pour chaque meule produite, un dollar est versé à un organisme venant en aide aux jeunes de l'île.

Triple-crème, pâte molle ; caillé présure à
dominance lactique, égouttage lent ; affiné
en surface, à croûte fleurie

 Meule de 1,4 kg

 M.G. 35 %
HUM. 50 %

BOUQ'ÉMISSAIRE

Fromages Chaput, affiné par
Les Dépendances du Manoir · Artisanale
Châteauguay (Montérégie)

CROÛTE	Blanc grisâtre, cendrée, se couvrant des moisissures naturelles du lait de chèvre
PÂTE	Ivoire, de crayeuse et crémeuse à coulante
ODEUR	Aromatique, typique du chèvre
SAVEUR	Douce, agréable et longue en bouche; notes piquantes ou poivrées (croûte)
LAIT	De chèvre, entier, cru, d'un seul élevage
AFFINAGE	60 jours
CHOISIR	La croûte parsemée de mousse bleuâtre; la pâte crayeuse et fraîche
CONSERVER	Jusqu'à 2 semaines, emballé dans un papier ciré, entre 2 et 4 °C

Pâte molle; caillé présure à dominance lactique, égouttage lent; affiné en surface, à croûte cendrée

Meule de 1 kg (17,5 cm sur 6 cm)

M.G. 21 %
HUM. 56 %

BOUTON D'OR

Fromagerie au Pays des Bleuets
Artisanale
Saint-Félicien (Saguenay–Lac-Saint-Jean)

CROÛTE	Orange lumineux, striée à la façon du maroilles, humide et collante
PÂTE	Crème, onctueuse, beurrée et collante
ODEUR	Marquée, de cave humide et florale de miel de sarrasin rustique; de lait (ou de beurre, lorsque chambré) et de fruits (pâte)
SAVEUR	Marquée, acidité lactique et sel, relevée, de foin fermenté; notes d'oignon grillé et de terroir; notes amères (croûte)
LAIT	De vache, entier, cru, élevage de la ferme
AFFINAGE	2 mois
CHOISIR	Tôt après sa fabrication
CONSERVER	2 à 3 semaines, emballé dans un papier ciré doublé d'une feuille d'aluminium, entre 2 et 4 °C
NOTE	S'inspire du pont-l'évêque de France. Un lavage régulier à l'eau salée favorise le développement du ferment rouge qui lui donne sa croûte orangée.

Pâte semi-ferme; caillé présure, pressée, non cuite; affiné en surface, à croûte lavée

Meule carrée de 300 g environ

M.G. 28 %
HUM. 49 %

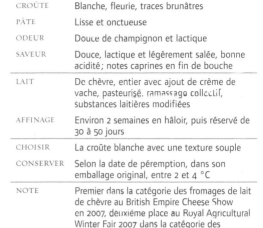

CROÛTE	Blanche, fleurie, traces brunâtres
PÂTE	Lisse et onctueuse
ODEUR	Douce de champignon et lactique
SAVEUR	Douce, lactique et légèrement salée, bonne acidité; notes caprines en fin de bouche
LAIT	De chèvre, entier avec ajout de crème de vache, pasteurisé, ramassage collectif, substances laitières modifiées
AFFINAGE	Environ 2 semaines en hâloir, puis réservé de 30 à 50 jours
CHOISIR	La croûte blanche avec une texture souple
CONSERVER	Selon la date de péremption, dans son emballage original, entre 2 et 4 °C
NOTE	Premier dans la catégorie des fromages de lait de chèvre au British Empire Cheese Show en 2007, deuxième place au Royal Agricultural Winter Fair 2007 dans la catégorie des fromages de chèvre à pâte molle.

Mi-chèvre; caillé mixte à dominance lactique, pâte molle solubilisée, égouttage lent; affiné en surface, à croûte fleurie

 Petite meule de 160 g

M.G.   32%
HUM.   48%

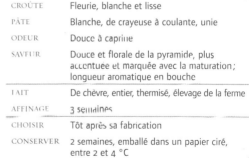

CROÛTE	Fleurie, blanche et lisse
PÂTE	Blanche, de crayeuse à coulante, unie
ODEUR	Douce à caprine
SAVEUR	Douce et florale de la pyramide, plus accentuée et marquée avec la maturation; longueur aromatique en bouche
LAIT	De chèvre, entier, thermisé, élevage de la ferme
AFFINAGE	3 semaines
CHOISIR	Tôt après sa fabrication
CONSERVER	2 semaines, emballé dans un papier ciré, entre 2 et 4 °C

Pâte molle; caillé présure à dominance lactique, égouttage lent; affiné en surface, à croûte fleurie

 Bûchette et pyramide, environ 200 g

M.G.   16%
HUM.   60%

BÛCHETTE CENDRÉE

Fromagerie Les Petits Bleuets
Fermière
Alma (Saguenay–Lac-Saint-Jean)

CROÛTE	Rustique, vallonnée et de bonne consistance; couverte de cendre, une mousse blanche se développe graduellement
PÂTE	Blanche, unie et crémeuse
ODEUR	Douce, de cave humide (croûte), caprine et lactique, acidifiée comme le yogourt
SAVEUR	Douce à marquée, légèrement piquante et salée, pointe caprine atténuée par la cendre
LAIT	De chèvre, entier, pasteurisé, élevage de la ferme
AFFINAGE	15 jours
CHOISIR	Frais, tôt après sa fabrication
CONSERVER	2 semaines environ, emballé dans un papier ciré ou parchemin doublé d'une feuille d'aluminium

Pâte molle; caillé présure à dominance lactique, égouttage lent; affiné en surface, croûte cendrée et fleurie

 Bûchette de 125 g

 M.G. 16 %
HUM. 62 %

BÛCHETTE LA CENDRÉE

Damafro – Fromagerie Clément
Mi-industrielle
Saint-Damase (Montérégie)

CROÛTE	Fine et cendrée, se couvre graduellement d'un fin duvet blanc
PÂTE	Blanche à crème, crayeuse, s'affine et devient crémeuse de la croûte vers le centre, onctueuse
ODEUR	Douce à marquée; notes caprines et rustiques plus intenses avec la maturation
SAVEUR	Marquée, franche et vive; côté caprin atténué par la cendre, rustique
LAIT	De chèvre, entier, pasteurisé, ramassage collectif
AFFINAGE	2 semaines
CHOISIR	Tôt après sa fabrication, la pâte encore crayeuse
CONSERVER	2 semaines à 1 mois, emballé dans un papier ciré doublé d'une feuille d'aluminium, entre 2 et 4 °C

Pâte molle; caillé présure à dominance lactique, égouttage lent; affiné en surface, à croûte cendrée

 Bûchette de 125 g

 M.G. 26 %
HUM. 50 %

Pâte molle; caillé présure à dominance lactique,
égouttage lent; affiné en surface, à croûte fleurie

 Bûchette de 125 g

M.G.   26 %
HUM.   50 %

CROÛTE	Tendre, couverte d'un léger duvet et de pailles de plastique
PÂTE	Blanche, crayeuse, s'affine et devient coulante de la croûte vers le centre, onctueuse
ODEUR	Douce; légères notes caprines
SAVEUR	Franche et vive, délicatement caprine; notes de noix
LAIT	De chèvre, entier, pasteurisé, ramassage collectif
AFFINAGE	2 semaines
CHOISIR	Tôt après sa fabrication, la pâte bien crémeuse
CONSERVER	2 semaines à 1 mois, emballé dans un papier ciré doublé d'une feuille d'aluminium, entre 2 et 4 °C
NOTE	À l'origine, on couvrait le fromage de vraies pailles qui lui donnaient des saveurs caractéristiques.

Pâte molle; caillé présure à dominance lactique,
égouttage lent; non affiné

 Petite meule de 150 g

 M.G.   31 %
HUM.   50 %

CROÛTE	Sans croûte. Enveloppé dans une feuille d'érable et macéré dans de l'eau-de-vie
PÂTE	Blanche, fraîche, crémeuse
ODEUR	Douce à corsée, dominance de l'eau-de-vie
SAVEUR	Douce et corsée, allant de la noisette aux épices
LAIT	De brebis, entier, pasteurisé, d'un seul élevage
AFFINAGE	Aucun
CHOISIR	La pâte fraîche et ferme, mais souple
CONSERVER	Jusqu'à 1 mois, entre 2 et 4 °C

Fromagerie Blackburn
Fermière
Jonquière (Saguenay–Lac-Saint-Jean)

CROÛTE	Mince pellicule orangée, fragile
PÂTE	Crème, souple, plutôt élastique, moelleuse, onctueuse et unie ; rappelle le saint-paulin
ODEUR	Très douce et lactique (beurre frais)
SAVEUR	Douce avec une pointe saline et une légère acidité, goût de beurre et de noix
LAIT	De vache, entier, pasteurisé, élevage de la ferme
AFFINAGE	1 mois
CHOISIR	La pâte souple et moelleuse
CONSERVER	1 mois ou plus, emballé dans un papier ciré doublé d'une feuille d'aluminium
NOTE	L'ancêtre des Blackburn utilisait le terme *cabouron*, pour « cap à bout rond », afin de désigner une colline ou une butte ; quelques caps arrondis portent encore ce nom aujourd'hui.

Pâte semi-ferme, pressée non cuite ; caillé présure ; affiné en surface, à croûte lavée

 Meule de 2,5 kg

 M.G. 28 %
HUM. 46 %

Damafro – Fromagerie Clément
Mi-industrielle
Saint-Damase (Montérégie)

CROÛTE	Cuivrée, légèrement humide, partiellement couverte de mousse blanche
PÂTE	Crème, souple, parsemée de petites ouvertures ; crémeuse et onctueuse
ODEUR	Marquée et rustique
SAVEUR	Marquée, finale saline plus affirmée ; notes de cuir
LAIT	De chèvre, entier, pasteurisé, ramassage collectif
AFFINAGE	15 jours
CHOISIR	La croûte peut être couverte de duvet blanc, fraîche ; la pâte souple
CONSERVER	2 semaines, emballé dans un papier ciré doublé d'une feuille d'aluminium, entre 2 et 4 °C

Pâte molle ; caillé présure à dominance lactique, égouttage lent ; affiné en surface, à croûte lavée

 Meule de 170 g

 M.G. 26 %
HUM. 50 %

Damafro – Fromagerie Clément
Mi-industrielle
Saint-Damase (Montérégie)

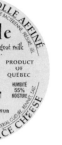

CABRIE LE SENSIBLE

CROÛTE	Couverte d'un duvet blanc, soutenue, souple
PÂTE	Blanche, fine, crémeuse et très fondante
ODEUR	Douce à marquée, fongique et caprine
SAVEUR	Douce à marquée, parfum traditionnel de champignon ; notes caprines
LAIT	De chèvre, entier, pasteurisé, ramassage collectif
AFFINAGE	15 jours
CHOISIR	Frais, la croûte et la pâte souples
CONSERVER	1 à 2 semaines, emballé dans un papier ciré doublé d'une feuille d'aluminium, entre 2 et 4 °C

Pâte molle ; caillé présure à dominance lactique, égouttage lent ; affiné en surface, à croûte fleurie

 Meule de 170 g

 M.G. 26 %
HUM. 50 %

Fritz Kaiser, affiné par Les Dépendances
du Manoir · Mi-industrielle
Noyan (Montérégie)

CABRIOLE

CROÛTE	Rose orangé, humide et tachée de moisissures blanches
PÂTE	Moelleuse, onctueuse, fine et légèrement coulante
ODEUR	Marquée, agréable arôme caprin
SAVEUR	Marquée, de noisette légèrement acidulée
LAIT	De chèvre, entier, pasteurisé, ramassage collectif
AFFINAGE	7 semaines ou plus, croûte lavée et brossée à la saumure
CHOISIR	La croûte et la pâte souples
CONSERVER	Jusqu'à 2 semaines, emballé dans un papier ciré, entre 2 et 4 °C

Pâte molle ; caillé présure à dominance lactique, égouttage lent ; affiné en surface, à croûte lavée

 Meule de 1 kg, à la coupe

M.G. 24 %
HUM. 50 %

CANTONNIER

La Fromagerie 1860 DuVillage inc. – Saputo
Mi-industrielle
Warwick (Bois-Francs)

Pâte semi-ferme pressée, non cuite ; caillé présure ;
affiné en surface, à croûte lavée

 Meule de 2,3 kg, à la coupe

 M.G. 30 %
HUM. 45 %

CROÛTE	Orange, brunâtre, cuivrée et tendre
PÂTE	Jaune doré, lisse, uniforme et onctueuse, fondante
ODEUR	Marquée, légère odeur de venaison
SAVEUR	Douce à marquée, de beurre, fruitée (pomme), de noix ; typée et soutenue (5 mois) ; notes de cuir et de torréfaction
LAIT	De vache, entier, pasteurisé, ramassage collectif
AFFINAGE	60 jours à 5 mois
CHOISIR	La pâte ferme mais souple, à l'odeur fruitée
CONSERVER	3 semaines à 2 mois (selon la taille), emballé dans un papier ciré doublé d'une feuille d'aluminium
NOTE	Tout comme le fromage d'Oka, le Cantonnier s'inspire du port-salut fabriqué par les moines de l'abbaye Notre-Dame de Port-du-Salut. Le Cantonnier s'est classé premier (croûte lavée) au British Empire Cheese Show 2006 et deuxième (pâte ferme) au Royal Agricultural Winter Fair 2006.

CAPRA

La Suisse Normande
Fermière et artisanale
Saint-Roch-de-l'Achigan (Lanaudière)

Pâte semi-ferme, pressée non cuite ; caillé
présure ; affiné en surface, à croûte lavée

 Meule de 2 kg à 2,5 kg

 M.G. 25 %
HUM. 40 %

CROÛTE	Orange-rouge, tendre et de bonne consistance
PÂTE	Blanc crème, semi-ferme, moelleuse et fondante
ODEUR	Lactique et caprine
SAVEUR	Bouquetée ; notes de fruits et de noisette en finale
LAIT	De chèvre, entier, cru, d'un seul élevage
AFFINAGE	60 jours, croûte lavée à la saumure
CHOISIR	La croûte et la pâte souples ; à l'odeur fraîche
CONSERVER	2 semaines à 1 mois, dans un papier ciré doublé d'une feuille d'aluminium, à 4 °C

Fromagerie La Germaine
Fermière
Sainte-Edwidge-de-Clifton (Cantons-de-l'Est)

CAPRICE DES CANTONS

CROÛTE	Orange-rouge, humide
PÂTE	Jaune crème, molle, lisse devenant coulante
ODEUR	Douce à marquée; notes de noisette
SAVEUR	Douce à marquée; notes fruitées et lactiques très agréables
LAIT	De vache, entier, cru, élevage de la ferme
AFFINAGE	60 jours, croûte lavée à la saumure
CHOISIR	La croûte et la pâte souples, à l'odeur fraîche
CONSERVER	Jusqu'à 2 mois, dans son emballage original ou un papier ciré doublé d'une feuille d'aluminium, entre 2 et 4 °C

Pâte molle; caillé présure à dominance lactique,
égouttage lent; affiné en surface, à croûte lavée

 Meule de 250 g

 M.G. 29 %
HUM. 44 %

Fromagerie Couland
Artisanale
Joliette (Lanaudière)

CAPRI-CORNE

CROÛTE	Striée, blanche et fleurie; souple
PÂTE	Crayeuse et crémeuse à coulante, de la croûte vers le centre; unie et lisse
ODEUR	Douce de champignon et de lait, de yogourt; côté caprin s'intensifiant avec l'affinage
SAVEUR	Douce à marquée, caprine légèrement acide, lactique et fruitée (agrume); boisée s'ajoutant au champignon de la croûte
LAIT	De chèvre, entier, pasteurisé, ramassage collectif
AFFINAGE	3 à 6 semaines
CHOISIR	La croûte et la pâte tendres; la pâte crémeuse, lisse
CONSERVER	1 à 2 semaines, dans un papier ciré doublé d'une feuille d'aluminium, entre 2 et 4 °C

Pâte molle; caillé présure à dominance lactique;
égouttage lent; affiné en surface, à croûte fleurie

 Meule de 900 g environ (20 cm
sur 2,5 cm)

M.G. 23 %
HUM. 54 %

103

CAP ROND

Fromagerie La Germaine
Fermière
Sainte-Edwidge-de-Clifton (Cantons-de-l'Est)

CROÛTE	Cendrée, se couvrant d'une mousse blanche irrégulière avec des pointes de bleu
PÂTE	Blanche, fine, de soyeuse à collante
ODEUR	Douce de crème et de beurre; notes de foin et de pomme; plus caprine avec la maturation
SAVEUR	Douce et lactique, caprine légère, harmonieuse avec la cendre, finale de noisette; jeune, de levure avec une légère acidité devenant piquante et fruitée (croûte)
LAIT	De chèvre, entier, pasteurisé, élevage de la ferme
AFFINAGE	20 à 30 jours
CHOISIR	La croûte cendrée légèrement fleurie, pointes de bleu ne se détachant pas de la pâte mais formant un cerne translucide; la pâte semi-ferme, souple et crémeuse
CONSERVER	Jusqu'à 1 mois, emballé dans un papier ciré au réfrigérateur. Si la pâte est trop molle, laisser le fromage aérer à nu 2 jours; il n'est plus bon lorsque la pâte devient épaisse et liquide ou dure, cassante et très salée.
NOTE	Ce fromage est fabriqué dans la tradition des chèvres de type «Selles-sur-Cher». Le caillé formé par l'ajout d'un ferment lactique et de très peu de présure est moulé à la louche dans un petit moule perforé, pour un égouttage lent. Le Cap Rond possède une croûte naturelle, les moisissures qui s'y développent sont formées par les bactéries et ferments naturels du lait et lui confèrent son caractère. Le Cap Rond est un petit cap de glaise situé derrière l'église du village de Saint-Raymond-de-Portneuf. La glaise servait à façonner les briques pour la construction des chambres à combustion utilisées pour la fabrication du charbon de bois (il en existe encore quelques-unes sur le rang Saguenay, dans la vallée du Bras-du-Nord).

Pâte molle; caillé présure à dominance lactique,
moulé à la louche, égouttage lent; affiné en
surface, à croûte cendrée et fleurie naturelle

 Meule de 150 g (7 cm sur 3,5 cm)

 M.G. 25%
HUM. 55%

La Fromagerie 1860 DuVillage inc. – Saputo
Mi-industrielle
Warwick (Bois-Francs)

CROÛTE	Dominance blanche, à maturité le *Penicillium candidum* régresse, laissant ressortir la cendre
PÂTE	Crayeuse à onctueuse et crémeuse
ODEUR	Douce de beurre et de champignon
SAVEUR	Douce, à peine acidulée au début, développe des arômes de crème à peine sure, de lait chauffé et de champignon; bonne pointe saline; notes poivrées en finale
LAIT	De vache, entier avec ajout de crème, pasteurisé, ramassage collectif
AFFINAGE	20 jours (goût frais de crème) à 45 jours (coulant)
CHOISIR	Texture souple et croûte marbrée, homogène
CONSERVER	Jusqu'à 1 mois
NOTE	Ce fromage innove, puisque la cendre est normalement utilisée sur des fromages au lait de chèvre.

Triple-crème, pâte molle; caillé mixte à dominance lactique, égouttage lent; affiné en surface, à croûte fleurie enrobée de cendre végétale

 Meule de 200 g

 M.G.   38%
HUM.   48%

Fromagerie du Domaine Féodal
Artisanale
Berthierville (Lanaudière)

CROÛTE	Blanche, fleurie et parcourue de taches brunâtres lorsque âgé
PÂTE	Ivoire, crémeuse et onctueuse, traversée horizontalement d'une strie de cendre végétale à la façon du morbier
ODEUR	Douce à marquée, champignon, sous-bois, crème acidulée, beurre, croûte de pain; notes florales (miel)
SAVEUR	Douce, bien présente et longue en bouche, champignon, beurre, crème acidulée; notes rappelant le pamplemousse blanc
LAIT	De vache, entier, pasteurisé, d'un seul élevage
AFFINAGE	21 jours
CHOISIR	La pâte souple et crémeuse; à l'odeur fraîche
CONSERVER	2 à 3 semaines, dans son emballage original ou un papier ciré, entre 2 et 4 °C

Pâte molle; coagulation mixte à dominance lactique, égouttage lent; affiné en surface, à croûte fleurie

 Meule de 1,3 kg, à la coupe

 M.G.   20%
HUM.   49%

La Fromagerie 1860 DuVillage inc. – Saputo.
Mi-industrielle
Warwick (Bois-Francs)

CROÛTE	Marron avec des traces grisâtres, consistance moyennement épaisse et tendre
PÂTE	Couleur jaune blé, souple, lisse, fondante en bouche, striée horizontalement par une raie de charbon végétal
ODEUR	Douce à marquée, lactique et végétale, de foin, d'herbe; notes animales
SAVEUR	Douce à marquée; de lait frais (jeune) à lait cuit et beurre; notes de noisette et de graines grillées
LAIT	De vache, entier, pasteurisé, ramassage collectif
AFFINAGE	40 à 60 jours au moins
CHOISIR	La pâte ferme et souple, la croûte tendre et sèche
CONSERVER	3 semaines à 2 mois (selon la taille), emballé dans un papier ciré doublé d'une feuille d'aluminium, entre 4 et 6 °C
NOTE	Le Cendré DuVillage est fabriqué à la façon du morbier.

Pâte semi-ferme pressée, non cuite; caillé présure; affiné en surface, à croûte lavée

 Meule de 2 kg

M.G. 28 %
HUM. 46 %

Maison Alexis-de-Portneuf – Saputo
Industrielle
Saint-Raymond-de-Portneuf (Québec)

CROÛTE	Cendrée, fleurie blanche prenant une teinte brunâtre avec la maturation
PÂTE	Crayeuse à crémeuse, pâteuse en bouche
ODEUR	Douce de noisette grillée, de croûte de pain, de cave ou de champignon
SAVEUR	Franche et acidulée, salée et légèrement âcre en fin de bouche, arômes de pain grillé et pointe caprine
LAIT	De chèvre, entier, pasteurisé, ramassage collectif
AFFINAGE	10 jours environ
CHOISIR	La croûte cendrée avec un beau feutrage blanc neige à ivoire, suivant le stade d'affinage atteint
CONSERVER	1 mois, dans son emballage original, à 4 °C

Pâte molle; caillé mixte à dominance lactique, égouttage lent; affiné en surface, à croûte cendrée

 Meule de 125 g

 M.G. 25 %
HUM. 50 %

CROÛTE	Brun orangé, fortement travaillée et rustique, se couvre en surface de mousse blanche
PÂTE	Ivoire à beige au centre et brunâtre près de la croûte, friable, petites ouvertures
ODEUR	Prononcée, animale (étable ou chèvrerie), végétale (cave et foin) et de noix
SAVEUR	Marquée, salinité et acidité bien présentes, pointe de noix, de foin et de terroir
LAIT	De chèvre, cru, élevage sélectionné
AFFINAGE	7 à 8 mois
CHOISIR	Tôt après sa fabrication, la pâte humide et friable, sans craquelure
CONSERVER	1 mois ou plus, emballé dans une feuille d'aluminium, entre 2 et 4 °C

Pâte ferme pressée, non cuite ; caillé présure à dominance lactique ; affiné en surface, à croûte lavée

 Meule de 5 kg

 M.G. 19 %
HUM. 32 %

CROÛTE	Fine, blanche et fleurie soutenue
PÂTE	Blanche, lisse, de crayeuse à onctueuse, devient coulante avec la maturation
ODEUR	Douce de lait et de champignon, un brin caprine et notes noisetées
SAVEUR	Douce et lactique ; croquante, la croûte évoque le champignon et un certain goût d'œuf dur ; son caractère caprin s'accentue avec la maturation
LAIT	De chèvre entier, pasteurisé, producteurs du Québec
AFFINAGE	12 jours
CHOISIR	La croûte et la pâte souples
CONSERVER	2 mois, dans un papier ciré doublé d'une feuille d'aluminium, entre 2 et 4 °C
NOTE	L'usine de Princeville exporte ce fromage sous l'appellation Goldbrie.

Pâte molle lactique, caillé présure à dominance lactique, égouttage lent ; affiné en surface, à croûte fleurie

 Meule de 180 g

 M.G. 22 %
HUM. 52 %

Le cheddar

Ce fromage a pris le nom du village anglais qui l'a vu naître, au XVIe siècle, dans le Somersetshire. Distribué dans tout le Commonwealth britannique, il fut implanté au Québec peu après la conquête anglaise.

D'abord destiné à la clientèle britannique, le cheddar s'est imposé sur les marchés locaux au XIXe siècle. C'est aujourd'hui le fromage le plus consommé en Amérique du Nord, et on lui doit l'émergence de nombreuses fromageries québécoises. Si le cheddar Perron a conquis le palais de la reine des Anglais, Agropur lui a rendu un bel hommage en donnant à son savoureux cheddar l'appellation de Royaume... Britannia, nom que les Romains avaient donné aux îles anglaises. Il est aujourd'hui vendu sous l'appellation Grand Cheddar. Les cheddars québécois sont nombreux à se disputer les honneurs lors des concours. Il est à noter que seul un fromage au lait de vache peut être un cheddar.

Au Québec, la majorité des fabricants proposent le fromage frais du jour en bloc ou en grains, mais on trouve de plus en plus sur le marché des cheddars vieillis ou affinés durant une période pouvant atteindre cinq ans.

APERÇU DE LA FABRICATION

Fromage à pâte ferme (cuite), élaboré avec du lait cru ou pasteurisé, son mode de fabrication traditionnel est appelé cheddarisation.

Le caillé, coupé et mélangé, est chauffé à 40 °C (approximativement la chaleur de la main) afin de faciliter l'écoulement du petit lait. On laisse les grains se souder entre eux afin de former de gros blocs de fromage, qui sont ensuite pliés et retournés pour en extraire le lactosérum, d'où la texture fibreuse caractérisant le cheddar. Ces blocs, ensuite découpés en petits morceaux puis salés, prennent alors l'appellation de fromage en grains. Le cheddar est fait à partir de ces grains pressés en blocs. Le cheddar doux est conservé pendant trois mois, le cheddar moyen, de quatre à neuf mois, et le cheddar vieilli (fort ou extra-fort), de neuf mois à quelques années.

En usine, le cheddar peut être obtenu autrement que par cheddarisation, une méthode habituellement manuelle. Le procédé consiste à agiter le caillé par moyens mécaniques jusqu'à l'obtention de l'acidité désirée. Salés et pressés, les blocs sont distribués sur le marché, frais ou affinés.

On y ajoute parfois de la poudre de lactosérum ou de la poudre de lait. Ces éléments sont utilisés afin de standardiser le lait. Le cheddar ainsi fabriqué possède une texture plus dure quand il est froid. En outre, il est plus mat et farineux, et il suit rapidement à la température de la pièce.

Fromage à pâte ferme pressée, caillé présure, affiné dans la masse, sans ouverture.

DESCRIPTION

Croûte : Sans croûte.

Pâte : Ivoire à jaune pâle, ferme et souple à dure, elle est crémeuse, souple, fondante, légèrement granuleuse, souvent friable. Certains cheddars vieillis développent des cristaux.

Odeur : De douce à marquée et piquante, lactique et fruitée (noix).

Saveur : De douce et lactique avec un léger goût de noisette à marquée et piquante ; le cheddar vieilli développe parfois des cristaux qui apportent une légère acidité.

CHOISIR

Dans l'emballage original ou à la découpe, dans les bonnes fromageries. Choisir le cheddar frais ou en grains tôt après sa fabrication. Préférez les fromages qui sont fabriqués sans substances laitières modifiées, ils conservent leur caractère moelleux plus longtemps, surtout pour le fromage en grain, celui-ci devient farineux et dur.

CONSERVATION

Plus de un an, dans son emballage original sous vide ; 2 à 3 mois, emballé dans un papier ciré doublé d'une feuille d'aluminium, entre 2 et 4 °C.

EN CUISINE

Voir p. 37

LES CHEDDARS FABRIQUÉS AU QUÉBEC

Blackburn (Fromagerie Blackburn) Jonquière – (Saguenay–Lac-Saint-Jean), artisanale ; cheddar à l'ancienne à croûte lavée, lait entier, pasteurisé, élevage de la ferme ; frais en grains ou en bloc

Beauceron léger 6 % et 12 % (Fromagerie Gilbert) Saint-Joseph – (Beauce), artisanale ; lait entier, pasteurisé, ramassage collectif ; frais en bloc

Beaupré (Fromagerie Côte-de-Beaupré) Sainte-Anne-de-Beaupré – (Québec), artisanale ; lait entier, pasteurisé, ramassage collectif ; frais en grains, doux et affiné 2 ans en bloc ; le cheddar doux se trouve également fumé sous l'appellation Fumeron

Cheddar Au Pays des Bleuets (Fromagerie Au Pays des Bleuets) Saint-Félicien (Saguenay–Lac-Saint-Jean), fermière ; lait entier, pasteurisé, d'un seul élevage ; frais en bloc ou en grains, et vieilli 4, 5 ou 6 mois

Cheddar et Cheddar-Vieux (Laiterie Charlevoix) Baie-Saint-Paul – (Charlevoix), mi-industrielle ; lait entier, pasteurisé, ramassage collectif ; frais en grains, doux et vieilli en bloc, au lait thermisé ou pasteurisé

Cheddar Bio (Fromagerie Ferme des Chutes) Saint-Félicien – (Saguenay–Lac-Saint-Jean), artisanale et fermière; certifié biologique par Québec Vrai, lait entier, pasteurisé, élevage de la ferme; frais en grains, doux, 6 mois, 1 an et 2 ans

Cheddar Bio d'Antan (Fromages La Chaudière) Lac-Mégantic – (Cantons-de-l'Est), artisanale; certifié biologique par l'OCIA, lait entier, pasteurisé, ramassage collectif

Cheddar Bio Liberté (Liberté) Brossard – (Montérégie), industrielle; certifié biologique par Québec Vrai, lait entier ou écrémé, pasteurisé, ramassage collectif, régulier et léger

Cheddar Boivin (Fromagerie Boivin) La Baie – (Saguenay–Lac-Saint-Jean), artisanale; lait entier, pasteurisé, ramassage collectif; frais, en bloc ou en grains, ou affiné (médium, fort ou extra-fort), et sans sel

Cheddar Bourgadet (Fromagerie la Bourgade) Thetford-Mines – (Chaudière-Appalaches), artisanale; lait entier, pasteurisé, ramassage collectif; frais en bloc ou en grains

Cheddar Champêtre (Fromagerie Champêtre) Repentigny – (Lanaudière), artisanale / mi-industrielle; lait entier, pasteurisé, ramassage collectif; frais en bloc ou en grains

Cheddar Coaticook (Laiterie de Coaticook) Cantons-de-l'Est, artisanale; lait entier, pasteurisé, ramassage collectif; frais en grains ou en bloc; blanc, jaune ou marbré, doux ou affiné jusqu'à 15 mois

Cheddar Couland (Fromagerie Couland) Joliette – Lanaudière, artisanale; lait entier, pasteurisé; frais en bloc ou en grains

Cheddar de l'Île-aux-Grues (Fromagerie de l'Île-aux-Grues) Île-aux-Grues – (Bas-Saint-Laurent), mi-industrielle; lait entier, thermisé, d'un seul élevage; frais en grains ou 6 mois à 2 ans en bloc

Cheddar des Basques (Fromagerie des Basques) Trois-Pistoles – (Bas-Saint-Laurent), mi-industrielle; lait entier, pasteurisé, ramassage collectif; frais en grains et doux, nature ou fumé, mi-fort, fort ou extra-fort, en bloc (vieilli de 6 mois à 4 ans)

Cheddar du Littoral (Fromagerie du Littoral) Baie-des-Sables – (Gaspésie), fermière; lait entier, pasteurisé, élevage de la ferme; frais en bloc, ou en grains, et vieilli

Cheddar du Terroir de Bellechasse (Fromagerie du Terroir de Bellechasse) Saint-Vallier – (Chaudière-Appalaches), artisanale; lait entier, pasteurisé, ramassage collectif; frais en bloc ou en grains, ou affiné, moyen (1 an), fort (2 ans), extra-fort (3 ans); fumé au bois d'érable ou macéré au Portageur (une boisson alcoolisée à base de fruits)

Cheddar Gilbert (Fromagerie Gilbert) Saint-Joseph-de-Beauce – (Beauce), artisanale; lait entier, pasteurisé, ramassage collectif; frais en bloc ou en grains

Cheddar Kingsey (La Fromagerie 1860 DuVillage inc. – Saputo) Warnick – (Bois-Francs), mi-industrielle ; lait entier, pasteurisé, ramassage collectif, substances laitières modifiées ; frais en grains ou doux, moyen et fort en bloc

Cheddar L'Autre Versant (Fromagerie L'Autre Versant) Hébertville – (Saguenay–Lac-Saint-Jean), fermière ; lait entier, pasteurisé, élevage de la ferme ; frais en bloc ou en grains (vendredi 13 h) ; vendu à la fromagerie seulement

Cheddar La Chaudière (Fromages La Chaudière) Lac-Mégantic – (Cantons-de-l'Est), artisanale ; lait entier, pasteurisé, ramassage collectif ; frais en grains ou en tortillons (saumure) doux et affiné en bloc

Cheddar La Vache à Maillotte (La Vache à Maillotte) La Sarre – (Abitibi-Témiscamingue), artisanale ; lait entier, pasteurisé, ramassage collectif ; frais en bloc ou en grains, vendu à la fromagerie seulement. Le Jocœur est un cheddar allégé.

Cheddar Le Fromage au village (Le Fromage au village) Lorrainville – (Abitibi-Témiscamingue), fermière ; lait entier, pasteurisé, d'un seul élevage ; frais en bloc ou en grains, moyen et fort ; frais assaisonné à la fleur d'ail

Cheddar Le Détour (Fromagerie Le Détour) Notre-Dame-du-Lac – (Bas-Saint-Laurent), artisanale ; lait entier, thermisé, ramassage collectif ; frais en bloc ou en grains, vieilli jusqu'à 1 an au lait thermisé ; aromatisé : bière de Kamouraska, porto, fumé au bois d'érable, barbecue, fines herbes, poivre, bacon

Cheddar Le P'tit Train du Nord (Fromagerie Le P'tit Train du Nord) Mont-Laurier – (Hautes-Laurentides), artisanale ; lait entier, pasteurisé, ramassage collectif ; frais en bloc ou en grains, et vieilli 1 an, nature, au porto ou aromatisé à l'ail et à l'aneth

Cheddar Lemaire (Fromagerie Lemaire) Saint-Cyrille – (Centre-du-Québec), mi-industrielle ; lait entier, pasteurisé, substances laitières modifiées, ramassage collectif ; frais, nature, à l'ail ou aux herbes, en bloc ou en grains

Cheddar Les Méchins (Fromagerie Les Méchins) Les Méchins – (Gaspésie), artisanale ; lait entier pasteurisé ; frais en bloc, en tortillons, en bouchées ou en grains

Cheddar Mirabel (Fromagerie Mirabel) Saint-Antoine – (Laurentides), artisanale ; lait entier, pasteurisé, ramassage collectif ; frais en bloc ou en grains

Cheddar Perron (Fromagerie Perron) Saint-Prime – (Saguenay–Lac-Saint-Jean), mi-industrielle ; lait entier, pasteurisé, ramassage collectif ; frais en bloc ou en grains, chaud ou froid, non salé ou assaisonné ; Cheddar 1 an, Cheddar 2 ans, cheddar La réserve au lait cru et Cheddar Le Doyen 4 ans, au lait préchauffé

Cheddar et Vieux Cheddar (Fromagerie du Coin), Sherbrooke – Cantons-de-l'Est, artisanale ; lait de vache, entier, pasteurisé, ramassage collectif, frais, nature ou assaisonné, et affiné

Cheddar La Réserve au lait cru affiné 18 mois et **Cheddar au Porto** au lait préchauffé et macéré dans un porto de 10 ans (affiné en surface)

Cheddar Port-Joli (Fromagerie Port-Joli) Saint-Jean-Port-Joli – (Bas-Saint-Laurent), artisanale ; lait entier, pasteurisé, ramassage collectif ; frais en bloc ou en grains, nature, fumé ou aux herbes, et affiné jusqu'à 3 ans

Cheddar Princesse (Fromagerie Princesse) Plessisville – (Bois-Francs), mi-industrielle : lait entier, pasteurisé, substances laitières modifiées, ramassage collectif ; frais en bloc ou en grains

Cheddar Proulx (Fromagerie Proulx) Saint-Georges-de-Windsor – (Bois-Francs), artisanale ; lait entier, pasteurisé, ramassage collectif ; frais en bloc ou en grains, et sans sel

Cheddar P'tit Plaisir (Fromagerie P'tit Plaisir) Weedon – (Cantons-de-l'Est), artisanale ; lait entier, pasteurisé, ramassage collectif ; frais en bloc ou en grains, nature ou assaisonné, doux ou affiné jusqu'à 2 ans

Cheddar Riviera (Fromages Riviera) Sorel-Tracy – (Montérégie), mi-industrielle ; lait entier, pasteurisé, substances laitières modifiées, ramassage collectif ; frais en grains ou doux, médium, fort ou extra-fort en bloc, et frais en grains assaisonnés au piment jalapeño

Cheddar Saint-Fidèle (Fromagerie Saint-Fidèle) Saint-Fidèle – (Charlevoix), mi-industrielle ; lait entier, pasteurisé, ramassage collectif ; frais en bloc ou en grains

Cheddar Saint-Guillaume (Fromagerie Saint-Guillaume) Saint-Guillaume – (Centre-du-Québec), artisanale ; substances laitières modifiées ; lait entier, pasteurisé, ramassage collectif ; frais en bloc ou en grains et assaisonné tomate, basilic, épice jardinière

Cheddar Saint-Guillaume au lait cru – lait entier, non pasteurisé, un élevage ; fort (1 an) et extra-fort (2 ans)

Cheddar Saint-Laurent (Fromagerie Saint-Laurent) Saint-Bruno – (Saguenay–Lac-Saint-Jean), mi-industrielle ; lait entier, pasteurisé, ramassage collectif ; frais en bloc ou en grains, doux ou vieilli, nature ou macéré dans du porto

Cheddar Pastorella et Friulano (Fromages Saputo) Laval – (Montréal-Laval), industrielle ; lait entier, pasteurisé, ramassage collectif ; frais en bloc

Cheddar S.M.A. (Ferme S.M.A.) Beauport – (Québec), mi-industrielle; lait entier, pasteurisé, ramassage collectif; frais en bloc ou en grains

Cheddar Victoria (Fromagerie Victoria) Victoriaville – (Bois-Francs), artisanale; lait entier, pasteurisé, ramassage collectif; frais en bloc ou en grains

Chénéville (La Biquetterie) Chénéville – (Outaouais), artisanale; lait entier, pasteurisé, ramassage collectif; frais en bloc; la fromagerie produit un fromage en grains sous l'appellation: cheddar La Petite Nation

Cru du Clocher et Cru du Clocher Réserve (2 ans) (Le Fromage au village) Lorrainville – (Abitibi-Témiscamingue), fermière; lait entier cru, d'un seul élevage

Froméga (La Fromagère Mistouk) Alma – (Saguenay–Lac-Saint-Jean), fermière et artisanale; lait entier, pasteurisé, élevage de la ferme; frais ou vieilli

Gédéon (Fromagerie Médard) Saint-Gédéon – (Saguenay–Lac-Saint-Jean), fermière et artisanale; lait entier de vache; cheddar traditionnel vieilli sous vide

Génération 1er, 2e, 3e et 4e (La Trappe à Fromage de l'Outaouais) Gatineau – (Outaouais), mi-industrielle; lait entier, pasteurisé, ramassage collectif; affiné 2, 3, 4 et 5 ans

Grand Cahill (La Pépite d'Or) Saint-Georges – (Chaudière-Appalaches), artisanale; lait entier, cru, d'un seul élevage, affiné 60 jours ou plus

Grand Cheddar (Agropur) Saint-Hyacinyhe – (Montérégie), lait entier, pasteurisé, ramassage collectif, industrielle; vieilli 2 ans, 3 ans et 5 ans

Léo et **Neige** (La Trappe à Fromage de l'Outaouais), Gatineau – (Outaouais), mi-industrielle; lait entier, pasteurisé, ramassage collectif; cheddar macéré dans la liqueur d'érable Mont-Laurier ou dans le cidre de glace

Les Petits Vieux (Fromagerie Médard) Saint-Gédéon – (Saguenay–Lac-Saint-Jean), fermière et artisanale; cheddar à l'ancienne à croûte lavée et brossée

Silo (Les Dépendances du Manoir) Saint-Hubert – (Montérégie), maison d'affinage; lait entier, pasteurisé, ramassage collectif; affiné jusqu'à 8 ans

Vachekaval (Fromagerie Marie Kadé) Boisbriand – (Basses-Laurentides), artisanale; lait entier, pasteurisé, ramassage collectif; frais en bloc

Valida (Fromagerie Blackburn) Jonquière – (Saguenay–Lac-Saint-Jean), fermière; lait entier, pasteurisé, élevage de la ferme; affiné 3 mois (doux), 6 mois (moyen) et 9 mois (fort)

Vieux Charlevoix (Laiterie Charlevoix) Baie-Saint-Paul – (Charlevoix), mi-industrielle; lait thermisé, d'un seul élevage; affiné 1 an ou plus

L'ancêtre (Fromagerie L'Ancêtre) Centre-du-Québec, artisanale; certifié biologique par Québec Vrai, lait entier, thermisé ou pasteurisé, d'un seul élevage ou ramassage collectif; frais en grains, 60 jours, 6 mois, 12 mois, 24 mois ou plus en bloc

Fromagerie L'Ancêtre
Certifié biologique par Québec Vrai · Artisanale
Bécancour (Centre-du-Québec)

ANCÊTRE (L')

CROÛTE	Sans croûte
PÂTE	Jaune crème de friable à crémeuse avec l'affinage
ODEUR	Douce et lactique à marquée
SAVEUR	Douce et lactique, légèrement piquante avec la maturation
LAIT	De vache, entier thermisé, d'un seul élevage
AFFINAGE	60 jours (doux), 6 mois (moyen), 12 mois (fort), 24 mois ou plus (extra-fort)
CHOISIR	Dans son emballage sous vide, la pâte ferme mais souple
CONSERVER	2 à 4 mois, emballé dans un papier ciré doublé d'une feuille d'aluminium, entre 2 et 4 °C

Pâte ferme pressée, cuite; caillé présure; affiné
dans la masse

 Bloc de 19 kg vendu en portions
de 200 g

 M.G.   31 %
HUM   40 %

Agropur Signature
Industrielle
Saint-Hyacinthe (Montérégie)

GRAND CHEDDAR

CROÛTE	Sans croûte
PÂTE	Beurre pâle, de humide et résistante à sèche et friable; pâteuse à farineuse
ODEUR	Marquée, fruitée à torréfiée, beurre fondu ou acidifié, amande grillée; notes de parmesan
SAVEUR	Douce à marquée, salée, bonne acidité suivie d'un peu d'amertume, légère pointe sucrée; arômes de beurre chauffé ou fondu, de noisette; notes torréfiées, animales, fruitées (ananas), d'amande et de caramel
LAIT	De vache, entier, pasteurisé, ramassage collectif
AFFINAGE	De 3 mois à 5 ans
NOTE	En 2002, sous l'appellation Britannia, il a remporté le Caseus d'Or au Festival des fromages de Warwick et la première place au World Championship Contest dans la catégorie Meilleur cheddar vieilli au monde. En 2004, le Britannia doux jaune a été classé Champion de la catégorie Cheddar doux au Grand Prix des fromages canadiens. Prix 2006 – World Championship Cheese Contest (meilleur cheddar vieilli).

Pâte ferme pressée, cuite; caillé présure; affiné
dans la masse

 Bloc rectangulaire de 200 g

 M.G.   37 %
HUM.   33 %

Cheddar

115

BLACKBURN

Fromagerie Blackburn
Fermière
Jonquière (Saguenay–Lac-Saint-Jean)

CROÛTE	Orangé-brun, fine mousse blanche en surface
PÂTE	Jaune beurre, matte, tendre, à peine humide, friable
ODEUR	Marquée, piquante au nez, de cheddar vieilli, de beurre, de croûte de pain; notes végétales
SAVEUR	Douce et marquée, bonne salinité et belle acidité, arômes d'épices (muscade ou poivre), de pain ou de noisette grillée et salée
LAIT	De vache, entier, pasteurisé, élevage de la ferme
AFFINAGE	Entre 6 et 9 mois

Pâte ferme pressée ; caillé présure ; affiné en surface, à croûte lavée

À la coupe

M.G. 31 %
HUM. 39 %

CHEDDAR DE L'ÎLE-AUX-GRUES

Fromagerie de l'île aux Grues
Artisanale
Île aux Grues (Bas-Saint-Laurent)

CROÛTE	Sans croûte
PÂTE	Jaune crème, de souple à friable à sèche et granuleuse avec l'affinage ; traces de cristaux
ODEUR	De douce et lactique à prononcée
SAVEUR	Douce, lactique et noisetée, légèrement piquante avec le temps
LAIT	De vache, entier, thermisé, élevages de l'île aux Grues
AFFINAGE	6 mois à 2 ans

Pâte ferme pressée ; caillé présure ; affiné dans la masse sans ouverture

Format 275 g sous-vide

M.G. 31 %
HUM. 39 %

CRU DU CLOCHER

Le Fromage au Village
Artisanale
Lorrainville (Abitibi-Témiscamingue)

CROÛTE	Sans croûte
PÂTE	Jaune crème, texture lisse devenant friable avec l'affinage ; présence de quelques cristaux
ODEUR	Fraîche et lactique à marquée ; beurre fondu ; notes animales et torréfiées
SAVEUR	Douce à marquée ; typée et fruitée, piquante, notes lactiques, acidifiées, épicées, de beurre et d'amande
LAIT	De vache, entier, cru, d'un seul élevage
AFFINAGE	6 mois ou plus

Pâte ferme pressée ; caillé présure ; affiné dans la masse

Bloc de 200 g

M.G. 31 %
HUM. 40 %

Fromagerie Perron
Mi-industrielle
Saint-Prime (Saguenay–Lac-Saint-Jean)

DOYEN et CHEDDAR PERRON

CROÛTE	Sans croûte
PÂTE	Jaune beurre, ferme lisse et luisante, devenant friable
ODEUR	Douce à marquée, lactique, de noisette; notes animales et torréfiées (brioche au caramel)
SAVEUR	Douce à marquée, lactique (beurre frais à beurre fondu), fruitée et végétale, se corsant avec la maturation
LAIT	De vache, entier, pasteurisé, ramassage collectif
AFFINAGE	Frais, 6 mois et 2 ans

Pâte ferme, pressée ; caillé présure ; affiné
dans la masse sans ouverture

 À la coupe

 M.G. 34%
HUM. 39%

La Trappe à Fromage de l'Outaouais
Mi-industrielle
Gatineau (Outaouais)

GÉNÉRATION, 1ère, 2e, 3e et 4^e

CROÛTE	Sans croûte
PÂTE	Jaunâtre, friable
ODEUR	Douce à fruitée et marquée
SAVEUR	Douce devenant marquée et typée de cheddar, légèrement piquante
LAIT	De vache, entier, pasteurisé, ramassage collectif
AFFINAGE	2, 3, 4 et 5 ans

Pâte ferme pressée, mi-cuite ; caillé présure ; affiné dans la
masse sans ouverture

 Bloc de 270 g environ,
dans une caissette de bois
et à la coupe

M.G. 31%
HUM. 39%

Fromagerie Medard
Fermière
Saint-Gédéon (Saguenay–Lac-Saint-Jean)

PETITS VIEUX

CROÛTE	Toilée, brun-beige, mousse blanche dispersée
PÂTE	Beurre foncé; ferme, lisse, friable et farineuse en bouche, assez rapidement fondante
ODEUR	Marquée du terroir, dominance de croûte de pain, de champignon et de cave humide
SAVEUR	Équilibrée; arômes marqués et riches de beurre fondu, d'huile d'olive, de champignon, de pain grillé et d'épices
LAIT	De vache, entier, cru, élevage de la ferme
AFFINAGE	6 mois à 1 an, la croûte naturelle est brossée ou lavée occasionnellement avec une eau légèrement salée

Pâte ferme pressée ; caillé présure ; affiné en surface,
à croûte lavée

 Meules de 200 g et 9 kg

 M.G. 36%
HUM. 34%

Cheddar

Le cheddar de chèvre

Seuls les fromages au lait de vache issus du procédé de cheddarisation peuvent porter le nom « cheddar », une appellation réservée. Les fromages au lait de chèvre obtenus suivant cette même méthode sont appelés « cheddars de chèvre ».

DESCRIPTION

Pâte   Blanche (en raison de l'absence de bêtacarotène) à crème, elle est ferme mais souple, et sa texture varie de granuleuse à friable ; elle s'assèche avec la maturation.

Odeur Douce et fraîche à marquée et piquante ; notes caprines ou torréfiées de noisette grillée, selon la maturation.

Saveur Douce à marquée et piquante, parfois sucrée ou salée, longue en bouche ; notes de noisette (grillée avec l'affinage) et de beurre, se concluant sur une pointe caramélisée (chèvre noir) et légèrement caprine.

CHOISIR

Dans l'emballage sous vide original ; la pâte luisante, ferme et souple.

CONSERVATION

Plus de un an, dans son emballage original sous vide ; 2 à 3 mois, emballé dans un papier ciré doublé d'une feuille d'aluminium, entre 2 et 4 °C.

Caprano (Maison Alexis-de-Portneuf – Saputo) Saint-Raymond-de-Portneuf – (Québec), industrielle ; lait de chèvre entier, pasteurisé ; 2 semaines à 18 mois

Capricook (Laiterie de Coaticook) Coaticook – (Cantons-de-l'Est), artisanale ; lait de chèvre entier, pasteurisé ; frais en bloc ou en grains

Cheddar de chèvre (Le Détour) Notre-Dame-du-Lac – (Bas-Saint-Laurent), artisanale ; lait de chèvre, pasteurisé ; frais en bloc

Chèvre Noir et Sélection (Damafro-Fromagerie Clément) Saint-Damase – (Montérégie), mi-industrielle, lait de chèvre, pasteurisé à basse température, ramassage collectif affiné mois et plus

Chèvratout (Mes Petits Caprices) Saint-Jean-Baptiste (Montérégie), fermière ; lait de chèvre entier, thermisé, élevage de la ferme ; frais en bloc, 6 mois et 1 an

Chèvre d'Or (Ruban Bleu) Saint-Isidore (Montérégie), fermière ; lait de chèvre pasteurisé, élevage de la ferme ; pâte ferme, rappelle le parmesan, fruitée, elle recèle quelques cristaux ; vieilli 1 an

Chevrino (Tournevent) Montérégie, mi-industrielle ; lait de chèvre entier, pasteurisé, ramassage collectif ; frais, doux et fruité

Le Dorval (Fromagerie Les Petits Bleuets) Alma – (Saguenay–Lac-Saint-Jean), fermière ; lait de chèvre entier, pasteurisé ; frais en bloc ou en grains

La Galipette (Fromagerie Couland) Joliette – (Lanaudière), artisanale ; lait de chèvre entier, pasteurisé, sans affinage ; frais en bloc ou en grains

Montagnard (Ferme Floralpe) Papineauville – (Outaouais), artisanale ; lait de chèvre entier, élevage sélectionné

Montbeil (Fromagerie Dion) Montbeillard – (Abitibi-Temiscamingue), fermière ; lait de chèvre pasteurisé, élevage de la ferme ; pâte ferme macérée au porto

Petit Heidi du Saguenay (La Petite Heidi) Sainte-Rose-du-Nord – (Saguenay–Lac-Saint-Jean), fermière et artisanale ; lait entier, pasteurisé, élevage de la ferme et sélectionné ; frais en bloc ou en grains

Sieur Colomban et **Samuel et Jérémie** (Fromagerie du Vieux-Saint-François) Laval – (Montréal-Laval), artisanale ; lait de chèvre, pasteurisé, élevage de la ferme et sélectionnés, frais en bloc et affiné 3 mois, 1 an et 2 ans

Val d'Espoir (La Ferme Chimo) Douglastown – (Gaspésie), fermière ; lait de chèvre entier, pasteurisé, élevage de la ferme, frais en bloc ou en grains, ou 1 an ou plus, en bloc

CROÛTE	Sans croûte mais enrobé de cire noire (Chèvre noir)
PÂTE	Blanche à crème, ferme, de souple à friable, selon le degré de maturation
ODEUR	Franche de cheddar bien fait, de fruits et de caramel, piquante au nez; côté chèvre léger et notes torréfiées de noisette grillée ou de croûte de pain et de chocolat avec l'affinage
SAVEUR	Sucrée et longue en bouche; notes de noisette (grillée avec l'affinage) et de beurre; pointe de caramel en finale
LAIT	De chèvre, pasteurisé à basse température, ramassage collectif
AFFINAGE	6 mois ou plus
CHOISIR	Dans son emballage sous vide
CONSERVER	Jusqu'à 1 an à compter du départ de l'usine, entre 2 et 4 °C
OÙ TROUVER	À la fromagerie, dans les boutiques et fromageries spécialisées, ainsi que dans plusieurs épiceries et supermarchés

Pâte ferme pressée; caillé présure;
affiné dans la masse, sans ouverture

 Blocs de 130 g et 1,1 kg

 M.G.　28%
HUM.　42%

Cheddar de chèvre

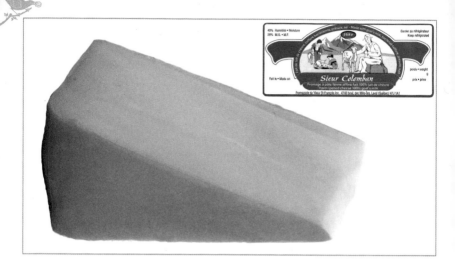

CROÛTE	Couverte de cire orangée
PÂTE	Blanche, ferme, lisse et moelleuse
ODEUR	Douce à marquée
SAVEUR	Douce ; notes de beurre et de noix
LAIT	De chèvre entier, pasteurisé, deux élevages
AFFINAGE	3 mois, 1 an et 2 ans
CHOISIR	Dans son emballage original sous vide, la pâte lisse et ferme
CONSERVER	Jusqu'à 2 mois, emballé dans un papier ciré doublé d'une feuille d'aluminium, entre 2 et 4 °C
OÙ TROUVER	À la fromagerie et distribué par Horizon Nature dans les boutiques d'aliments naturels et Plaisir Gourmet dans les boutiques et les fromageries spécialisées

Pâte ferme pressée ; caillé présure ;
affiné dans la masse, sans ouverture

 Meule de 4 kg à 5 kg

 M.G.   27 %
HUM.   40 %

Le cheddar de brebis

Seuls les fromages au lait de vache issus du procédé de cheddarisation peuvent porter le nom « cheddar », une appellation réservée. Les fromages au lait de brebis obtenus suivant cette même méthode sont appelés « cheddars de brebis ».

DESCRIPTION
Croûte   Sans croûte, couvert de cire
Pâte   Jaune à ivoire, ferme et friable
Odeur   Douce et lactique
Saveur   Douce, légère acidité typique au lait de brebis, notes herbacées et florales

CHOISIR
Dans l'emballage original ou sous vide ; la pâte luisante, ferme, souple, à l'odeur douce.

CONSERVATION
Plus de un an dans son emballage sous vide original ; 2 à 3 mois dans un papier ciré doublé d'une feuille d'aluminium, entre 2 et 4 °C.

LES CHEDDARS DE BREBIS FABRIQUÉS AU QUÉBEC

Cheddar de brebis (Le Détour) Notre-Dame-du-Lac – Bas-Saint-Laurent, artisanale ; lait entier pasteurisé, d'un seul élevage ; frais

Brebiane (Fromagerie Couland) Joliette – (Lanaudière), artisanale ; lait entier pasteurisé, élevage régional, frais

Le Rouet (Le Fromage au village et la ferme Lait Brebis du Nord) Lorrainville – Abitibi-Témiscamingue, artisanale

Le Fromage au village, pour la ferme
Lait Brebis du Nord · Artisanale
Lorrainville (Abitibi-Témiscamingue)

CROÛTE	Sans croûte, couvert de cire rouge
PÂTE	Jaune à ivoire, ferme et friable
ODEUR	Douce, lactique et florale
SAVEUR	Douce, accompagnée d'une belle acidité, arômes d'herbe et de graines grillées ; note florale (de trèfle)
LAIT	De brebis, entier, thermisé, d'un seul élevage
AFFINAGE	18 mois
CHOISIR	La pâte ferme et friable sans excès, éviter la pâte craquelée ou trop humide
CONSERVER	1 mois ou plus, emballé dans un papier ciré doublé d'une feuille d'aluminium, entre 2 et 4 °C
OÙ TROUVER	À la fromagerie et distribué par Plaisir Gourmet dans les boutiques et fromageries spécialisées
NOTE	Son nom s'inspire de l'immense rouet érigé devant l'aréna municipal de Sainte-Germaine-Boulé en hommage aux pionniers.

Pâte ferme pressée, non cuite ; caillé présure ;
affiné dans la masse, recouvert de cire rouge

 Meule de 2,2 kg

 M.G. 31%
HUM. 39%

Cheddar de brebis

CROÛTE	Orangée, avec quelques traces de mousse blanche, humide et poisseuse
PÂTE	Crème, de crayeuse à coulante près des bords, crémeuse
ODEUR	Douce de beurre, de graines grillées, de caramel, et une pointe animale (la croûte)
SAVEUR	Douce de beurre, de champignon, de noix, d'herbe, de thé noir; notes de poivre noir
LAIT	De vache, entier, pasteurisé, ramassage collectif
AFFINAGE	2 à 3 semaines
CHOISIR	Tôt après sa fabrication, la croûte et la pâte souples, à l'odeur douce
CONSERVER	2 à 3 semaines, emballé dans un papier ciré doublé d'une feuille d'aluminium, entre 2 et 4 °C
OÙ TROUVER	Dans les boutiques et fromageries spécialisées ainsi que les supermarchés

Pâte molle; caillé présure à dominance lactique,
égouttage lent; affiné en surface, à croûte lavée

 Meule de 175 g

 M.G.   26 %
HUM.   50 %

125

CHÈVRE D'ART

Maison Alexis-de-Portneuf – Saputo
Industrielle
Saint-Raymond-de-Portneuf (Québec)

CROÛTE	Blanche immaculée, couverte d'une mousse rase
PÂTE	Blanche, lisse et crémeuse
ODEUR	Douce, fraîche et lactique (beurre); la croûte est dominée par le champignon; notes caprines et végétales plus marquées selon le degré de maturation
SAVEUR	Légère et piquante, de beurre, de champignon, d'humus, d'amande grillée, de poivre et caprine plus corsée en maturation avancée
LAIT	De chèvre, entier, pasteurisé, ramassage collectif
AFFINAGE	2 semaines en hâloir, puis réservé de 30 à 50 jours pour une saveur optimale
CHOISIR	La croûte bien blanche et la pâte souple
CONSERVER	2 mois à compter de l'achat, dans son emballage original ou dans un papier ciré doublé d'une feuille d'aluminium, entre 2 et 4 °C
NOTE	Le Chèvre d'Art s'est classé finaliste au Grand Prix canadien des produits nouveaux 2003.

Pâte molle; caillé mixte à dominance lactique, solubilisé, égouttage lent; affiné en surface, à croûte fleurie

 Meule de 125 g

 M.G. 25 %
HUM. 50 %

CHÈVRE FIN

Fromagerie Tournevent – Damafro
Mi-industrielle
Saint-Damase (Montérégie)

CROÛTE	Blanche ou cendrée, fleurie
PÂTE	Blanche, molle, de crayeuse à crémeuse et coulante, de la croûte vers le centre
ODEUR	Marquée, bouquet caprin
SAVEUR	Franche et caprine, côté acidulé atténué par l'alcalinité de la cendre
LAIT	De chèvre, pasteurisé à basse température, ramassage collectif
AFFINAGE	De 3 à 4 semaines, croûte ensemencée de *Penicillium candidum*
CHOISIR	Frais, la pâte bien crayeuse, la croûte blanche, sèche et adhérant à la pâte
CONSERVER	Jusqu'à 8 semaines à compter du départ de l'usine, emballé dans un papier ciré doublé d'une feuille d'aluminium, entre 2 et 4°C

Pâte molle; caillé présure à dominance lactique, égouttage lent; affiné en surface, à croûte fleurie nature ou cendrée

 Bûchettes de 120 g (5 cm sur 7 cm) et 1 kg, dans un contenant plastifié

 M.G. 24 %
HUM. 52 %

Fritz Kaiser
Mi-industrielle
Noyan (Montérégie)

CHEVROCHON

CROÛTE	Jaune orangé à rouge orangé, striée, humide et légèrement collante, se couvrant partiellement d'un léger duvet blanc
PÂTE	Blanc crème, molle, d'onctueuse à coulante et crémeuse
ODEUR	De marquée à forte, lactique, légère acidité typique au chèvre ; notes de paille et de champignon
SAVEUR	Douce à marquée, lactique, acidifiée (yogourt ou beurre salé), végétale, torréfiée (grain ou pain grillé) et épicée (poivre) ; son caractère caprin se développe avec l'affinage
LAIT	De chèvre, entier, pasteurisé, élevages de la région
AFFINAGE	De 5 à 6 semaines, croûte lavée
CHOISIR	La croûte et la pâte souples
CONSERVER	Jusqu'à 4 semaines, emballé dans un papier ciré ou parchemin doublé d'une feuille d'aluminium, entre 2 et 4 °C
OÙ TROUVER	À la fromagerie et distribué par Le Choix de l'Artisan dans les boutiques et fromageries spécialisées, ainsi que dans les supermarchés
NOTE	Le Chevrochon s'inspire du reblochon de Savoie. Sa pâte, plus humide et crémeuse, a des arômes doux devenant corsés avec l'affinage.

Pâte molle ; caillé présure à dominance
lactique, égouttage lent ; affiné en surface,
à croûte lavée

 Meule de 450 g
(12 cm sur 4 cm)

 M.G. 24 %
HUM. 50 %

Le chèvre frais

On doit aux fromages de chèvre frais, du moins en partie, la renaissance de la production fromagère au Québec. Le mouvement de retour à la terre des années 1970 y a fortement contribué.

Le Québec se développait alors à un rythme extraordinaire et les goûts des Québécois évoluaient avec autant d'enthousiasme.

Beaucoup des jeunes néocampagnards de cette période sont devenus, avec leur petit troupeau de chèvres, des producteurs agricoles. Bon nombre d'entre eux firent un stage sur la fabrication du fromage en France.

En 20 ans, le marché s'est développé. Les moniales de Mont-Laurier furent les premières à commercialiser le chèvre, puis vint le Tournevent, avec des fromages frais dont un de type cheddar, ainsi qu'un chèvre à pâte molle et à croûte fleurie. Parmi les autres pionniers, il faut mentionner les fromages du Ruban Bleu, en Montérégie, et ceux de la Ferme Chimo, en Gaspésie.

Aujourd'hui, le marché ne cesse de croître, les fermes laitières et les fromageries artisanales prolifèrent donc et leur production arrive tout juste à approvisionner les clientèles locales et régionales.

Presque tous les producteurs caprins font leur propre chèvre frais, ils suscitent ainsi l'enthousiasme de leurs régions respectives tout en développant un nouveau marché. Ces fromages sont surtout vendus à la ferme, mais on peut parfois se les procurer sur le marché.

CARACTÉRISTIQUES
La fabrication du chèvre frais est semblable à celle du fromage blanc. Il s'agit d'une pâte fraîche généralement issue d'un caillé lactique (aussi appelé coagulation biologique) avec ajout minime de présure. L'égouttage (lent) peut s'étendre au-delà d'une journée. C'est un fromage sans affinage, que l'on trouve nature ou assaisonné, et en boules marinées dans l'huile. De plus, il est vendu en vrac dans des contenants ou en bûchettes ensachées sous vide. Enfin, il est parfois mélangé avec du lait de vache – le mi-chèvre – ou de brebis

CHOISIR
Frais, tôt après sa de fabrication, dans son emballage original.

CONSERVATION
De 2 semaines à 1 mois, emballé dans un papier ciré doublé d'une feuille d'aluminium, entre 2 et 4 °C; jusqu'à 3 mois dans l'huile.

EN CUISINE
p. 41.

Alpin (Pampille et Barbichette) Sainte-Perpétue – (Centre-du-Québec), fermière; lait entier, pasteurisé, élevage de la ferme; délicat et velouté, nature, aux fines herbes ou au poivre

Biquet et Biquet à la crème (Fromagerie Tournevent – Damafro) Saint-Damase – (Montérégie), mi-industrielle; lait entier, ajout de crème (Biquet à la crème), pasteurisés à basse température, ramassage collectif; M.G. 20 % et 30 % (Biquet à la crème), hum. 58 % et 55 % (Biquet à la crème); bûchettes de 100 g et 1 kg.

Blanchon (Ferme Caron) Trois-Rivières (Saint-Louis de France) – Mauricie, fermière, Certifié Québec Vrai; lait entier, pasteurisé, élevage de la ferme; nature, aux herbes, à la ciboulette, à l'ail ou au poivre; M.G. 15 %, hum. 65 %; rondelle de 150 g (9 cm sur 3 cm)

Bouchée de Perle (Fromagerie Les Petits Bleuets) Alma – (Saguenay–Lac-Saint-Jean), fermière; lait entier, pasteurisé, élevage de la ferme; chèvre frais en boules et mariné dans l'huile et un mélange d'épices

Bouchées d'Amour (Fromagerie du Vieux Saint-François) Laval (Montréal-Laval), fermière; lait entier, pasteurisé, élevage de la ferme, frais en boules marinées dans l'huile

Boules dans l'huile (Fromagerie Le P'tit Train du Nord) Mont-Laurier – (Hautes-Laurentides), artisanale; lait entier, pasteurisé, élevage sélectionné; assaisonné dans l'huile

Cabrita (Caitya du caprice caprin) Sawyerville – (Cantons-de-l'Est), fermière; lait entier, pasteurisé, élevage de la ferme; nature ou assaisonné à la fleur d'ail, à l'aneth frais ou à la truite fumée

Capri...cieux (Ferme Mes Petits Caprices) Saint-Jean Baptiste – (Montérégie), fermière; lait entier, pasteurisé, élevage de la ferme; nature ou assaisonné aux amandes, aux fines herbes ou au poivre; en petite meule ou façonné en petites boullettes, conservées dans l'huile d'olive aromatisée

Caprices du Fromager (Caitya du caprice caprin) Sawyerville – (Cantons-de-l'Est), fermière; lait entier, pasteurisé, élevage de la ferme; pâte molle, sans affinage; dans l'huile de pépins de raisin, nature ou ail et fines herbes, poivron rouge, pesto de basilic

Capriny (Maison Alexis-de-Portneuf – Saputo – Saputo) Saint-Raymond-de-Portneuf – (Québec), industrielle; lait entier, pasteurisé, ramassage collectif; nature ou assaisonné

Caprice (La Suisse Normande) Saint-Roch-de-l'Achigan – (Lanaudière), artisanale, fermière; lait entier, pasteurisé, élevage de la ferme; nature ou aux herbes

Chèvre de Gaspé (Ferme Chimo) Douglastown – (Gaspésie), fermière; lait entier pasteurisé, élevage à la ferme; nature ou au poivre, aux herbes ou à la ciboulette

Chèvre des Alpes (Damafro) Saint-Damase – (Montérégie), mi-indutrielle; lait entier, pasteurisé, ramassage collectif; nature ou au poivre, aux herbes ou aux canneberges

Chèvre des Neiges (Maison Alexis-de-Portneuf – Saputo) Saint-Raymond-de-Portneuf – (Québec), industrielle; mi-chèvre, lait de chèvre et de vache, pasteurisé, ramassage collectif; frais, nature ou assaisonné

Chèvre Doux (Fromagerie Tournevent – Damafro) Saint-Damase – (Montérégie), mi-industrielle; lait entier, pasteurisé, ramassage collectif; nature, en pot

Chevrier (Fromagerie Le P'tit Train du Nord) Mont-Laurier – (Hautes-Laurentides), artisanale; lait entier pasteurisé d'un seul élevage; chèvre frais nature

Cœur du Nectar (Maison Alexis-de-Portneuf – Saputo) Saint-Raymond-de-Portneuf – (Québec), industrielle; lait entier, pasteurisé, ramassage collectif; garni de fruits: grenade et bleuets, grenade et framboises ou grenade et cerises noires

Crémeux du Lac (Fromagerie Les Petits Bleuets) Alma – (Saguenay-Lac-Saint-Jean), fermière; lait entier, pasteurisé, élevage de la ferme; chèvre frais nature

Déli-Chèvre (Fromagerie Tournevent – Damafro) Saint-Damase – (Montérégie), mi-industrielle; lait partiellement écrémé, pasteurisé, sans lactose, ramassage collectif; nature ou assaisonné ciboulette ou tomate et thym

Délice (Fromagerie Dion) Montbeillard – (Abitibi-Témiscamingue), fermière; lait entier, pasteurisé, élevage de la ferme; nature ou assaisonné

Fridolines (Fromagerie Couland) Joliette – (Lanaudière), artisanale; lait entier, pasteurisé, élevages régionaux; chèvre façonné en boules assaisonnées aux fines herbes et épices, dans l'huile de canola

Mon Précieux (Fromagerie Couland) Joliette – (Lanaudière), artisanale; lait entier, pasteurisé, élevages régionaux; chèvre frais nature

Micha (Ferme Floralpe) Papineauville – (Outaouais), artisanale; lait de chèvre, pasteurisé; élevages sélectionnés

Pampille (Ruban Bleu) Saint-Isidore – (Montérégie), fermière; lait entier, pasteurisé, élevage de la ferme; chèvre frais nature ou assaisonné à l'ail et aux herbes

Petit Prince (Fromagerie du Vieux Saint-François) Laval (Montréal-Laval), artisanale, lait entier, pasteurisé, élevages de la ferme et sélectionnés; chèvre frais nature ou aromatisé aux herbes, à l'ail et au persil ou à la ciboulette

Petites Sœurs (Le Troupeau bénit) Chatham – (Basses-Laurentides), fermière-artisanale; chèvre frais, nature ou assaisonné, façonné en boules, dans l'huile de pépins de raisin

Petit Soleil (Fromagerie Le P'tit Train du Nord) Mont-Laurier – (Hautes-Laurentides), artisanale; lait entier, pasteurisé, élevages sélectionnés; chèvre frais nature ou assaisonné aux herbes de Provence, à l'ail et à l'aneth, ou au poivre citronné

Chèvre frais

Petit Vinoy (La Biquetterie) Chénéville – (Outaouais), artisanale; lait entier, pasteurisé, élevages sélectionnés; chèvre frais nature ou assaisonné au poivre, à la ciboulette, aux fines herbes ou à l'ail et aux fines herbes

Roulé (Fromagerie Dion) Mont beillard – (Abitibi-Témiscamingue), fermière; lait entier, pasteurisé, élevage de la ferme; chèvre frais nature ou assaisonné

Boules de Neige (Pampille et Barbichette) Sainte-Perpétue – (Centre-du-Québec), fermière; lait entier, pasteurisé, élevage de la ferme; boules de chèvre frais aromatisé dans l'huile de pépins de raisin

Sainte-Rose (La Petite Heidi) Sainte-Rose-du-Nord – (Saguenay–Lac-Saint-Jean), fermière; lait entier, pasteurisé, élevage de la ferme; nature ou assaisonné ciboulette, épices ou chocolat

Tourilli (Ferme Tourilli) Saint-Raymond-de-Portneuf – (Québec), fermière; lait entier, pasteurisé, élevage de la ferme; chèvre frais nature

Tournevent et Médaillon (Fromagerie – Damafro) Saint-Damase – (Montérégie), mi-industrielle; lait entier, pasteurisé, ramassage collectif; chèvre frais nature

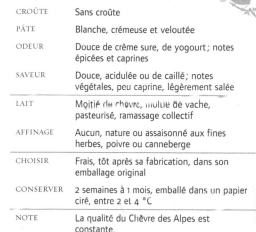

CHÈVRE DES ALPES

CROÛTE	Sans croûte
PÂTE	Blanche, crémeuse et veloutée
ODEUR	Douce de crème sure, de yogourt ; notes épicées et caprines
SAVEUR	Douce, acidulée ou de caillé ; notes végétales, peu caprine, légèrement salée
LAIT	Moitié de chèvre, moitié de vache, pasteurisé, ramassage collectif
AFFINAGE	Aucun, nature ou assaisonné aux fines herbes, poivre ou canneberge
CHOISIR	Frais, tôt après sa fabrication, dans son emballage original
CONSERVER	2 semaines à 1 mois, emballé dans un papier ciré, entre 2 et 4 °C
NOTE	La qualité du Chèvre des Alpes est constante.

Pâte fraîche ; chèvre frais ou mi-chèvre, caillé présure à dominance lactique, égouttage lent ; non affiné ; nature, fines herbes, poivre ou canneberge

 Bûchettes de 150 g et 1 kg

M.G.   15 %   20 % mi-chèvre
HUM.   68 %   60 % mi-chèvre

CHÈVRE DES NEIGES

CROÛTE	Sans croûte
PÂTE	Blanche, fraîche, lisse et crémeuse ; nature, ou enrobée d'herbes ou de poivre
ODEUR	Très douce, fraîche et lactique
SAVEUR	Douce, crémeuse, peu caprine, légère acidité en bouche
LAIT	Moitié de vache, moitié de chèvre, ajout de crème, pasteurisés, ramassage collectif, substances laitières modifiées
AFFINAGE	Aucun
CHOISIR	Frais, tôt après sa fabrication, dans son emballage original
CONSERVER	2 semaines à 1 mois, emballé dans un papier ciré, entre 2 et 4 °C
NOTE	Le mélange de lait de vache et de lait de chèvre atténue le goût piquant de ce fromage tout indiqué pour les palais peu familiarisés avec les fromages de chèvre.

Pâte fraîche ; mi-chèvre, caillé lactique, égouttage lent ; non affiné

 Meule de 125 g et 1 kg

M.G.   24 %
HUM.   55 %

Chèvre frais

CROÛTE	Sans croûte
PÂTE	Blanche, texture crémeuse, façonnée en boulettes macérant dans l'huile de pépins de raisins ; nature ou assaisonnées à la ciboulette, aux herbes de Provence, à la menthe, aux piments ou aux oignons
ODEUR	Douce, dégageant les parfums des assaisonnements
SAVEUR	Douce, légèrement caprine et saline
LAIT	De chèvre, entier, pasteurisé, élevages sélectionnés ou de la ferme
AFFINAGE	Frais
CHOISIR	Dans son emballage original, tôt après sa fabrication
CONSERVER	2 mois ou plus, dans l'huile, entre 2 et 4 °C
OÙ TROUVER	À la boutique du monastère, à la Fromagerie du Marché (Saint-Jérôme) et à la fromagerie L'Exception (avenue Bernard, Outremont)

Pâte fraîche, chèvre frais ; caillé
lactique, égouttage lent ; non affiné

 Contenant de 120 g

M.G. 20 %
HUM. 60 %

CROÛTE	Sans croûte
PÂTE	Blanche fine, délicate et crémeuse
ODEUR	Douce et lactique
SAVEUR	Douce, délicate et légèrement caprine, influencée par les assaisonnements
LAIT	De chèvre, entier, pasteurisé, élevage de la ferme
AFFINAGE	Aucun
CHOISIR	Frais, tôt après sa fabrication
CONSERVER	Jusqu'à 21 jours, emballé dans un papier ciré doublé et bien scellé, entre 2 et 4 °C
OÙ TROUVER	À la fromagerie

Pâte fraîche ; caillé présure à
dominance lactique, égouttage lent ;
non affiné

 Bûchette de 150 g

 M.G.   15 %
HUM.   68 %

CROÛTE	Orangée, collante et souple, pointes de mousse blanchâtre ; agrémentée d'un motif exclusif faisant ressortir sa confection artisanale
PÂTE	De crayeuse à coulante et crémeuse avec la maturation
ODEUR	Marquée du terroir, de la ferme, effluves ovins lactiques
SAVEUR	Typée sans excès, crémeuse ; délicates notes acidulées
LAIT	Moitié de vache entier, moitié de brebis d'un élevage du Saguenay, pasteurisés, ramassage collectif
AFFINAGE	40 jours, croûte lavée avec une saumure additionnée de ferment
CHOISIR	Tôt après sa fabrication ; la croûte et la pâte souples ; à l'odeur fraîche ; son goût est optimal 55 jours après la date de production
CONSERVER	70 jours, emballé dans un papier ciré doublé d'une feuille d'aluminium, entre 2 et 4 °C
OÙ TROUVER	À la fromagerie et dans les boutiques et fromageries spécialisées
NOTE	Par son appellation, le Clandestin souligne une page de l'histoire locale. Lors de la prohibition américaine (1919 à 1931), la région a en effet connu une très forte activité de contrebande d'alcool. À tel point qu'à Rivière-Bleue, près de la frontière, un tunnel reliait la ville au Maine.

Pâte molle ; caillé présure à dominance lactique,
égouttage lent, affiné en surface, à croûte lavée

 Meule de 500 g

 M.G. 33 %
HUM. 46 %

Ferme Mès Petits Caprices
Fermière
Saint-Jean-Baptiste (Montérégie)

Pâte molle; caillé présure à dominance lactique,
égouttage lent; affiné en surface, à croûte fleurie

 Meule de 200 g à 300 g

M.G.   20 %
HUM.   60 %

CROÛTE	Blanche, fleurie
PÂTE	Blanche, crémeuse, centre plus crayeux en été
ODEUR	De lait frais et de champignon
SAVEUR	Douce, de champignon et de noisette
LAIT	De chèvre, entier, thermisé, élevage de la ferme
AFFINAGE	3 semaines
CHOISIR	La pâte bien crémeuse autour de la croûte ; à l'odeur fraîche
CONSERVER	5 semaines, emballé dans un papier ciré, entre 2 et 4 °C
NOTE	Fabriqué à la façon du camembert. Salé, ensemencé de champignons et conservé dans un hâloir jusqu'à sa maturation. Texture et poids variant selon les saisons. Plus sec et léger en été, et plus humide et crémeux à l'automne.

Fritz Kaiser
Mi-industrielle
Noyan (Montérégie)

Pâte semi-ferme pressée, non cuite; caillé présure;
affiné en surface, à croûte lavée à la bière

 Meule de 2 kg, à la coupe

M.G.   24 %
HUM.   50 %

CROÛTE	Rouge orangé, souple
PÂTE	Jaune crème, semi-ferme, souple et onctueuse
ODEUR	Marquée, lactique et fruitée; notes de noisette
SAVEUR	Douce à marquée, optimale vers 2 mois
LAIT	De vache, entier, pasteurisé, élevages de la région
AFFINAGE	6 à 8 semaines, croûte lavée à la bière Saint-Ambroise
CHOISIR	La croûte et la pâte souples et non collantes
CONSERVER	1 à 2 mois, emballé dans un papier ciré doublé d'une feuille d'aluminium, entre 2 et 4 °C

Le colby

Ce fromage de type cheddar a vu le jour à Colby, au Wisconsin. C'est un fromage au lait de vache que l'on appelait Colby Cheddar.

Sa fabrication est semblable à celle du Monterey Jack. Durant la période de cuisson des grains, le lactosérum est remplacé par de l'eau froide. Ainsi lavé à l'eau, le grain perd une partie de son acidité. Sa pâte semi-ferme est plus humide que celle du cheddar. Le lavage à la saumure, additionnée ou non de ferments, ainsi qu'un léger affinage (de un à trois mois) lui donnent sa texture crémeuse. Sa pâte est artificiellement colorée orange, et sa saveur est très douce.

CARACTÉRISTIQUES

Le colby est un fromage à pâte semi-ferme pressée et non cuite issu d'une coagulation à dominance présure. Il est affiné dans la masse et sans ouverture. Sa texture est crémeuse et sa saveur, très douce.

CONSERVATION

Grâce à son humidité élevée, sa durée de conservation est restreinte, mais il se congèle bien.

EN CUISINE

Le colby est populaire en collation et dans les sandwichs, mais ses qualités de fonte et de brunissement favorisent son utilisation dans les gratins et les plats cuisinés. Par contre, il se dégrade quand il est soumis à une trop grande chaleur : les matières grasses se séparent et les protéines se dénaturent. Il est parfait dans une omelette, avec des pâtes (macaroni), dans un pain au maïs ou pour ajouter de la consistance à une sauce ou une soupe.

LES COLBYS FABRIQUÉS AU QUÉBEC

Fromagerie Le Détour : Notre-Dame-du-Lac – (Bas-Saint-Laurent) lait de vache entier, pasteurisé, élevage régional

Fromagerie Perron : Jonquière – (Saguenay-Lac-Saint-Jean) lait de vache entier, pasteurisé, ramassage collectif ; affiné 30 jours

La Trappe à Fromage de l'Outaouais : Gatineau – (Outaouais) lait de vache entier, pasteurisé, ramassage collectif

Le cottage

Le cottage, qu'il soit anglais ou américain, est le résultat caillé et égoutté d'un lait que l'on fait cuire. Autrefois, dans les fermes, le lait était cuit à la poêle : on ajoutait au lait chaud une eau légèrement vinaigrée ou citronnée.

CARACTÉRISTIQUES
Le cottage est un fromage à pâte fraîche issu d'un caillé lactique avec ajout minime de présure à égouttage lent, sans affinage. Il a une consistance lisse, crémeuse ou laiteuse, avec parfois des grains plutôt mous, une odeur douce de lait ou de crème acidulée, assez neutre au goût, doux et lactique. Il compte 0,25 à 4 % de matières grasses et environ 60 % d'humidité.

CHOISIR
Frais, dans son contenant original ; selon la date de péremption.

CONSERVATION
1 à 2 semaines, selon la date de péremption

EN CUISINE
Comme le fromage blanc, le cottage se prête bien aux assaisonnements, aux salades, aux gâteaux au fromage et accompagne bien des fruits.

LES COTTAGES FABRIQUÉS AU QUÉBEC
Cottage à l'ancienne Liberté, Cottage en crème Liberté, Cottage Damafro

Le crottin (frais ou affiné)

Ce fromage dérivé du chèvre frais se présente sous forme de petites meules presque aussi hautes que larges, parfois plates comme un mini-camembert ou encore en cônes tronçonnés.

Sa pâte varie de molle à semi-ferme ou à ferme selon son taux d'humidité, car son affinage dans une cave ventilée l'assèche graduellement. Le crottin est élaboré à l'exemple du crottin de Chavignol, fabriqué en bord de Loire dans la région de Sancerre, depuis le XVIe siècle. Son appellation et sa forme rappellent une lampe à huile en terre cuite utilisée par les vignerons pour éclairer leur cave. Les crottins sont toujours de petite taille, affinés ou non, assaisonnés aux herbes ou aux épices, ou macérés dans l'huile.

APERÇU DE LA FABRICATION ET CARACTÉRISTIQUES

Le caillage du lait est essentiellement lactique avec très peu de présure, conférant ainsi à sa pâte son côté crayeux. Le caillé est déposé dans des moules cylindriques ou en troncs de cônes. Sitôt égoutté, il est démoulé et salé, puis affiné dans une cave ventilée (hâloir). La nature particulière du lait se développe et donne au fromage son caractère. L'affinage dure de quelques semaines à quelques mois, la pâte s'affermit. De molle et tendre, elle passe de crémeuse à friable, puis durcit en devenant cassante. Il développe des saveurs piquantes et salées à mesure que son taux d'humidité descend. La croûte se couvre d'un duvet blanc, bleuté ou ocre, correspondant au climat de la cave.

CHOISIR

La croûte blanche et fleurie, qui peut être piquée de bleu, la pâte semi-ferme.

CONSERVATION

De 2 semaines à 1 mois, dans un papier ciré doublé d'une feuille d'aluminium.

CHÈVRES DE TYPE CROTTIN FABRIQUÉS AU QUÉBEC

Barbu, Les Bergeronds, Bouquetin de Portneuf, Bouton de Culotte, Capriati, Crottin La Suisse Normande, Jac le Chevrier, Montefino, Petite Perle, Ti-Lou

BARBU

La Suisse Normande
Fermière et artisanale
Saint-Roch-de-l'Achigan (Lanaudière)

CROÛTE	Rustique, duveteuse et fleurie
PÂTE	Blanc crème, de molle à crayeuse au centre, crémeuse et fondante en bouche
ODEUR	Lactique et légèrement caprine, agréable arôme de champignon frais (croûte)
SAVEUR	Bouquetée, légèrement acide et longue en bouche
LAIT	De chèvre, entier, pasteurisé, élevage de la ferme
AFFINAGE	2 semaines, croûte ensemencée de *Penicillium candidum*
CHOISIR	La croûte et la pâte souples ; à l'odeur fraîche
CONSERVER	2 semaines à 1 mois, emballé dans un papier ciré, à 4 °C
OÙ TROUVER	À la fromagerie et distribué par Plaisir Gourmet dans les boutiques et fromageries spécialisées

Pâte semi-ferme ; caillé présure à dominance lactique, égouttage lent ; affiné en surface, à croûte fleurie

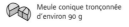 Meule conique tronçonnée d'environ 90 g

 M.G. 26 %
HUM. 43 %

CROÛTE	Naturelle et irrégulière, couverte de moisissures et parsemée de mousse bleue
PÂTE	Ivoire, semi-ferme à ferme, d'onctueuse et collante à cassante, toujours crémeuse
ODEUR	De foin et de pomme
SAVEUR	Subtiles notes caprines longues en bouche, rappelant le levain (fumée); plus marquée et caprine avec la maturation
LAIT	De chèvre, entier, pasteurisé, élevage de la ferme
AFFINAGE	Entre 10 et 15 jours
CHOISIR	La croûte souple, blanche, légèrement piquée de bleu, la pâte semi-ferme
CONSERVER	Jusqu'à 2 mois
OÙ TROUVER	À la fromagerie et distribué par Plaisir Gourmet dans les boutiques et fromageries spécialisées
NOTE	L'appellation Bouquetin vient d'un jeu de mots inspiré du petit bouc Kaolin, un gentil «bouc-en-train» de la ferme aimant se pavaner avec fierté devant ses chèvres préférées, Églantine et Bécassine.

Pâte semi-ferme; caillé lactique, pré-égoutté
avant moulage, à croûte naturelle fleurie

Petites meules de 60 g ou 80 g
(4 cm sur 3 cm)

M.G.   25%
HUM.   45%

BOUTON DE CULOTTE

Ruban Bleu
Fermière
Saint-Isidore (Montérégie)

Pâte semi-ferme à ferme; caillé présure à dominance lactique, égouttage lent; affiné dans la masse, à croûte naturelle fleurie

 Meule carrée de 300 g environ

 M.G. 25%
HUM. 35% à 60%

CROÛTE	Sans croûte
PÂTE	Blanche à dorée, lisse, durcissant avec la maturation, mais crémeuse et fondante
ODEUR	Douce et herbacée, légèrement parfumée et caprine
SAVEUR	Parfumée, de marquée à corsée; notes riches
LAIT	De chèvre, entier, pasteurisé, élevage de la ferme
AFFINAGE	Frais, moyen (15 jours), fort (1 mois), jusqu'à 2 ou 3 mois
CHOISIR	Sans traces de moisissures autres que le duvet blanc fleuri
CONSERVER	1 à 2 mois, emballé dans un papier ciré doublé d'une feuille d'aluminium; de 2 à 3 mois ou plus dans l'huile d'olive
NOTE	Le Bouton de Culotte est semblable au Crottin de Chavignol, en plus petit. Il n'est ni pressé ni chauffé (procédé permettant de retirer le maximum de lactosérum); sa pâte est molle quand il est jeune et devient plus ferme au hâloir (ventilateur-séchoir).

CAPRIATI

Fromagerie Tournevent – Damafro
Mi-industrielle
Saint-Damase (Montérégie)

Pâte ferme séchée; caillé présure à dominance lactique; non affiné dans la masse

 75 g (4 cm sur 5 cm), nature, et 100 g (en pot) dans l'huile, assaisonné

 M.G. 28%
HUM. 43%

CROÛTE	Sans croûte
PÂTE	Blanche, crayeuse, de friable à cassante, crémeuse
ODEUR	Douce et fraîche de lait; plus marquée avec la maturation
SAVEUR	Franche et généreuse; piquante et plus caprine avec la maturation
LAIT	De chèvre, pasteurisé, ramassage collectif
AFFINAGE	3 mois en hâloir puis mis à macérer dans l'huile de tournesol et l'huile d'olive, assaisonné d'herbes et d'épices
CHOISIR	La pâte crayeuse, compacte et tendre
CONSERVER	Jusqu'à 4 mois, dans de l'huile; jusqu'à 6 mois, lorsque sec ou demi-sec

La Suisse Normande
Fermière et artisanale
Saint-Roch-de-l'Achigan (Lanaudière)

CROTTIN
LA SUISSE NORMANDE

CROÛTE	Sans croûte
PÂTE	Blanche, crayeuse, ferme, cassante avec le temps, tout en demeurant crémeuse
ODEUR	Douce et caprine, exhalant des odeurs d'huile d'olive et de thym
SAVEUR	Délicate de chèvre, de thym et d'olive, bien équilibrée
LAIT	De chèvre, entier, pasteurisé, d'un seul élevage
AFFINAGE	Aucun, macération dans de l'huile d'olive assaisonnée aux herbes
CHOISIR	Dans son contenant original
CONSERVER	Jusqu'à 6 mois, dans de l'huile, entre 2 et 4 °C
OÙ TROUVER	À la fromagerie

Pâte fraîche semi-ferme; caillé présure à
dominance lactique, égouttage lent

 Meule conique tronçonnées de 90 g

 M.G. 26 %
HUM. 43 %

Jac le Chevrier
Fermière
Saint-Flavien (Lotbinière)

Pâte molle à semi-ferme; caillé présure à
dominance lactique, égouttage lent; affiné en
surface, à croûte fleurie

 Meule de 135 g

 M.G.   24%
HUM. 48%

CROÛTE	Blanc jaunâtre, plissée (crapaudée), partiellement couverte de mousse blanche
PÂTE	Blanche, de crayeuse à crémeuse et onctueuse
ODEUR	Douce à marquée, fraîche, lactique et florale de miel doux, une pointe caprine
SAVEUR	Douce, de sel fin, légère acidité suivie d'une douce amertume (la croûte), arômes de crème, de yogourt et de chèvre frais; légèrement piquante en fin de bouche
LAIT	De chèvre, entier, pasteurisé, élevage de la ferme
AFFINAGE	2 à 3 semaines
CHOISIR	Tôt après sa fabrication
CONSERVER	3 mois après la fabrication; concentration optimale des saveurs à un mois et demi
NOTE	Ce fromage s'inspire du Crottin de Chavignol, en plus grand. Sa pâte molle se couvre d'une croûte naturelle sur laquelle se développe une fine mousse de *Geotrichum*, le champignon qui enrichit les fromages à croûte fleurie. Affiné de 2 à 3 semaines, sa pâte rappelle le chèvre frais.

Fromagerie du Vieux Saint-François
Fermière
Laval (Montréal-Laval)

Pâte semi-ferme, séchée; caillé présure à
dominance lactique affiné en surface, à croûte
naturelle fleurie

 Petite meule de 60 g à 100 g

 M.G.   29%
HUM. 39%

CROÛTE	Contour duveteux blanc, de tachetée blanche à bien blanche, selon l'affinage
PÂTE	Crème, semi-ferme, friable, s'asséchant avec la maturation
ODEUR	Douce, fraîche et lactique
SAVEUR	Douce à marquée, salée, se développe en bouche, s'affermit et se concentre avec la maturation
LAIT	De chèvre, entier, pasteurisé, deux élevages
AFFINAGE	15 jours, en hâloir, un duvet fleuri blanc se forme progressivement
CHOISIR	Frais et légèrement duveteux
CONSERVER	1 à 2 mois, emballé dans un papier ciré doublé d'une feuille d'aluminium, entre 2 et 4 °C

Crottin

La Moutonnière
Fermière et artisanale
Sainte-Hélène-de-Chester (Bois-Francs)

Pâte ferme pressée, non cuite; caillé présure;
affiné dans la masse, à croûte naturelle

 Meule de 2 kg

M.G. 30 %
HUM 42 %

CROÛTE	Brunâtre, marquée de stries et de dessins géométriques à la façon du Manchego espagnol
PÂTE	Blanc crème, dense et ferme, parsemée de petits yeux
ODEUR	Douce et végétale, de cave et de foin
SAVEUR	Douce et végétale (foin et herbe séchée), florale, très agréable
LAIT	De brebis, entier, cru, élevage de la ferme
AFFINAGE	3 mois
CHOISIR	La croûte et la pâte fermes, la pâte à peine humide; éviter la pâte craquelée
CONSERVER	3 mois ou 1 an, emballé dans un papier ciré doublé d'une feuille d'aluminium, entre 2 et 4 °C

Fromagerie La Station
Certifié biologique par Québec Vrai · Fermière
Compton (Cantons-de-l'Est)

Pâte semi-ferme pressée, non cuite; caillé
présure; affiné en surface, à croûte lavée

 Meule de 3 kg

M.G. 27 %
HUM. 44 %

CROÛTE	Orangé-brun, cuivrée, toilée, mousse blanche éparse
PÂTE	Jaune beurre, parsemée de nombreux petits yeux; souple
ODEUR	Douce à marquée, végétale, fongique, de beurre
SAVEUR	Douce à marquée, fruitée (pommette), de beurre; notes rustiques rappelant la raclette
LAIT	De vache, entier, cru, élevage de la ferme
AFFINAGE	90 à 150 jours
CHOISIR	La croûte et la pâte souples et non collantes; à l'odeur fraîche
CONSERVER	1 mois ou plus, emballé dans un papier ciré doublé d'une feuille d'aluminium, entre 2 et 4 °C
NOTE	La Comtomme fait référence à sa région de fabrication et au village de Compton; sa fabrication rappelle la tomme traditionnelle.

CORSAIRE

Ferme Chimo
Fermière
Douglastown-Gaspé (Gaspésie)

CROÛTE	Blanche et striée, couverte d'un duvet blanc
PÂTE	Crème, s'affine de la croûte vers le centre, lisse, unie et souple (jeune), coulante (à point); fondante en bouche
ODEUR	Douce à marquée, de champignon et de cave humide; notes de beurre et d'amande
SAVEUR	Douce à marquée, équilibrée, arômes typiques de chèvre, d'amande, de crème et de lait, plus marquée près de la croûte (champignon sauvage)
LAIT	De chèvre, pasteurisé, élevage de la ferme
AFFINAGE	6 semaines ou plus, croûte ensemencée de *Penicillium candidum*
CHOISIR	Jeune, la pâte crayeuse
CONSERVER	2 semaines à 1 mois, emballé dans un papier ciré doublé d'une feuille d'aluminium, entre 2 et 4 °C

Pâte molle; caillé présure à dominance lactique, égouttage lent; affiné en surface, à croûte fleurie

 Meules de 150 g et de 1 kg, à la coupe

 M.G. 25 %
HUM. 51 %

CRISTALIA

Fritz Kaiser
Mi-industrielle
Noyan (Montérégie)

CROÛTE	Sans croûte
PÂTE	Crème à blanche, humide, fine et souple
ODEUR	Douce, dominance des assaisonnements
SAVEUR	Douce, rappelle le fromage frais, relevée par les herbes ou les épices
LAIT	De chèvre, entier, pasteurisé, d'élevages de la région
AFFINAGE	2 semaines
CHOISIR	Tôt après sa fabrication; la pâte ferme, souple et humide; à l'odeur fraîche
CONSERVER	1 mois, emballé dans un papier ciré doublé d'une feuille d'aluminium, entre 2 et 4 °C

Pâte semi-ferme pressée, non cuite; caillé présure; affiné dans la masse

 Meule de 2 kg (20 cm sur 6,5 cm), à la coupe

 M.G. 23 %
HUM. 50 %

Fromagerie F.X. Pichet · Certifié biologique par
Québec Vrai · Fermière
Sainte-Anne-de-la-Pérade (Mauricie)

CROÛTE	Orange rosé, cuivrée, duveteuse, striée, humide, voire collante
PÂTE	Jaune à ivoire
ODEUR	Marquée lactique (beurre), florale puis animale avec la maturation
SAVEUR	Douce à marquée, beurre salé et fleur séchée ou foin
LAIT	De vache, thermisé, élevage de la ferme
AFFINAGE	Aucun
CHOISIR	Jeune, la croûte humide et collante – sans trop –, la pâte ferme et onctueuse
CONSERVER	Jusqu'à 1 mois, emballé dans un papier ciré doublé d'une feuille d'aluminium, entre 2 et 4 °C ;
NOTE	Laisser vieillir pour connaître ses possibilités.

Pâte molle ; caillé présure à dominance lactique, égouttage lent ; affiné en surface, à croûte lavée

 Meule de 300 g

 M.G. 28 %
HUM. 45 %

Fromagerie Le P'tit Train du Nord
Artisanale
Mont-Laurier (Hautes-Laurentides)

CROÛTE	Orangée, lavée, humide et souple, marquée par des lignes circulaires
PÂTE	Ivoire, souple, lisse et fondante
ODEUR	Franche, légèrement piquante, fumée et florale
SAVEUR	Marquée mais légère ; notes de noix
LAIT	De vache, entier, pasteurisé, d'un seul élevage
AFFINAGE	6 semaines
CHOISIR	La croûte légèrement humide ; la pâte souple ; à l'odeur fraîche
CONSERVER	2 mois, emballé dans un papier ciré doublé d'une feuille d'aluminium, entre 2 et 4 °C
NOTE	Le Curé Labelle est fabriqué à la façon du reblochon. Son nom rend hommage au curé Antoine Labelle, qui a colonisé les Laurentides et a réalisé son grand rêve : construire un chemin de fer dont le tracé allait de Montréal à Saint-Jérôme, puis à Mont-Laurier : le P'tit Train du Nord.

Pâte semi-ferme ; caillé présure, égouttage lent ; affiné en surface, à croûte lavée

 Meule de 600 g (12 cm sur 4,5 cm), à la coupe

 M.G. 28 %
HUM. 45 %

Fromagerie de l'Érablière
Fermière
Mont-Laurier (Hautes-Laurentides)

CROÛTE	Rose saumon, humide (jeune), s'assèche et se couvre d'un duvet blanc avec la maturation
PÂTE	Crémeuse et onctueuse
ODEUR	Marquée, de cave humide, de champignon sauvage avec effluves d'érable, de crème et de beurre (pâte)
SAVEUR	Marquée, de crème légèrement salée, de champignon, pointe d'amertume; très relevée à 90 jours ou plus d'affinage
LAIT	De vache, entier, thermisé (prochainement cru), élevage de la ferme
AFFINAGE	60 jours, croûte lavée avec un acéritif à la sève d'érable
CHOISIR	La croûte légèrement humide et la pâte souple
CONSERVER	Jusqu'à 2 semaines, emballé dans un papier ciré doublé d'une feuille d'aluminium, entre 2 et 4 °C
OÙ TROUVER	
NOTE	La croûte est lavée au Charles-Aimé Robert, un acéritif (à la sève d'érable, de type porto) fabriqué à Auclair, au Témiscouata. L'élevage de 40 vaches métissées, canadiennes et suisses brunes, est nourri au foin sec, au grain (orge, avoine et pois) et aux herbes du pâturage écologique.

Pâte molle; caillé présure à dominance lactique;
affiné en surface, à croûte lavée

 Meule de 1 kg

 M.G. 26 %
HUM. 50 %

CROÛTE	Orangé brun, partiellement couverte d'un duvet blanc
PÂTE	Beurre, brillante, quelques petits trous épars
ODEUR	Douce à marquée, de crème, de beurre, de champignon; notes de miel ou de caramel
SAVEUR	Douce à marquée, de beurre, de champignon, de graines grillées; notes rustiques
LAIT	De vache, entier, cru, élevage de la ferme
AFFINAGE	2 mois
CHOISIR	La croûte et la pâte souples; à l'odeur fraîche
CONSERVER	1 mois, emballé dans un papier ciré doublé d'une feuille d'aluminium, entre 2 et 4 °C
NOTE	Le Curé-Hébert a reçu trois Caseus: Argent, toutes catégories, en 2007; Or (sa catégorie), Or (croûte lavée); un Caseus a été remis à la fromagerie pour ses réalisations.

Pâte semi-ferme pressée, non cuite; affiné
en surface, à croûte lavée

 Meule de 1,5 kg

M.G.   28 %
HUM.   46 %

La Fromagère Mistouk
Fermière
Alma (Saguenay–Lac-Saint-Jean)

Pâte ferme pressée, mi-cuite; caillé présure;
affiné en surface, à croûte lavée à la bière

 Meule de 2 kg

 M.G. 30 %
HUM. 45 %

CROÛTE	Jaune, toilée, couverte partiellement d'une fine mousse blanche
PÂTE	Jaune à ivoire, souple, friable
ODEUR	Douce et fruitée (pomme)
SAVEUR	Douce, légèrement acidulée et sucrée, fruitée
LAIT	De vache, entier, cru, élevage de la ferme
AFFINAGE	6 semaines
CHOISIR	La croûte et la pâte fraîches et légèrement humides; à l'odeur fraîche
CONSERVER	1 mois ou plus, dans un papier ciré doublé d'une feuille d'aluminium, entre 2 et 4 °C
NOTE	Lavé avec un mélange de bière (La Fabuleuse, une bière de blé rousse artisanale) et un mélange d'épices. Les vaches de la ferme reçoivent deux rations quotidiennes de graines de lin naturellement fortes en acides gras oméga-3.

Fromagerie Le Détour
Artisanale
Notre-Dame-du-Lac (Bas-Saint-Laurent)

Pâte molle; caillé présure à dominance lactique,
égouttage lent; affiné en surface, à croûte lavée
et fleurie (mixte)

 Meule de 500 g environ

 M.G. 10 %
HUM. 56 %

CROÛTE	Orangée couverte partiellement d'une mousse blanche
PÂTE	Jaune paille, crémeuse, onctueuse, ponctuée de petites ouvertures qui s'estompent avec la maturation; la pâte devient lisse, puis coulante
ODEUR	De cave, de champignon
SAVEUR	Lactique de crème et de beurre, et fongique
LAIT	De vache, partiellement écrémé, pasteurisé, élevage sélectionné
AFFINAGE	15 ou 16 jours
CHOISIR	Tôt après sa fabrication, la pâte crémeuse et la croûte tendre
CONSERVER	2 à 3 semaines, dans un papier ciré doublé d'une feuille d'aluminium, entre 2 et 4 °C

Éco-Délices
Fermière
Plessisville (Bois-Francs)

DÉLICE DES APPALACHES

Pâte semi-ferme pressée, non cuite; caillé présure; affiné en surface, à croûte lavée

 Meules carrées de 200 g et de 1,5 kg

 M.G. 30 %
HUM. 50 %

CROÛTE	Teintée de rose et de doré, tendre, une fleur blanche se développe avec l'affinage
PÂTE	Crème à blé mûr, lisse, souple et crémeuse; presque coulante avec la maturation
ODEUR	Douce à marquée, de champignon, de pain grillé, subtil arôme de pomme sucrée lorsque jeune; notes de beurre fondu et de terroir
SAVEUR	Douce à marquée, légère acidité, arôme de crème maturée; notes délicates de pomme, de bois, de champignon sauvage et de terroir
LAIT	De vache, pasteurisé, d'un seul élevage
AFFINAGE	4 à 6 semaines sur planche de pin
CHOISIR	La croûte tendre, pas trop humide, avec une odeur de pomme fraîche
CONSERVER	Jusqu'à 1 mois, dans son emballage original ou un papier ciré, entre 2 et 4 °C; les meules de 1,5 kg se conservent plus longtemps
NOTE	Il est lavé en fin d'affinage avec une solution à base de Pomme de Glace du Clos-Saint-Denis qui lui confère son goût particulier.

Fromagerie de l'Érablière
Fermière
Mont-Laurier (Hautes-Laurentides)

DIABLE AUX VACHES

Pâte molle; caillé présure à dominance lactique, égouttage lent; affiné en surface, à croûte lavée

 Meule de 1,3 kg

 M.G. 29 %
HUM. 50 %

CROÛTE	Rougeâtre, humide, se couvrant d'un duvet blanc
PÂTE	Ivoire, lisse, crémeuse et onctueuse, parsemée de petites ouvertures régulières
ODEUR	Typée, herbacée et fermière
SAVEUR	Douce à marquée, herbacée; notes de lait frais fermier, longues et agréables en bouche
LAIT	De vache, entier, thermisé, élevage de la ferme
AFFINAGE	60 jours, croûte lavée à la saumure
CHOISIR	La croûte humide ou couverte d'un duvet clairsemé, la pâte souple, à l'odeur agréable
CONSERVER	1 à 2 mois, emballé dans un papier ciré ou parchemin, entre 2 et 4 °C
NOTE	L'élevage de 40 vaches métissées, québécoises et suisses brunes, est nourri au foin sec, au grain (orge, avoine et pois) et aux herbes du pâturage écologique.

CROÛTE	Brun orangé, toilée, parsemée de moisissures blanches naturelles, souple
PÂTE	Crème jaunâtre, semi-ferme, lisse, souple et parsemée de petites ouvertures, striée au centre par une couche de cendre végétale
ODEUR	Lactique, de marquée à forte et rustique
SAVEUR	Douce à marquée, de crème et de noix fraîche devenant épicée
LAIT	De vache, entier, pasteurisé, élevages de la région
AFFINAGE	2 mois
CHOISIR	La croûte sèche mais souple, la pâte fraîche et non collante
CONSERVER	Jusqu'à 2 mois, emballé dans un papier ciré doublé d'une feuille d'aluminium, entre 2 et 4 °C
OÙ TROUVER	Distribué par Le Choix de l'Artisan dans les supermarchés
NOTE	Le Douanier a été couronné champion dans sa catégorie et grand champion du Grand Prix des fromages canadiens 2004.

Pâte semi-ferme pressée, non cuite ; caillé présure ; affiné en surface, à croûte lavée

 Meule de 3,5 kg

 M.G. 24 %
HUM. 48 %

Pâte molle; caillé présure à dominance lactique,
égouttage lent; affiné en surface, à croûte fleurie

Meule de 180 g
dans une petite boîte

M.G.   27 %
HUM.   52 %

CROÛTE	Blanche sur fond orangé, duveteuse
PÂTE	Crème, compacte avec quelques ouvertures au centre, crémeuse, s'affine de la croûte vers le centre
ODEUR	Douce à marquée, fruitée et lactique influencée par les champignons de la croûte; terreuse avec la maturation
SAVEUR	Douce avec la légère acidité du chèvre, de beurre salé, de légumes cuits et de champignon
LAIT	Moitié de vache, moitié de chèvre, entiers, pasteurisés, ramassage collectif régional
AFFINAGE	3 semaines à 1 mois
CHOISIR	La pâte et la croûte souples et moelleuses, à l'odeur douce et fraîche
CONSERVER	3 semaines à 1 mois, dans son emballage original, entre 2 et 4 °C

Pâte semi-ferme pressée, non cuite; affiné en
surface, à croûte lavée

Meule de 2 kg (18 cm de diamètre sur
5,5 cm d'épaisseur), à la coupe

M.G.   28 %
HUM.   45 %

CROÛTE	D'une belle teinte de blé mûr à brune, rustique, texture fine
PÂTE	Jaune blanchâtre, semi-ferme à ferme, lisse, souple, onctueuse et fondante
ODEUR	Marquée, bouquetée, effluves de terroir, de champignon et de terre fraîche
SAVEUR	Douce et végétale, voire herbacée (foin) et boisée; notes délicates de lait de brebis
LAIT	Moitié de brebis, moitié de vache, entiers, thermisés, élevages sélectionnés
AFFINAGE	2 à 5 mois, croûte lavée à la saumure
CHOISIR	La croûte légèrement humide et la pâte souple et non collante
CONSERVER	Jusqu'à 1 mois en pointe; jusqu'à 1 an, en meule; dans un papier ciré doublé d'une feuille d'aluminium, entre 2 et 4 °C
NOTE	Il tient son nom du duo de laits dont il est fait et du nom de la dame qui élève les brebis, madame Paradis. La fromagerie favorise l'agriculture biologique et les vaches nourries au foin sec et aux céréales.

ÉLAN

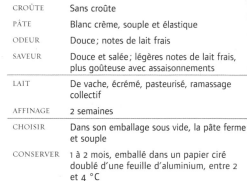

Les Fromages Riviera – Laiterie Chalifoux
Mi-industrielle
Sorel (Montérégie)

Pâte semi-ferme pressée, non cuite; caillé présure;
affiné dans la masse, sans lactose, faible en gras

CROÛTE	Sans croûte
PÂTE	Blanc crème, souple et élastique
ODEUR	Douce; notes de lait frais
SAVEUR	Douce et salée; légères notes de lait frais, plus goûteuse avec assaisonnements
LAIT	De vache, écrémé, pasteurisé, ramassage collectif
AFFINAGE	2 semaines
CHOISIR	Dans son emballage sous vide, la pâte ferme et souple
CONSERVER	1 à 2 mois, emballé dans un papier ciré doublé d'une feuille d'aluminium, entre 2 et 4 °C

 Bloc de 225 g emballé sous vide

 M.G. 7 %
HUM. 55 %

ENCHANTEUR / RONDOUDOU / PRESTIGE / SAINTE-MAURE CHAPUT

Fromages Chaput
Artisanale
Châteauguay (Montérégie)

Pâte molle; caillé présure à dominance
lactique, égouttage lent; affiné en surface,
à croûte cendrée

CROÛTE	Crapaudée, cendrée noire, partiellement couverte d'une mousse blanche
PÂTE	Blanche à crème, translucide près de la croûte, crayeuse à friable
ODEUR	Douce à marquée de chèvre et de terroir, d'herbe, nuances fruitées
SAVEUR	Caractérisée, acidulée avec un bon côté herbacé et caprin; notes âcres (croûte); le Prestige est plus doux et crémeux
LAIT	De chèvre, cru, élevages sélectionnés
AFFINAGE	75 jours, 90 à 95 jours pour le Prestige (à cause de sa taille)
CHOISIR	Tôt après sa fabrication; la pâte ferme et crayeuse; à l'odeur fraîche
CONSERVER	2 à 3 semaines, emballé dans un papier ciré doublé d'une feuille d'aluminium
NOTE	Selon la taille, ces fromages mûrissent plus ou moins rapidement, ils livrent des arômes plus forts ou puissants s'ils sont petits (Rondoudou), ou sont plus crémeux ou plus doux (Prestige).

 Pyramide de 300 g, meule de 2,2 kg et
bûchette de 250 g

 M.G. 19 à 23 %
HUM. 45 à 56 %

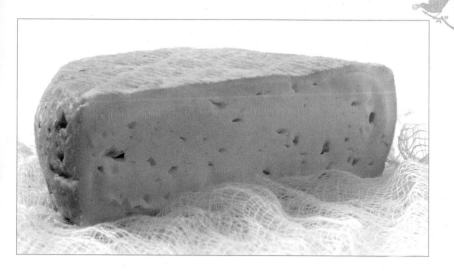

CROÛTE	Rouge orangé, striée, collante et humide
PÂTE	Blanc crème, molle, onctueuse et crémeuse, formant un ventre (à point)
ODEUR	De marquée à forte, voire pénétrante ; notes très parfumées de navet
SAVEUR	Douce à marquée ; notes de beurre salé
LAIT	De vache, entier et écrémé (allégé), pasteurisé, élevages de la région
AFFINAGE	5 semaines
CHOISIR	La pâte souple, à l'odeur douce
CONSERVER	3 à 4 semaines, emballé dans un papier ciré doublé d'une feuille d'aluminium, entre 2 et 4 °C
OÙ TROUVER	À la fromagerie, dans les boutiques et fromageries spécialisées, ainsi que dans les supermarchés

Pâte molle ; caillé présure à dominance
lactique, égouttage lent ; affiné en surface,
à croûte lavée

Meules de 500 g
(12 cm sur 4 cm)
et de 1 kg

M.G.   24 % et 13 % (allégé)
HUM.   50 %

L'édam

L'édam est un fromage originaire de Hollande. Il a pris le nom de sa ville d'origine, Édam, un port baleinier reconnu pour son marché aux fromages. De là, il était exporté à travers le monde. On le reconnaît à sa forme sphérique couverte de cire jaune ou rouge. Il est parfois agrémenté de graines de cumin ou d'herbes. Son affinage dure de trois semaines à six mois. Il est fabriqué un peu partout dans le monde, mais l'authentique édam est protégé par un label d'origine. On emploie le terme « étuvé » pour désigner un fromage édam ou gouda affiné en étuve, une cave chauffée et humidifiée ayant pour effet de réduire le temps d'affinage.

L'édam est un fromage à pâte semi-ferme pressée non cuite issu d'un caillé présure, affiné dans la masse, sans ouverture. Fabriqué à l'origine avec du lait de vache entier, il est aujourd'hui fait avec du lait partiellement écrémé ou écrémé. Sa maturation s'étend de trois semaines à six mois, enveloppé d'une couche de cire. Sa pâte jaune pâle est souple, son odeur est légère et sa saveur est salée. Il offre des arômes de noisette et de beurre. L'édam âgé a un goût piquant et fort en bouche. Il contient de 22 à 30 % de matières grasses et de 40 à 50 % d'humidité.

ÉDAM FABRIQUÉ AU QUÉBEC
Vent des Îles (Fromages Riviera), Sorel-Tracy – (Montérégie)

L'esrom

Son origine monacale lui a valu le surnom de « port-salut danois », mais il tire son vrai nom du monastère d'Esrom, où il est produit depuis 1559. Semblable au saint-paulin, sa croûte est lavée et sa pâte est crémeuse avec des arômes riches.

CARACTÉRISTIQUES
L'esrom est un fromage à pâte semi-ferme pressée, non cuite, issu d'une coagulation à base de présure, affiné en surface et à croûte lavée. Élaboré avec du lait de vache, sa croûte jaune paille cache une pâte de crème à jaune pâle dont la texture est tendre et souple. Son odeur peut être forte ou parfumée, et ses arômes vont de doux à marqués, selon son degré d'affinage. Il contient 25 % de matières grasses et de 40 à 50 % d'humidité.

UN ESROM FABRIQUÉ AU QUÉBEC
Saint-Pierre-de-Saurel, régulier et léger

Le farmer

Le farmer est un dérivé du cottage. Le caillé cuit est pressé afin d'en extraire tout le liquide. Moulé en bloc, sa pâte est semi-ferme et sa texture, plutôt granuleuse ; il s'émiette facilement. Une légère maturation l'attendrit et lui confère une texture semblable à celle du brick. Son goût est doux. Il peut être fait avec du lait de vache, de chèvre ou de brebis. On le trouve nature ou assaisonné à l'aneth, à l'ail, à l'oignon, aux herbes ou aux épices.

CONSERVATION
Vendu dans un emballage sous vide, il se conserve de 2 à 3 semaines dans un papier ciré doublé d'une feuille d'aluminium, entre 2 et 4 °C.

EN CUISINE
En collation, dans les sandwichs ou les plats cuisinés, fondu dans une omelette ou avec les pâtes ou le riz.

UN FARMER FABRIQUÉ AU QUÉBEC
La Trappe à Fromage de l'Outaouais, Gatineau (Outaouais)

La féta

La féta est fabriquée en Grèce depuis l'Antiquité.
Dans *L'Odyssée*, Homère décrit comment le géant
Polythimos fabrique son fromage.

Malgré les quelque 3 000 années écoulées, la technique utilisée de nos jours est
très similaire à la méthode originale. Les Grecs sont les plus grands consommateurs
de fromage, avec 23 kg par personne, par année ; ils sont suivis de près par les
Français, avec 20 kg. Les Grecs considèrent le fromage comme une nourriture
– et non un supplément –, et il est servi du petit déjeuner au souper. Par ailleurs,
en Grèce, 40 % du fromage consommé est de la féta.

Primitivement au lait de brebis, la féta est aujourd'hui davantage
fabriquée avec du lait de chèvre ou un mélange des deux dans les fromageries
artisanales ou fermières. La féta au lait de vache est produite par les fromageries
industrielles ou semi-industrielles et distribuée à grande échelle.

Son appellation vient de l'emprunt à l'italien *fetta* (tranche), car on
tranche le caillé. Tout l'art du fromager réside dans les dosages : densité de la
saumure, enzymes (lipases) ajoutés, acidité et égouttage, déterminants du
produit final.

La féta est une pâte semi-ferme non cuite. Le caillé obtenu par ajout de
ferment lactique et de présure est découpé sans être chauffé. On le laisse
s'égoutter dans des moules troués, puis on le découpe en blocs que l'on dépose
dans une saumure pour une période de deux à trois mois.

La lipase est d'usage fréquent dans la fabrication de la féta. Cet enzyme
est ajouté au lait en début de production afin d'accélérer l'affinage et de
travailler le profil aromatique des fromages. Elle agit comme rehausseur de
saveur. La lipase est un enzyme du suc gastrique et du suc pancréatique des
animaux favorisant la digestion des lipides, ou gras. Durant le vieillissement, la
fragmentation de la matière grasse dans le fromage produit des acides gras à
courte chaîne, des composés contribuant à l'arôme intense et au goût piquant
du fromage. La lipase engendre la transformation des graisses neutres
émulsifiées du lait en acides gras (processus nommé lipolyse), ce qui provoque
le goût marqué caractéristique de la féta.

La lipase utilisée au Québec et au Canada est d'origine végétale, elle
provient de champignons microscopiques : l'*Aspergillus oryzæ* modifié
génétiquement avec le gène de la lipase provenant du *Rhizomucor miehei*.

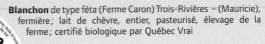

Blanchon de type féta (Ferme Caron) Trois-Rivières – (Mauricie), fermière; lait de chèvre, entier, pasteurisé, élevage de la ferme; certifié biologique par Québec Vrai

Fermier (Fromagerie La Suisse Normande) Saint-Roch-de-l'Achigan (Lanaudière), fermière-artisanale; lait de chèvre, entier, cru, élevage de la ferme; période hivernale seulement; blocs de 700 g en saumure; nature

Féta (Ruban Bleu) Saint-Isidore – (Montérégie), fermière; lait de chèvre, pasteurisé, élevage de la ferme

Féta 100 % lait de chèvre (Maison Alexis-de-Portneuf – Saputo) Saint-Raymond-de-Portneuf – Québec, industrielle; lait de chèvre, entier, ramassage collectif

Féta Danesborg (Agropur) Saint-Hubert – (Montérégie)industrielle; lait de vache, entier et partiellement écrémé, pasteurisé, ramassage collectif; blocs de 250 g; nature

Féta Diodati (Ferme Diodati) Les cèdres – (Montérégie), artisanale; lait de chèvre, entier, pasteurisé, deux élevages voisins; à la coupe, en saumure; nature

Féta Fantis (Fromagerie et Crémerie Saint-Jacques International) Saint-Jacques-de-Montcalm – (Lanaudière), artisanale; lait de vache, entier, pasteurisé, ramassage collectif; blocs de 250 g; nature, en saumure

Féta La Moutonnière (La Moutonnière) Sainte-Hélène-de-Chester – (Bois-Francs), fermière-artisanale; lait de brebis, entier, pasteurisé, élevage de la ferme et sélectionné; dans l'huile aromatisée aux herbes

Féta L'Ancêtre (Fromagerie L'Ancêtre) Bécancour – (Centre-du-Québec), artisanale; lait de vache, entier, pasteurisé, élevage sélectionné; certifié biologique par Québec Vrai

Féta Le P'tit Train du Nord (Fromagerie Le P'tit Train du Nord) Mont-Laurier – (Hautes-Laurentides), artisanale; lait de vache, entier, pasteurisé, élevages sélectionnés

Féta Marie-Kadé (Fromagerie Marie-Kadé) Boisbriand – (Basses-Laurentides), artisanale; lait de vache, entier, pasteurisé, ramassage collectif; blocs de 250 g, nature, en saumure

Féta Mes Petits Caprices (Fromagerie Mes Petits Caprices) Saint-Jean-Baptiste – (Montérégie), fermière; lait de chèvre, entier, pasteurisé, élevage de la ferme; meule en pointes de 150 g; nature, en saumure

Fétos (Saputo) Montréal – (Montréal-Laval), industrielle; lait de vache, entier ou partiellement écrémé, pasteurisé, ramassage collectif, substances laitières modifiées; sous-vide; nature ou assaisonnée à l'origan, aux tomates séchées ou aux olives

Féta Tradition (Fromagerie Tournevent – Damafro) Saint-Damase – (Montérégie), mi-industrielle; lait de chèvre, entier, pasteurisé à basse température, ramassage collectif; blocs de 125 g, 150 g et 1 kg; nature, en saumure, ou dans l'huile de tournesol avec olives

Féta Le Troupeau bénit (Le Troupeau bénit) Brownsburg-Chatham – (Basses-Laurentides), fermière-artisanale; lait de brebis, de chèvre ou mixte (brebis-chèvre), entier, pasteurisé, élevage de la ferme; blocs de 300 g; nature, en saumure

Fleur des Neiges (Fromagerie du Vieux Saint-François) Laval – (Montréal-Laval), fermière-artisanale; lait de chèvre, entier, pasteurisé, deux élevages; en blocs de 150 g et 250 g; frais, en saumure ou dans de l'huile de pépins de raisin

P'tit fêta (Fromagerie Dion) Montbeillard – (Abitibi-Témiscamingue), fermière; lait de chèvre, entier, pasteurisé, élevage de la ferme; blocs de 150 g; nature, en saumure

Salin de Gaspé (Ferme Chimo) Douglastown – (Gaspésie), fermière; lait de chèvre, entier, pasteurisé, élevage de la ferme; blocs de 200 g en saumure, 3 et 5 kg en vrac

Féta

FERMIER

La Suisse Normande
Fermière et artisanale
Saint-Roch-de-l'Achigan (Lanaudière)

CROÛTE	Sans croûte
PÂTE	Blanche, moelleuse et crémeuse, ne s'effritant pas
ODEUR	Très douce de lait
SAVEUR	Douce de crème, piquante, sel très présent
LAIT	De chèvre, entier, cru, élevage de la ferme
AFFINAGE	90 jours
CHOISIR	Dans la saumure
CONSERVER	3 à 4 mois dans son contenant original, dans la saumure, entre 2 et 4 °C
NOTE	Faire tremper le Fermier dans de l'eau de source avant de le consommer afin d'en extraire un peu de sel. Après deux jours dans l'eau, la pâte se détend pour devenir crémeuse : à consommer rapidement.

Pâte semi-ferme; caillé présure à dominance
lactique, égouttage lent; affiné dans
la masse

 Bloc de 700 g, à la coupe

  M.G. 25 %
        HUM. 55 %

FÉTA LA MOUTONNIÈRE

La Moutonnière
Fermière et artisanale
Sainte-Hélène-de-Chester (Bois-Francs)

CROÛTE	Sans croûte
PÂTE	Blanche, fraîche, texture douce et friable
ODEUR	Douce, de lait de brebis et de yogourt, légèrement herbacée
SAVEUR	Délicate d'huile d'olive et d'herbes, douce acidité, de sel fin et de lait frais léger; rafraîchissante
LAIT	De brebis, entier, pasteurisé, élevages de la ferme et sélectionnés
AFFINAGE	Sans affinage, mariné dans l'huile d'olive aromatisée aux fines herbes
CHOISIR	Bien frais, selon la date de péremption, dans son emballage original
CONSERVER	Jusqu'à 1 an, dans son emballage sous vide original; jusqu'à 1 mois, une fois l'emballage ouvert; à 2 °C
NOTE	Premier de sa catégorie au Concours de l'American Cheese Society 2007.

Pâte semi-ferme; caillé présure à dominance
lactique, égouttage lent; affiné dans
la masse

 Découpé et conservé sous vide

  M.G. 22 %
        HUM. 24 %

CROÛTE	Sans croûte
PÂTE	Blanche, humide et friable, parsemée de petits trous; crémeuse et onctueuse
ODEUR	Douce et lactique (aigre) à marquée avec l'affinage
SAVEUR	Douce, salée, accord acide-amer à point; notes de crème, de beurre et d'amande
LAIT	De brebis, de chèvre ou mixte (brebis-chèvre), entiers, pasteurisés, élevage de la ferme
AFFINAGE	2 à 3 mois, dans une saumure légère
CHOISIR	Selon la date de péremption, dans la saumure
CONSERVER	1 à 2 ans en saumure (féta de bonne fabrication)
OÙ TROUVER	À la fromagerie, à la Fromagerie du Marché (Saint-Jérôme) et chez Yannick Fromagerie d'Exception (avenue Bernard, Outremont)
NOTE	Le fromage fabriqué avec du lait de brebis est plus doux et crémeux que celui fait de lait de chèvre.

Pâte semi-ferme; caillé présuré
à dominance lactique, égouttage lent;
affiné dans la masse

 Bloc de 300 g

M.G.	18 à 22 %
HUM.	58 à 60 %

FÊTARD CLASSIQUE et FÊTARD RÉSERVE

Fromagerie du Champ à la meule
Artisanale
Notre-Dame-de-Lourdes (Lanaudière)

CROÛTE	Cuivrée, lavée et macérée dans la bière
PÂTE	Crème dense, de ferme et souple à friable
ODEUR	Marquée de terre ou de cave, fruitée, marquée par les arômes de beurre et de levure de bière
SAVEUR	Riche, à la fois douce et marquée, lactique, fruitée, végétale, florale et torréfiée (pain grillé), s'intensifiant avec la maturation
LAIT	De vache, entier, cru, d'un seul élevage
AFFINAGE	Au moins 90 jours (Fêtard classique), 1 an (Fêtard réserve), croûte macérée et lavée à la bière tout au long de l'affinage
CHOISIR	La pâte ferme et souple sans être sèche
CONSERVER	Jusqu'à 2 mois, dans son emballage original, entre 0 et 4 °C
OÙ TROUVER	À la fromagerie ainsi que dans les boutiques et fromageries spécialisées
NOTE	Le Fêtard est une création québécoise. Il tire en partie son goût de la bière dans laquelle il a macéré, La Maudite, une bière forte sur lie brassée par Unibroue.

Pâte semi-ferme à ferme pressée, non cuite; caillé présure; affiné en surface, à croûte lavée, macéré dans la bière

 Meule de 2,5 kg, à la coupe

 M.G.   32 %
HUM.   44 %

Fritz Kaiser, affiné par Les Dépendances
du Manoir · Mi-industrielle
Noyan (Montérégie)

FEUILLE D'AUTOMNE

CROÛTE	Rose orangé, traces de mousse blanche humide et fine
PÂTE	Crème molle, souple et fondante
ODEUR	Douce et lactique; notes de noisette
SAVEUR	De beurre doux et de noisette, légèrement salée
LAIT	De vache, entier, pasteurisé, ramassage collectif
AFFINAGE	60 jours, croûte lavée à la saumure
CHOISIR	La croûte légèrement humide et la pâte souple
CONSERVER	2 semaines, dans son emballage original ou un papier ciré doublé d'une feuille d'aluminium

Pâte molle; caillé présure à dominance lactique, égouttage lent; affiné en surface, à croûte lavée

 Meule de 180 g (8,5 cm sur 3,5 cm), dans une boîte en bois

 M.G. 25 %
HUM. 55 %

CROÛTE	Orangée, ferme et un peu collante, striée et ondulée
PÂTE	Ivoire, nombreuses ouvertures minuscules regroupées au centre, crémeuse et légèrement collante, ligne de cendre d'olivier
ODEUR	Marquée du terroir, végétale; notes d'ail, de légumes cuits à l'eau et de beurre fondu
SAVEUR	Lactique chauffée rappelant le beurre fondu, de noix; notes âcres de brûlé (l'olivier) créant un mariage agréable
LAIT	De vache, entier, cru, élevages sélectionnés
AFFINAGE	80 jours
CHOISIR	Tôt après sa fabrication, la croûte et la pâte souples
CONSERVER	1 mois, emballé dans un papier ciré doublé d'une feuille d'aluminium

Pâte semi-ferme pressée, non cuite; caillé présure à dominance lactique; affiné en surface, à croûte lavée

 Meule de 250 g

 M.G. 26 %
HUM. 50 %

167

Fromagerie Bergeron
Mi-industrielle
Saint-Antoine-de-Tilly (Chaudière-Appalaches)

CROÛTE	Orangé brun, mince et humide à épaisse et sèche
PÂTE	Paille clair, plus foncée près de la croûte, lisse et élastique, parsemée d'ouvertures irrégulières
ODEUR	Douce à marquée, d'amande, lactique (beurre chauffé); la maturation lui confère un côté plus rustique
SAVEUR	Douce et riche, de noix acidulées et grillées; notes végétales
LAIT	De vache, entier, pasteurisé, ramassage collectif
AFFINAGE	De 2 à 3 mois, croûte lavée à la saumure
CHOISIR	Dans son emballage original, la pâte légèrement humide et non collante
CONSERVER	Jusqu'à 52 jours, à 4 °C
NOTE	La fabrication du Fin Renard rappelle celle du gouda, mais sa croûte est lavée à la saumure et n'est pas enduite de cire.

Pâte ferme pressée, cuite; caillé présure;
affiné en surface, à croûte lavée

 Meule de 4 kg (10 cm sur 12,5 cm), à la coupe

  M.G. 28%
HUM. 43%

Fromagerie Le Détour
Artisanale
Notre-Dame-du-Lac (Bas-Saint-Laurent)

CROÛTE	Orangée, partiellement couverte d'un duvet blanc
PÂTE	Blanche et luisante, petites ouvertures irrégulières lorsque jeune; crémeuse voire coulante de la croûte vers le centre
ODEUR	Marquée du terroir; notes ovines et lactiques
SAVEUR	Marquée de champignon, lactique acidifiée et pointe rustique assez forte
LAIT	De brebis, entier, pasteurisé, élevages sélectionnés
AFFINAGE	3 semaines
CHOISIR	Tôt après sa fabrication, le cœur tendre
CONSERVER	2 semaines, emballé dans un papier ciré doublé d'une feuille d'aluminium, entre 2 et 4 °C

Pâte molle; caillé présure à dominance
lactique; affiné en surface, à croûte lavée et
fleurie

Meule de 1,2 kg environ

  M.G. 24%
HUM. 48%

CROÛTE	Ambrée, naturelle, brossée
PÂTE	Crème dense, souple et crémeuse
ODEUR	Douce à piquante
SAVEUR	Douce et fruitée, s'accentuant avec la maturation; notes d'amande
LAIT	De brebis, entier, thermisé, d'un seul élevage
AFFINAGE	De 3 à 6 mois
CHOISIR	La pâte ferme et souple, à l'odeur agréable
CONSERVER	3 mois à 1 an, entre 2 et 4 °C
OÙ TROUVER	À la boutique de la fromagerie, aux fromageries du marché Jean Talon, à celles du marché Atwater, à l'Échoppe des fromages à Saint-Lambert, à la Fromagère du Vieux-Port de Québec, ainsi que dans quelques boutiques et fromageries spécialisées
NOTE	Ce fromage à pâte pressée non cuite s'inspire des fromages de brebis des Pyrénées, ce qui lui donne tout son caractère. Il a remporté un prix spécial du jury au Festival des fromages du Québec 2002, comme meilleur fromage fermier.

Pâte semi-ferme pressée, non cuite; caillé présure; affiné dans la masse, à croûte naturelle

 Meule de 2 kg, à la coupe

M.G.   30 %
HUM.   50 à 30 %, selon l'âge

FLORENCE

Fromages Chaput, affiné par les Dépendances
du Manoir · Artisanale
Châteauguay (Montérégie)

Pâte molle; caillé présure à dominance
lactique, égouttage lent; affiné en surface,
à croûte fleurie

Meule de 120 g

M.G.   22 %
HUM.   56 %

CROÛTE	Blanche à grisâtre, avec des stries brunes
PÂTE	Blanche, crayeuse et souple, fondante avec l'affinage
ODEUR	Douce et légèrement caprine
SAVEUR	Douce, délicate, caprine et longue en bouche
LAIT	De chèvre entier, cru, d'un seul élevage
AFFINAGE	45 jours
CHOISIR	La croûte et la pâte souples
CONSERVER	Jusqu'à 2 semaines, emballé dans un papier ciré doublé d'une feuille d'aluminium

FOIN D'ODEUR

La Moutonnière
Fermière et artisanale
Sainte-Hélène-de-Chester (Bois-Francs)

Pâte molle; caillé présure à dominance
lactique, égouttage lent ; affiné en surface,
à croûte lavée et fleurie (mixte)

Meule de 1 kg, à la coupe

M.G.   25 %
HUM.   55 %

CROÛTE	Blanche et rosée
PÂTE	Blanche, de coulante près de la croûte à crayeuse au centre, mais toujours crémeuse fondante
ODEUR	Franche, de douce à marquée, lactique (crème, culture bactérienne), de foin sec, de cave humide (champignon), une pointe fermière
SAVEUR	Douce et fruitée rappelant la poire, saveurs équilibrées, arôme lactique de crème typique de la brebis; marquée près de la croûte
LAIT	De brebis, entier, pasteurisé, d'un seul élevage
AFFINAGE	3 semaines
CHOISIR	La pâte à moitié coulante
CONSERVER	2 à 3 semaines, dans son emballage original, entre 2 et 4 °C
NOTE	Le foin d'odeur est une herbe aromatique qui pousse à l'état sauvage dans les vallons de Sainte-Hélène-de-Chester. Les Amérindiens en font brûler pour purifier un lieu et pour attirer les énergies bénéfiques. Son odeur rappelle l'encens.

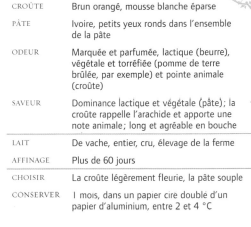

FOU DU ROY

CROÛTE	Brun orangé, mousse blanche éparse
PÂTE	Ivoire, petits yeux ronds dans l'ensemble de la pâte
ODEUR	Marquée et parfumée, lactique (beurre), végétale et torréfiée (pomme de terre brûlée, par exemple) et pointe animale (croûte)
SAVEUR	Dominance lactique et végétale (pâte); la croûte rappelle l'arachide et apporte une note animale; long et agréable en bouche
LAIT	De vache, entier, cru, élevage de la ferme
AFFINAGE	Plus de 60 jours
CHOISIR	La croûte légèrement fleurie, la pâte souple
CONSERVER	1 mois, dans un papier ciré doublé d'un papier d'aluminium, entre 2 et 4 °C

Pâte semi-ferme pressée, non cuite; caillé présure; affiné en surface, à croûte lavée

 Meule légèrement bombée de 1 kg

 M.G. 28%
HUM. 44%

FREDDO

CROÛTE	Orangé rustique, léger duvet blanc
PÂTE	Blanc crème, semi-ferme, crémeuse et fondante en bouche
ODEUR	Effluves de lait frais et de fleurs des champs
SAVEUR	Douce au palais, bouquetée, agréables notes de noisette avec une finale légèrement piquante sans agressivité; gamme de saveurs beaucoup plus riches et subtiles que le Freddo au lait cru
LAIT	De vache, entier, cru ou pasteurisé, un seul élevage
AFFINAGE	60 jours, croûte lavée en début d'affinage
CHOISIR	La croûte et la pâte souples, à l'odeur fraîche
CONSERVER	1 mois, dans son emballage ou un papier ciré doublé d'un papier d'aluminium, entre 2 et 4 °C

Pâte semi-ferme pressée, non cuite; caillé présure; affiné en surface, à croûte lavée

 Meule de 2 kg

 M.G. 35%
HUM. 47%

FREDONDAINE

Fromagerie La Vache à Maillotte
Artisanale
La Sarre (Abitibi-Témiscamingue)

Pâte semi-ferme pressée, non cuite ; caillé présure ; affiné en surface, à croûte lavée

Meule de 3,5 kg ou pointe de 250 g

M.G. 27 à 31 %
HUM. 40 à 42 %

CROÛTE	Orangée, sèche mais souple
PÂTE	Ivoire, souple avec de petites ouvertures réparties dans la masse
ODEUR	Douce, fraîche et crémeuse
SAVEUR	Douce, de beurre ou de crème
LAIT	De vache, entier, pasteurisé, élevages de la région
AFFINAGE	45 jours
CHOISIR	La croûte souple, ni trop humide ni cassante, la pâte souple, à l'odeur fraîche
CONSERVER	6 semaines à 2 mois, dans un papier ciré doublé d'une feuille d'aluminium, entre 2 et 4 °C
NOTE	Le Fredondaine est fabriqué à la façon du port-salut, de l'oka ou du Migneron. Fromage relativement doux, mais avec du caractère. Sa pâte est obtenue grâce à un léger chauffage du caillé et par la pression exercé sur le moule.

FRIESIAN

Bergerie Jeannine
Fermière
Saint-Rémi-de-Tingwick (Cantons-de-l'Est)

Pâte ferme pressée cuite ; caillé présure ; affiné dans la masse, sans ouverture

4 kg, en pointes de 125 g

M.G. 20 %
HUM. 40 %

CROÛTE	Sans croûte
PÂTE	Ferme, lisse, brillante, humide, couleur jaune clair (beurre pâle), friable, de granuleuse à farineuse
ODEUR	Douce, lactique (yogourt et beurre prononcé) et animale (ferme)
SAVEUR	Douce à piquante, fraîche de lait et de crème acidifiée, fruitée et végétale (herbe)
LAIT	De brebis entier, cru, élevage de la ferme
AFFINAGE	4 à 6 mois sous vide, en cave d'affinage à 12 °C
CHOISIR	En emballage sous-vide, la pâte lisse, brillante et souple
CONSERVER	1 mois et plus, dans un papier film ou un papier ciré doublé d'une feuille d'aluminium, 2 ans dans son emballage sous vide
NOTE	Il tient son nom de East Friesian, une race de brebis laitières. Le Friesian est destiné au marché biologique. Il a reçu deux prix Caseus au Festival des fromages de Warwick en 2006.

La fontina

La fontina est d'origine italienne mais est élaborée à la façon du gruyère. Celle du Val d'Aoste, au nord-ouest de l'Italie, est mondialement réputée.

Alors qu'elle est fabriquée depuis le Moyen Âge, son appellation d'origine protégée n'est reconnue dans toute l'Europe que depuis 1955. La fontina est cataloguée au Québec comme un fromage de type gruyère, mais sans ajout de bactéries propioniques, ces bactéries qui occasionnent la formation d'ouvertures typiques aux fromages suisses.

CARACTÉRISTIQUES

Fromage à pâte ferme pressée, cuite, à coagulation présure et affiné dans la masse, sans ouverture. Présentée sans croûte, la fontina possède une pâte ferme, dense et souple, comme l'emmental. Son goût est doux et rappelle la noisette. Elle contient 30 % de matières grasses et 45 % d'humidité.

EN CUISINE

Voir les pâtes fermes, p. 42.

LES FONTINAS FABRIQUÉES AU QUÉBEC

Fontina de l'Abbaye, (Abbaye de Saint-Benoît-du-Lac) Saint-Benoît-du-Lac – (Cantons-de-l'Est)

Fontina Prestigio (Agropur) Oka – (Basses-Laurentides)

FONTINA DE L'ABBAYE

Abbaye de Saint-Benoît-du-Lac
Artisanale
Saint-Benoît-du-Lac (Cantons-de-l'Est)

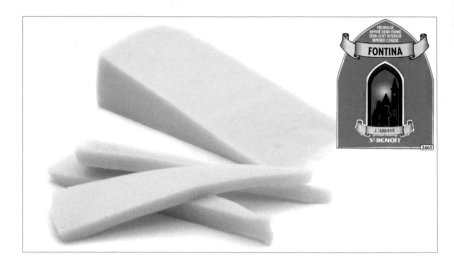

CROÛTE	Sans croûte, pâte couverte de cire rouge, emballé sans cire
PÂTE	Ivoire, texture douce, dense, souple et élastique, plutôt molle, peu d'ouvertures
ODEUR	Délicate, rappelant la noisette, légèrement parfumée
SAVEUR	Douce, légèrement lactique, de noisette
LAIT	De vache, pasteurisé, élevage de l'abbaye et ramassage collectif
AFFINAGE	2 à 3 mois
CHOISIR	Dans son emballage sous vide original, la pâte souple
CONSERVER	1 à 2 mois, emballé dans un papier ciré ou parchemin doublé d'une feuille d'aluminium, à 4 °C
OÙ TROUVER	À la fromagerie et distribué par Le Choix de l'Artisan dans les boutiques et les fromageries spécialisées, ainsi que dans les supermarchés IGA et Metro.

Pâte ferme pressée, cuite; caillé présure; affiné dans la masse, sans ouverture

 Meule de 3 kg, à la coupe

 M.G. 30 %
HUM. 43 %

CROÛTE	Couverte de cire rouge
PÂTE	Crème, lisse et souple
ODEUR	Douce et de noisette
SAVEUR	Douce et de noisette, se bonifiant avec la maturation
LAIT	De vache, entier, pasteurisé, ramassage collectif
AFFINAGE	40 jours
CHOISIR	Dans son emballage sous vide original, la pâte ferme et souple
CONSERVER	180 jours, entre 4 et 6 °C
OÙ TROUVER	Dans la plupart des supermarchés
NOTE	La fontina d'Agropur est fabriquée à la façon de la raclette : après un léger lavage de la croûte, on l'enrobe de cire, ce qui lui permet de développer sa saveur avec la maturation.

Pâte semi-ferme pressée, non cuite ;
caillé présure ; affiné dans la masse

 Meule de 3,5 kg, à la coupe

 M.G. 27 %
HUM. 46 %

Les pâtes filées

Les pâtes filées viennent de l'Est méditerranéen mais se sont implantées dans la Rome impériale. Ces fromages se présentaient déjà sous diverses formes.

Pour les conserver, on les suspendait au mur ou à une poutre. La pratique de la pâte filée est toujours courante dans le sud de l'Italie (*pasta filata*) : Abruzzes, Campanie, Molise, Basilicate, Pouilles et Calabre. L'élevage des buffles dans la région de Naples a débuté au XIIe siècle. La consommation du lait de bufflonnes frais a d'abord été limitée à la région d'élevage, puis s'est étendue à la Lombardie au XVIIIe siècle. La *mozzarella di bufala* (de bufflonne), de la région de Naples, n'a rien de comparable avec la mozzarella américaine, de fabrication complètement différente. Les plus connus des fromages frais à pâte filée italiens sont le *bocconcini*, la mozzarella, le provolone (Campanie), la *burrata* (Pouilles), la *provola*, la *scarmorza* (Campanie, Abruzzes et Molise) et le caciocavallo (Abruzzes, Basilicate, Calabre, Campanie, Molise, Pouilles). Le fromage tortillon que l'on trouve dans plusieurs fromageries québécoises est une préparation de pâte filée semblable au *treccé* (tressé).

CARACTÉRISTIQUES

Le fromage à pâte filée aura une texture allant de molle à ferme selon le temps de filage ou d'étirage du caillé. Le caillé, issu d'une coagulation présure, est coupé en petits morceaux, puis mélangé à du lactosérum. Chauffée, cette pâte est alors étirée jusqu'à l'obtention de filaments plus ou moins fins et est ensuite déposée dans des moules. Le fromage est affiné ou non et présente une texture tendre et molle comme le bocconcini, ferme comme le provolone ou fibreuse comme le tressé ou les tortillons. Son goût est doux. Certains fromages, comme le caciocavallo, sont fumés.

COMMENT CHOISIR

Très frais s'il s'agit d'un bocconcini ou d'une *mozzarina mediterraneo*, ou dans son emballage sous vide original dans les cas du caciocavallo, du provolone et du tressé.

CONSERVATION

Deux semaines pour les fromages à pâte filée molle, et un mois ou plus pour les caciocavallo, provolone, mozzarella ou tressé ; le filoche et le tortillon se consomment frais.

EN CUISINE

Voir pâtes filées italiennes, p. 46.

Bocconcini (Saputo) Montréal – (Montréal-Laval), industrielle ; lait de vache, entier, pasteurisé, ramassage collectif

Caciocavallo (Saputo) Montréal – (Montréal-Laval), industrielle ; lait de vache, entier, pasteurisé, ramassage collectif

Halloom (Fromagerie Marie Kadé) Boisbriand – Basses-Laurentides, artisanale ; lait de vache, entier, pasteurisé, ramassage collectif

Moujadalé (Fromagerie Marie-Kadé) Boisbriand – (Basses-Laurentides), artisanale ; lait de vache, entier, pasteurisé, ramassage collectif

Mozzarina Mediterraneo (Saputo) Montréal – (Montréal-Laval), industrielle ; lait de vache, entier, pasteurisé, ramassage collectif

Trecce (Saputo) Montréal – (Montréal-Laval), industrielle ; lait de vache, entier, pasteurisé, ramassage collectif

Tressé (Fromagerie Marie Kadé) Boisbriand – (Basses-Laurentides), artisanale ; lait de vache, entier, pasteurisé, ramassage collectif

CROÛTE	Sans croûte
PÂTE	Jaune paille, dense, élastique, résistante au bris et légèrement fibreuse, se défait en granules et fondante en bouche (le caciocavallo fumé est plus sec, plus crayeux et moins fondant; il est brunâtre à l'extérieur)
ODEUR	Douce et lactique, voire de beurre frais
SAVEUR	Douce et rafraîchissante, peu salée, légère de lait, rappelle le cheddar frais; notes d'amande fraîche (caciocavallo fumé : bouche boucanée, sel prédominant, d'amande et de pain grillé)
LAIT	De vache, entier, pasteurisé, ramassage collectif
AFFINAGE	Aucun
CHOISIR	Dans son emballage sous vide original
CONSERVER	Jusqu'à 1 mois après ouverture, emballé dans une pellicule plastique, entre 2 et 4 °C
OÙ TROUVER	Dans les supermarchés

Pâte semi-ferme à ferme; caillé présure à
dominance lactique, non affiné

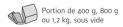 Portion de 400 g, 800 g
ou 1,2 kg, sous vide

 M.G. 24 %
HUM. 45 %

Pâtes filées

BOCCONCINI, MINI BOCCONCINI, COCKTAIL BOCCONCINI

Saputo
Industrielle
Montréal (Montréal-Laval)

Pâte molle filée; caillé présure à dominance lactique; non affiné

Portion de 350 g à 500 g, en saumure, emballé sous vide

M.G.   18%
HUM.   60%

CROÛTE	Sans croûte
PÂTE	Blanchâtre, fraîche, humide, moelleuse et élastique, bouchées en forme d'œuf baignant dans une saumure légère
ODEUR	Fraîche, délicate de lait
SAVEUR	Délicate, lactique et crémeuse (lait et crème fraîche)
LAIT	De vache, entier, pasteurisé, ramassage collectif
AFFINAGE	Aucun
CHOISIR	Tôt après sa fabrication, dans son contenant original
CONSERVER	Jusqu'à 2 semaines, entre 2 et 4 °C
NOTE	Le fromage Mini Bocconcini s'est classé parmi les trois finalistes de la catégorie « fromage frais » au Grand Prix des fromages canadiens 2004.

MOUJADALÉ

Fromagerie Marie-Kadé
Artisanale
Boisbriand (Basses-Laurentides)

Pâte molle filée; caillé présure; non affiné

50 g, 125 g, 250 g et 500 g

M.G.   18%
HUM.   60%

CROÛTE	Sans croûte
PÂTE	Ferme et lisse, étirée en un cordon enroulé en forme de nœud
ODEUR	Douce de lait, saline
SAVEUR	Douce de lait, salée
LAIT	De vache, entier, pasteurisé, ramassage collectif
AFFINAGE	Aucun
CHOISIR	Dans son emballage sous vide
CONSERVER	Jusqu'à 6 mois, emballé dans une pellicule plastique, entre 2 et 4 °C
NOTE	Le Moujadalé est fabriqué à la manière du tressé, sans la formation de fils. Il se présente sous forme de tresse.

Saputo
Industrielle
Montréal (Montréal-Laval)

MOZZARINA MEDITERRANEO

CROÛTE	Sans croûte
PÂTE	Blanche, tendre et légèrement granuleuse, façonnée en boules comme le bocconcini, mais à la texture plus molle
ODEUR	Délicate de lait
SAVEUR	Douce de lait et de crème fraîche
LAIT	De vache, entier, pasteurisé, ramassage collectif
AFFINAGE	Frais, conservé dans son lactosérum
CHOISIR	Dans son emballage original, tôt après sa sortie de fabrication
CONSERVER	1 à 2 semaines, entre 2 et 4 °C

Pâte fraîche filée ; caillé présure à dominance lactique ; non affiné

 En boules, dans son lactosérum, et en sachets de 250 g

 M.G. 20 %
HUM. 60 %

Saputo et Fromagerie Marie-Kadé
Industrielle et artisanale
Montréal et Boisbriand (Basses-Laurentides)

TRECCE et TRESSE

CROÛTE	Sans croûte
PÂTE	Ferme, lisse et luisante, en tresse constituée de longs fils assaisonnés à la nigelle
ODEUR	Fraîche
SAVEUR	Délicate, lactées, fraîche, saline et notes de nigelle
LAIT	De vache, entier, pasteurisé, ramassage collectif
AFFINAGE	Aucun
CHOISIR	Dans leur emballage sous vide original
CONSERVER	1 à 2 mois, dans une pellicule plastique, entre 2 et 4 °C
NOTE	La graine de nigelle se consomme fraîche ou grillée, elle a un léger goût de muscade et de poivre. Elle s'utilise en Inde dans les caris, mais aussi en Égypte, en Grèce, en Turquie et dans l'Est méditerranéen.

Pâte molle filée ; caillé présure ; non affiné

 50 g, 125 g, 250 g et 500 g

 M.G. 18 %
HUM. 60 %

Pâtes filées

181

Les pâtes fraîches

FROMAGE BLANC

Le fromage blanc est l'ancêtre de tous les fromages, il est d'ailleurs la première étape – peu élaborée – de la fabrication. Fromage blanc, quark, chèvre frais, cottage, labneh, petit suisse ou à la crème sont tous des fromages à pâte fraîche, ou fromages frais.

Issus d'un caillé lactique, ils se caractérisent par une saveur acidulée et une texture humide, très molle et souvent sans consistance. Ils ne subissent aucun affinage et se conservent réfrigérés pour une courte période. Contenant plus de 60 % d'humidité, ils sont lisses ou crémeux, et parfois granuleux. Ils sont faibles en matières grasses, avec un taux variant de 0,1 à 12 %. Le fromage à la crème est le résultat de la coagulation de la crème, son taux de matières grasses peut atteindre les 30 %.

Le plus bel exemple de fromage frais ou de fromage blanc que l'on puisse donner est celui qui est vendu en faisselle, un moule troué par lequel s'échappe le lactosérum et qui donne la forme finale du fromage. C'est la méthode traditionnelle d'égouttage. Le fromage blanc traditionnel a été présenté au Québec par les fromageries Damafro et Liberté. Aujourd'hui, d'autres fromageries se sont ajoutées et le produit est maintenant proposé au lait de brebis, de chèvre et de vache. Le mot « quark » est le terme allemand pour désigner le fromage blanc.

EN CUISINE

Voir fromage frais, p. 43.

FROMAGES FRAIS AU LAIT DE VACHE FABRIQUÉS AU QUÉBEC

Damablanc (Damafro) Saint-Damase – (Montérégie), mi-industrielle; lait de vache, écrémé ou partiellement écrémé, pasteurisé, ramassage collectif; nature

Délicrème (Agropur) Saint-Hubert – (Montérégie), industrielle; lait de vache et crème, pasteurisés, ramassage collectif; nature ou assaisonné

Fromage à la crème (Liberté) Brossard – (Montérégie), industrielle; lait de vache et crème, pasteurisés, ramassage collectif; nature

Le Grand Duc (Damafro) Saint-Damase – (Montérégie), mi-indutrielle; lait et crème, pasteurisé, ramassage collectif; nature, aux fines herbes, aux légumes ou au poivre

Labneh (Fromagerie Marie Kadé) Boisbriand (Basses Laurentides), artisanale; lait de vache, entier, pasteurisé, ramassage collectif; nature

Le Montpellier (La Biquetterie) Chénéville – (Outaouais), artisanale; lait de vache, entier, pasteurisé, élevages voisins; nature

Prés de Kildare (Fromagerie Couland) Joliette – (Lanaudière), artisanale; lait de vache, entier, pasteurisé, élevages de la région; nature

Quark (Damafro) Saint-Damase – (Montérégie), mi-industrielle; lait de vache, écrémé ou partiellement écrémé, pasteurisé, ramassage collectif; nature

Quark Liberté (Liberté) Brossard – (Montérégie), industrielle; lait de vache, écrémé, pasteurisé, ramassage collectif; nature

Damafro – Fromagerie Clément
Mi-industrielle
Saint-Damase (Montérégie)

PÂTE	Texture blanche et lisse, assez liquide
ODEUR	Légèrement acide, rappelant le yogourt
SAVEUR	Douce, légèrement acide
LAIT	De vache, pasteurisé, écrémé ou partiellement écrémé, ramassage collectif
CONSERVER	1 à 2 semaines, selon la date de péremption, entre 2 et 4 °C

Pâte fraîche filée; caillé lactique; non affiné

 Contenants de 250 g (allégé) et 500 g

M.G. 5,8 % et 0,1 % (allégé)
HUM. 84 % et 88 % (allégé)

Liberté
Industrielle
Brossard (Montérégie)

PÂTE	Consistante et crémeuse
ODEUR	Neutre
SAVEUR	Fraîche de lait et de crème, très légère acidité
LAIT	De vache, entier, ajout de crème, pasteurisé, ramassage collectif
NOTE	Ce fromage est le produit de la coagulation de la crème après égouttement du lactosérum.

Pâte fraîche; caillé lactique; non affiné

 Contenant de 250 g

 M.G. 24 %
HUM. 60 %

Liberté
Industrielle
Brossard (Montérégie)

PÂTE	Blanche, consistante, crémeuse, d'aspect crayeuse ou pâteuse et humide
ODEUR	Très douce, voire neutre; notes de yogourt
SAVEUR	Très douce, voire neutre et légèrement acide, voire caillée, aigre
LAIT	De vache, écrémé, pasteurisé, ramassage collectif
NOTE	Le Quark Liberté est un fromage blanc sans gras à la texture ferme, crémeuse et onctueuse.

Pâte fraîche; caillé lactique, égouttage lent; non affiné

 Contenant de 500 g

 M.G. 0,25 %
HUM. 86 %

Fromageries Marie Kadé et Polyethnique
Artisanale · Boisbriand (Laurentides)
et Saint-Robert (Montérégie)

LABNEH

PÂTE	Blanche, texture de crème très épaisse
ODEUR	Douce et lactique
SAVEUR	Douce et lactique; notes légèrement acidulées
LAIT	De vache, entier, pasteurisé, ramassage collectif
NOTE	Le labneh se fabrique avec du yogourt de type laban. Il faut 3 kg de laban égoutté pour obtenir 1 kg de labneh. Ce fromage se conserve aussi dans l'huile d'olive, nature, ou assaisonné au thym, au paprika, au piment, ou même à la menthe.

Pâte fraîche; caillé lactique, égouttage lent; non affiné

 Contenant de 500 g

M.G. 12 %
HUM. 72 %

La Biquetterie
Artisanale
Chénéville (Outaouais)

MONTPELLIER

PÂTE	Blanche, très humide et onctueuse
ODEUR	Douce de lait
SAVEUR	Douce de crème et de lait
LAIT	De vache, entier, pasteurisé, élevages voisins
CONSERVER	Jusqu'à 2 semaines, dans son contenant, entre 2 et 4 °C

Pâte fraîche; caillé lactique, égouttage lent; non affiné

 Contenant de 250 g

M.G. 15 %
HUM. 65 %

Fromagerie Couland
Artisanale
Joliette (Lanaudière)

PRÉS DE KILDARE

CROÛTE	Sans croûte
PÂTE	Blanche, humide, crayeuse
ODEUR	Très douce, lactique
SAVEUR	Très douce, légèrement acidulée, entre le yogourt et le caillé
LAIT	De vache, entier, pasteurisé, élevages de la région

Pâte fraîche; caillé présure à dominance lactique, égouttage
lent; non affiné, nature, aux épices ou aux fines herbes

 Meule de 110 g

M.G. 23 %
HUM. 70 %

Le gouda

Le gouda est le fromage de Hollande fabriqué en quantité la plus importante : le gouda et ses dérivés représentent 60 % de la production fromagère de ce pays.

Produit depuis plus de 300 ans, il tient son nom d'un port situé dans l'estuaire du Rhin, au nord de Rotterdam. À l'origine, le gouda « cru fermier » était transporté vers ce port, pesé, échangé et exporté partout dans le monde. Le gouda hollandais porte un label à base de caséine qui fait partie intégrante de la croûte.

Il ressemble beaucoup à l'édam, et on le copie un peu partout dans le monde. C'est un fromage à pâte semi-ferme dite pressée, non cuite. Le lait entier ou partiellement écrémé, cru ou pasteurisé, est versé dans une grande cuve et chauffé à environ 35 °C, puis ensemencé de ferments lactiques et de présure. Cet ajout permet la coagulation du lait. Le caillé est ensuite découpé en grains assez fins brassés afin d'en séparer le lactosérum. Les grains caillés sont lavés à une température légèrement supérieure à celle du caillage. L'opération dite de « délactosage » limite l'acidification de la pâte pendant l'affinage et influe sur la texture en la rendant plus ferme. Le fromage est moulé, puis pressé dans sa forme caractéristique de meule légèrement bombée. Après un salage dans un bain de saumure, il est mis à sécher. La croûte qui commence à se former est couverte d'une pellicule plastique poreuse qui le protégera des moisissures, tout en lui permettant de respirer. L'affinage en cave dure de 4 semaines à 1 an. Il contient de 25 à 28 % de matières grasses et de 40 à 45 % d'humidé.

On nomme « étuvé » un gouda (ou un édam) affiné ayant séjourné en étuve, une cave chauffée et humidifiée permettant de réduire le temps d'affinage. Ce procédé donne une saveur plus charpentée. Quant au « fruité de Gouda », il s'agit d'un fromage affiné de 6 à 8 mois.

Le goût s'affirme en cours de maturation, variant de doux à charpenté et piquant. Sa pâte passe de jaune clair à ocre et devient alors plus ferme, plus sèche et plus corsée.

Il existe aussi un gouda sans sel, un gouda aux herbes, un gouda au cumin et un bébé gouda.

GOUDAS FABRIQUÉS AU QUÉBEC

Athonite (Le Troupeau bénit), Brin de gouda (Bergeron), Le Calumet (Bergeron), Le Coureur des bois (Bergeron), Gouda Anco (Agropur), Gouda classique (Bergeron), Gouda, Le Fin Renard (Bergeron), Gouda de chèvre (Damafro), Gouda Saint-Antoine (Bergeron), Gouda Perron, Gouda St-Laurent, Le P'tit Bonheur (Bergeron), Patte Blanche (Bergeron). Le Populaire (Bergeron) : gouda frais du jour, Seigneur de Tilly, (Bergeron), Sieur Rioux (Fromagerie des Basques), Le Six Pourcent (Bergeron)

ATHONITE

Le Troupeau bénit
Fermière et artisanale
Chatham (Basses-Laurentides)

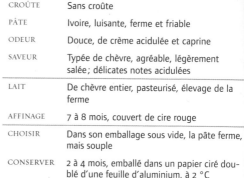

Pâte ferme pressée non cuite; affiné dans la
masse, sans ouverture, fumé

 Meule de 1 kg, à la coupe

 M.G. 29 %
HUM. 38 %

CROÛTE	Sans croûte
PÂTE	Ivoire, luisante, ferme et friable
ODEUR	Douce, de crème acidulée et caprine
SAVEUR	Typée de chèvre, agréable, légèrement salée; délicates notes acidulées
LAIT	De chèvre entier, pasteurisé, élevage de la ferme
AFFINAGE	7 à 8 mois, couvert de cire rouge
CHOISIR	Dans son emballage sous vide, la pâte ferme, mais souple
CONSERVER	2 à 4 mois, emballé dans un papier ciré doublé d'une feuille d'aluminium, à 2 °C

COUREUR DES BOIS

Fromagerie Bergeron
Mi-industrielle
Saint-Antoine-de-Tilly (Chaudière-Appalaches)

Pâte ferme pressée, cuite; caillé présure;
affiné dans la masse, assaisonné au cumin

 Meule de 4 kg (10 cm sur 12,5 cm),
à la coupe

 M.G. 28 %
HUM. 43 %

CROÛTE	Enrobée de cire noire
PÂTE	Ferme, lisse, élastique, souple, parsemée de petits yeux, assaisonnée aux graines de cumin
ODEUR	Corsée, marquée par le cumin
SAVEUR	Marquée, caractérisée par le cumin
LAIT	De vache, entier, pasteurisé, ramassage collectif; substances laitières modifiées
AFFINAGE	3 mois
CHOISIR	Sous vide, la pâte ferme mais souple, à l'odeur fraîche
CONSERVER	Jusqu'à 180 jours, emballé dans un papier ciré doublé d'une feuille d'aluminium, entre 2 et 4 °C
NOTE	L'assaisonnement au cumin est une longue tradition en Hollande. Le goût de l'épice domine de plus en plus avec la maturation, et ce n'est qu'après plusieurs mois d'affinage que son goût est vraiment à point. Primé à l'American Cheese Society en 2007.

Agropur Signature
Industrielle
Oka (Basses-Laurentides)

GOUDA ANCO

CROÛTE	Sans croûte
PÂTE	Ivoire, ferme et lisse, parsemée de rares petits trous (gage de qualité)
ODEUR	Douce à marquée par l'assaisonnement de jalapeño ou le fumé
SAVEUR	Douce; notes d'amande et de crème
LAIT	De vache, entier, pasteurisé, ramassage collectif
AFFINAGE	Environ 2 semaines, couvert de cire jaune orangé ou brunâtre
CHOISIR	Dans son emballage sous vide, la pâte ferme et souple
CONSERVER	Jusqu'à 12 mois

Pâte ferme pressée, non cuite; caillé présure; affiné dans la masse, sans lactose, doux, épicé à saveur jalapeño ou arôme de fumée

 Meule de 4,5 kg, tranchée

M.G. 35 %   17 % (léger)
HUM. 41 %   49 % (léger)

Fromagerie Bergeron
Mi-industrielle
Saint-Antoine-de-Tilly (Chaudière-Appalaches)

GOUDA CLASSIQUE et
SEIGNEUR DE TILLY

CROÛTE	Sans croûte
PÂTE	Jaune clair ou beurre pâle, lisse, grasse au toucher, résistante voire légèrement élastique, quelques petites ouvertures
ODEUR	Douce et fraîche de crème; notes torréfiées
SAVEUR	Douce de crème, de beurre et de noisette, légèrement acidulée
LAIT	De vache, entier, pasteurisé, ramassage collectif; substances laitières modifiées
AFFINAGE	3 mois, couvert de cire rouge
CHOISIR	Dans son emballage, la pâte bien luisante et souple
CONSERVER	Jusqu'à 180 jours, dans son emballage ou emballé dans une feuille d'aluminium, à 4 °C

Pâte semi-ferme à ferme pressée, non cuite; caillé présure; affiné dans la masse

 Meule de 4 kg (10 cm sur 12,5 cm), à la coupe

M.G. 28 % et 15 % (Seigneur de Tilly)
HUM. 43 %

Gouda

189

GOUDA DAMAFRO

Damafro – Fromagerie Clément
Mi-industrielle
Saint-Damase (Montérégie)

CROÛTE	Sans croûte
PÂTE	Jaune pâle, opaque, souple, légèrement élastique
ODEUR	Douce de crème fraîche et de noisette
SAVEUR	Douce de crème, de foin ou d'herbe, légèrement acidulée; notes de noisette; épicée et piquante avec la maturation
LAIT	De vache, entier, pasteurisé et stabilisé, ramassage collectif
AFFINAGE	De 2 semaines à 1 mois, couvert de cire rouge
CHOISIR	Sous vide, la pâte fraîche, souple et non collante
CONSERVER	1 à 2 mois, emballé dans un papier ciré doublé d'une feuille d'aluminium, entre 2 et 4 °C

Pâte semi-ferme pressée, non cuite; caillé présure; affiné dans la masse

 Meule de 3 kg, à la coupe

 M.G. 28%
HUM. 43%

GOUDA DE CHÈVRE

Damafro – Fromagerie Clément
Mi-industrielle
Saint-Damase (Montérégie)

CROÛTE	Sans croûte
PÂTE	Blanche semi-ferme souple, légèrement élastique et facile à couper, parsemée de petits trous
ODEUR	Douce de lait frais à marquée, selon la maturation
SAVEUR	Douce, devenant piquante et corsée
LAIT	De chèvre, entier, pasteurisé, ramassage collectif
AFFINAGE	De 2 semaines à 1 mois, couvert de cire jaune
CHOISIR	Sous vide, la pâte fraîche, souple et non collante
CONSERVER	1 à 2 mois, emballé dans un papier ciré doublé d'une feuille d'aluminium, entre 2 et 4 °C

Pâte semi-ferme, pressée, non cuite; affiné dans la masse

 Meule de 3 kg, à la coupe

 M.G. 28%
HUM. 43%

Fromagerie Bergeron
Mi-industrielle
Saint-Antoine-de-Tilly (Chaudière-Appalaches)

GOUDA P'TIT BONHEUR

Pâte ferme pressée, cuite; caillé présure;
affiné dans la masse

Meule de 4,2 kg, à la coupe

M.G.   28 %
HUM. 43 %

CROÛTE	Sans croûte
PÂTE	Jaune pâle (beurre), souple, dense et luisante, farineuse puis fondante, parsemée de petits yeux
ODEUR	Douce et lactique, un peu acide, de beurre et de noisette
SAVEUR	Marquée et acidulée de beurre, de noix, végétale, légère amertume
LAIT	De vache, entier, pasteurisé, ramassage collectif; substances laitières modifiées
AFFINAGE	6 à 8 mois, couvert de cire rouge
CHOISIR	La pâte luisante, ferme mais souple, à l'odeur douce
CONSERVER	180 jours, emballé dans un papier ciré doublé d'une feuille d'aluminium, entre 2 et 4 °C
NOTE	Le P'tit Bonheur a été sélectionné parmi les meilleurs produits de la fromagerie.

Fromagerie Saint-Laurent
Mi-industrielle
Saint-Bruno (Saguenay–Lac-Saint Jean)

GOUDA ST-LAURENT

Pâte semi-ferme pressée, non cuite; caillé présure;
affiné dans la masse, sans ouverture

250 g environ, emballage sous vide

M.G.   28 %
HUM. 45 %

CROÛTE	Sans croûte
PÂTE	Crème à beige clair, ferme, lisse, brillante et souple
ODEUR	Douce; arômes de crème, d'amande ou de noisette
SAVEUR	Douce; notes de noisette et de crème
LAIT	De vache, entier, pasteurisé, ramassage collectif
AFFINAGE	Frais, couvert d'une couche de cire rouge
CHOISIR	Dans son emballage sous vide, la pâte souple
CONSERVER	1 à 2 mois, emballé dans un papier ciré doublé d'une feuille d'aluminium, entre 2 et 4 °C

Gouda

191

PATTE BLANCHE

Fromagerie Bergeron
Mi-industrielle
Saint-Antoine-de-Tilly (Chaudière-Appalaches)

CROÛTE	Sans croûte
PÂTE	Beurre pâle à ivoire, compacte, lisse et luisante ; résistante voire élastique
ODEUR	Douce et lactique, de noisette
SAVEUR	Douce de noix acidulée et d'amande grillée, sucrée
LAIT	De chèvre, entier, pasteurisé, ramassage collectif
AFFINAGE	3 mois, couvert de cire noire
CHOISIR	Sous vide, la pâte ferme mais souple
CONSERVER	Jusqu'à 6 mois, emballé dans un papier ciré doublé d'une feuille d'aluminium, entre 2 et 4 °C
NOTE	Patte blanche s'est vu décerner plusieurs distinctions, notamment par l'American Cheese Society et par Selection Caseus.

Pâte ferme pressée, cuite ; caillé présure ; affiné dans la masse

 Meule de 4,2 kg

 M.G. 28 %
HUM. 43 %

SIEUR RIOUX

Fromagerie des Basques
Mi-industrielle
Trois-Pistoles (Bas-Saint-Laurent)

CROÛTE	Sans croûte
PÂTE	Jaune orangé ; beurrée, tendre et crémeuse, rappelle le fromage fondu
ODEUR	Très douce
SAVEUR	Douce et fruitée
LAIT	De vache, entier, pasteurisé, élevages de la région
AFFINAGE	3 mois, couvert de cire mauve foncé
CHOISIR	La pâte souple ou emballé sous vide
CONSERVER	1 mois ou plus dans un papier ciré doublé d'une feuille d'aluminium
NOTE	Ce fromage rend hommage à Jean Rioux l'ancêtre des Rioux d'Amérique venu s'établir en Nouvelle-France à la fin du XVIIe siècle. Il fait l'acquisition de la seigneurie des Trois-Pistoles. Il sera le premier seigneur résident et est considéré comme le véritable fondateur des Trois-Pistoles.

Pâte semi-ferme pressée, non cuite ; caillé présure ; affiné dans la masse

 Meule de 2,5 à 3 kg environ

 M.G. 25 %
HUM. 42 %

Gouda

Pâte ferme pressée, cuite; caillé présure;
affiné en surface, à croûte lavée

 Meule de 2 kg

 M.G.   28 %
HUM.   44 %

CROÛTE	Cuivrée, dessus et dessous toilés, assez unie
PÂTE	Jaune beurre clair; dense, résistante, parsemée de petits trous irréguliers
ODEUR	Douce et lactique (beurre frais), fruitée rappelant le miel (sarrasin); notes fermières et de cave
SAVEUR	Douce à marquée, torréfiée, de chicorée, de fruit acidulé
LAIT	70 % de vache, 30 % de chèvre, crus, élevages de la ferme et sélectionnés
AFFINAGE	60 jours, croûte lavée à la saumure
CHOISIR	Pâte ferme mais souple, à l'odeur fraîche
CONSERVER	2 mois et plus, dans un papier ciré doublé d'une feuille d'aluminium entre 2 et 4 °C
NOTE	Son appellation évoque à la fois le nom populaire du rang, autrefois à vocation fromagère, et les deux laits qui le composent. L'étiquette réalisée par Robert Julien illustre « l'heure de la traite ».

Pâte semi-ferme pressée, non cuite; caillé
présure; affiné en surface, à croûte lavée

 Meule de 450 g

 M.G.   47 %
HUM.   26 %

CROÛTE	Orangé brun à cause de la bière rousse; sèche mais souple, mousse blanche soutenue
PÂTE	Blanc crème, souple et lisse, crémeuse et onctueuse en bouche
ODEUR	Douce à marquée, typée de beurre et de champignon frais, arômes de levure
SAVEUR	Marquée; notes de noisette, de beurre et de champignon sauvage
LAIT	De vache, entier, pasteurisé, ramassage collectif
AFFINAGE	30 jours, croûte lavée à la bière, ajout de ferments d'affinage (intensification de la couleur)
CHOISIR	La croûte sèche et souple; la pâte souple, ferme au toucher et non collante
CONSERVER	45 jours à compter de sa sortie de la fromagerie, emballé dans un papier ciré doublé d'une feuille d'aluminium, entre 2 et 4 °C
NOTE	Le Grand Chouffe est fabriqué selon une recette belge.

GRAND DÉLICE

Damafro – Fromagerie Clément
Mi-industrielle
Saint-Damase (Montérégie)

Pâte molle, semi-ferme pressée, non cuite ;
caillé présure ; affiné en surface, à croûte
fleurie

 Meule de 2,2 kg (20 cm de
hauteur sur 6,25 cm), à la coupe

 M.G. 25 %
HUM. 50 %

CROÛTE	Orangée, couverte d'une mousse rase, sèche et blanche ; toilée et tendre
PÂTE	Crème jaunâtre, souple et crémeuse
ODEUR	Douce et délicate de crème et de champignon
SAVEUR	Douce et légère de crème, de noisette et de champignon
LAIT	De vache, entier, pasteurisé, ramassage collectif ; substances laitières modifiées
AFFINAGE	2 semaines
CHOISIR	La pâte ferme mais souple, la croûte blanche fleurie
CONSERVER	2 à 3 mois, emballé dans un papier ciré doublé d'une feuille d'aluminium, entre 2 et 4 °C

GRAND MANITOU

Fromagerie La Voie lactée
Artisanale
L'Assomption (Lanaudière)

Pâte molle ; caillé présure à dominance
lactique, égouttage lent ; affiné en surface,
à croûte lavée

 Meule de 250 à 300 g

  M.G. 27 %
HUM. 50 %

CROÛTE	Orangée, se couvre d'un duvet blanc qui devient orangé avec la maturation
PÂTE	Parsemée de petits yeux, moelleuse et onctueuse devenant crémeuse
ODEUR	Douce à marquée, lactique, de cave et de champignon, plus intense avec l'affinage
SAVEUR	Légèrement salée et acidifiée, suivie du piquant caprin, rehaussé par la douceur crémeuse du lait de brebis ; rafraîchissante, de crème et de beurre frais ; douce et longue finale
LAIT	50 % de vache, 35 % de chèvre, 15 % brebis, entiers, pasteurisés, élevages sélectionnés
AFFINAGE	30 à 35 jours, croûte lavée
NOTE	Fabriqué à la façon du reblochon, sa croûte orangée est due au ferments lactiques avec lequel il est lavé. Cette bactérie aussi nommée «ferments du rouge» participe à l'épanouis-sement des saveurs de la croûte et de la pâte. Le penicillium candidum, présent dans la chambre d'affinage, le recouvre et le blanchit.

Certifié biologique par Garantie Bio Ecocert
Fromagerie Au Gré des Champs · Fermière
Saint-Athanase-d'Iberville (Montérégie)

GRÉ DES CHAMPS

Pâte ferme pressée, mi-cuite; caillé présure;
affiné en surface, à croûte lavée et fleurie

Meule de 2 kg (24 cm sur 6 cm)

M.G.   35 %
HUM.   31 %

CROÛTE	Brun orangé, épaisse, rustique; couverte de moisissures blanches à bleues clairsemées
PÂTE	Blé, ferme et souple, parsemée de petits yeux
ODEUR	Douce à marquée, de beurre, de cave, de parfum floral (trèfle, miel) et d'agrume
SAVEUR	Marquée, typée, lactique et fruitée; de noisette, de légumes, de trèfle, d'oignon grillé ou de caramel; notes torréfiées
LAIT	De vache, entier, cru fermier, élevage de la ferme
AFFINAGE	90 jours ou plus, sans ajout de ferments, croûte lavée à la saumure
CHOISIR	La croûte et la pâte souples, sans craquelures
CONSERVER	Jusqu'à 2 mois, dans un papier ciré doublé d'une feuille d'aluminium, entre 2 et 4 °C
NOTE	Il est un fleuron de l'industrie fromagère québécoise. Le lait dont il est issu est traité avec tous les égards et n'attend jamais plus de 12 heures. Il est transformé tous les matins, et laisse la préséance aux ferments naturels du lait.

Certifié biologique par Garantie Bio Ecocert
Fromagerie des Grondines
Fermière et artisanale · Grondines (Québec)

GRONDINES

Pâte ferme pressée, mi-cuite; caillé présure;
affiné en surface, à croûte lavée

Meules de 1 kg et 2 kg

M.G.   30 %
HUM.   45 %

CROÛTE	Cuivrée ou rose orangé, toilée et unie
PÂTE	Beurre, souple mais assez friable; parsemée de petites ouvertures
ODEUR	Douce à marquée, riche, fruitée, briochée et lactique
SAVEUR	Douce, presque sucrée, fruitée, briochée (de fruit doux comme la banane), la croûte est végétale (cave, champignon des bois, boisé)
LAIT	De vache, entier, cru, élevage de la ferme
AFFINAGE	60 jours, croûte lavée à la saumure
CHOISIR	La croûte et la pâte fraîches, sans aucune craquelure
CONSERVER	1 mois ou plus, emballé dans un papier ciré doublé d'une feuille d'aluminium, entre et 2 et 4°C
NOTE	Son étiquette, réalisée par Robert Julien, représente le village de Grondines vu du fleuve en automne.

Le havarti

Ce fromage a été créé au XIXe siècle, près du village de Havarti, au Danemark. Sa pâte semi-ferme, souple et crémeuse est totalement parsemée de petits yeux ronds irréguliers d'origine mécanique, par pressage. Le havarti s'assaisonne aux épices, aux herbes ou au piment, mais traditionnellement à l'aneth ainsi qu'au cumin.

Il se présente en bloc rectangulaire sans croûte. Sa saveur varie de douce à piquante avec la maturation. Il contient de 23 à 33 % de matières grasses et de 45 à 50 % d'humidité.

COMMENT CHOISIR
La pâte souple, à l'odeur fraîche.

CONSERVATION
De 2 à 6 mois. Le fromage ferme se conserve plus longtemps.

FROMAGES DE TYPE HAVARTI FABRIQUÉS AU QUÉBEC
Bon Berger, Havarti Danesborg, Havarti Finbourgeois, Havarti Saputo, Symandre

HAVARTI DANESBORG

CROÛTE	Sans croûte
PÂTE	Crème à ivoire, semi-ferme et souple, parsemée de petites ouvertures irrégulières
ODEUR	Douce
SAVEUR	Douce et un peu acidulée; notes de beurre
LAIT	De vache, pasteurisé, ramassage collectif
AFFINAGE	1 à 2 semaines

Pâte semi-ferme pressée, non cuite; caillé présure; affiné dans la masse, nature ou assaisonné

 Bloc de 4 kg, à la coupe

M.G. 32% et 23%
(aux légumes et sans lactose)

HUM. 45% et 50%
(aux légumes et sans lactose)

HAVARTI FINBOURGEOIS

CROÛTE	Sans croûte
PÂTE	Blanc ivoire, semi-ferme, lisse et souple, parsemée de petites ouvertures irrégulières
ODEUR	Douce et lactique
SAVEUR	Douce de beurre frais; notes sucrées
LAIT	De vache, partiellement écrémé, ultrafiltré, pasteurisé, ramassage collectif
AFFINAGE	2 semaines

Pâte semi-ferme, pressée, non cuite; caillé présure; affiné dans la masse; sans lactose

 À la coupe

M.G. 23%
HUM. 50%

HAVARTI SAPUTO

CROÛTE	Sans croûte
PÂTE	Blanche et légèrement dorée, semi-ferme, souple, parsemée de petits trous irréguliers
ODEUR	Douce à marquée
SAVEUR	De délicate et douce (jeune) à plus marquée
LAIT	De vache, entier et écrémé, pasteurisé, ramassage collectif; substances laitières modifiées
AFFINAGE	1 à 2 semaines

Pâte semi-ferme pressée, non cuite; caillé présure; affiné dans la masse, nature ou assaisonné

Meule de 4 kg, à la coupe, tranchée en emballage de 160 g (Havarti crémeux et Havarti jalapeño)

M.G. 35%, 26%, 17% (léger)
HUM. 42%, 43%, 55% (léger)

Havarti

Le Troupeau bénit
Fermière et artisanale
Chatham (Basses-Laurentides)

CROÛTE	Sans croûte
PÂTE	Crème à ivoire, dense, ferme, luisante, parsemée de petits trous, friable voire cassante avec le dessèchement
ODEUR	Marquée et légèrement piquante au nez, rappelle le cheddar vieilli
SAVEUR	Douce, légèrement salée, particulière de lait de chèvre, de beurre et d'amande
LAIT	De chèvre, entier, pasteurisé, élevage de la ferme
AFFINAGE	De 2 à 3 mois, couvert de cire jaune
CHOISIR	Dans son emballage sous vide, la pâte ferme mais souple
CONSERVER	2 à 3 mois, emballé dans un papier ciré doublé d'une feuille d'aluminium, entre 2 et 4 °C

Pâte semi-ferme pressée, non cuite ; caillé présure ; affiné dans la masse, nature ou assaisonné

 Meule de 2 kg, à la coupe, sous vide

 M.G. 33 %
HUM. 33 %

SYMANDRE

Le Troupeau bénit
Fermière et artisanale
Chatham (Basses-Laurentides)

CROÛTE	Sans croûte
PÂTE	Ivoire, luisante, ferme et granuleuse, parsemée de petits trous
ODEUR	Douce ; notes typiques de fromage de chèvre
SAVEUR	Douce, légèrement salée et acidifiée du lait de chèvre, de beurre et d'amande en finale
LAIT	De chèvre, entier, pasteurisé, élevage de la ferme
AFFINAGE	De 2 à 3 mois, couvert de cire jaune
CHOISIR	Dans son emballage sous vide, la pâte ferme et souple
CONSERVER	Jusqu'à 2 mois, emballé dans un papier ciré doublé d'une feuille d'aluminium, entre 2 et 4 °C

Pâte ferme pressée, non cuite ; caillé présure ; affiné dans la masse, sans ouverture, assaisonné

 Meule bombée de 2 kg, à la coupe

 M.G. 33 %
HUM. 33 %

Havarti

Le jarlsberg, le gruyère

Par sa fabrication, le gruyère est semblable à l'emmental. Sa pâte compacte, lisse et élastique est parsemée d'yeux de la grosseur d'un pois, parfois absentes. Il est affiné sous une croûte robuste en meule d'une quarantaine de kilos. Il aurait été créé près de la petite ville de Gruyère, en Suisse romande.

Le jarslberg est l'emmental norvégien. Il est présenté en meule corpulente, légèrement bombée et couverte de cire jaune. Sa pâte jaune pâle est parsemée de trous ronds assez gros.

Parmi les suisses, on retrouve, outre l'emmental et le gruyère, le beaufort et le comté (France), le jalsberg (Norvège), le maasdam (Hollande), la fontina (Italie) et le gravicra (Grèce). Le fromage suisse a une qualité de fonte unique qui se prête parfaitement aux gratins, fondues, sauce (Mornay) et soufflés.

FROMAGES DE TYPE JARLSBERG FABRIQUÉS AU QUÉBEC
Lotbinière (Bergeron), Graviera (Troupeau bénit), Kingsberg (Fromage Côté)

jarlsberg et Gruyère

Fromagerie des Basques
Mi-industrielle
Trois-Pistoles (Bas-Saint-Laurent)

Pâte semi-ferme pressée, non cuite; caillé
présure; affiné en surface, à croûte lavée

Meule ronde d'environ 4 kg
(22 cm), à la coupe

M.G.   28%
HUM.   45%

CROÛTE	Blanche à jaune paille et orangée selon son lavage et l'affinage, toilée de belle épaisseur
PÂTE	Blanche, devient crème avec l'affinage, tendre, fondante, parsemée de trous
ODEUR	Douce, légèrement du terroir
SAVEUR	Fruitée; notes de beurre salé, plus marquées avec l'affinage
LAIT	De vache, entier, pasteurisé, élevages de la région
AFFINAGE	De 40 jours à 6 mois, croûte lavée à la saumure ou à la bière Trois-Pistoles
NOTE	Les Basques pêchaient au large de Trois-Pistoles et avaient installé un campement sur l'île qui porte leur nom. L'Héritage est élaboré selon une méthode ancestrale du Pays Basque, depuis le découpage du caillé jusqu'à l'affinage en hâloir, en passant par le pressage, la mise en moule et le saumurage. Le lavage des meules à la saumure ou à la bière se prolonge durant toute la période d'affinage. La bière Trois-Pistoles est une bière brune, forte, très aromatique, qui confère au fromage un goût fruité très agréable

Ferme Mes Petits Caprices
Fermière
Saint-Jean-Baptiste (Montérégie)

Pâte semi-ferme pressée, non cuite; caillé
présure; affiné en surface, à croûte lavée

Meule de 500 g

M.G.   22%
HUM.   62%

CROÛTE	Orangée, sèche et souple
PÂTE	Blanche semi-ferme et souple
ODEUR	Marquée
SAVEUR	Marquée et légèrement relevée; subtiles notes de noisette
LAIT	De chèvre entier, thermisé, élevage de la ferme
AFFINAGE	2 mois, croûte lavée au cidre
CHOISIR	Dans son emballage sous vide, la croûte et la pâte souples
CONSERVER	1 à 2 mois, emballé dans un papier ciré doublé d'une feuille d'aluminium, entre 2 et 4 °C

Certifié biologique par Ecocert
Fromagerie Au Gré des Champs · Fermière
Saint-Athanase-d'Iberville (Montérégie)

Pâte semi-ferme pressée, non cuite; caillé présure; affiné en surface, à croûte lavée et fleurie (mixte)

 Meule de 1 kg (24 cm sur 4 cm), à la coupe

 M.G. 31%
HUM. 44%

CROÛTE	Rose orangé, inégale, plissée, rustique et clairsemée de moisissures blanches
PÂTE	Crème à jaunâtre, souple et plutôt molle, parsemée de petits yeux
ODEUR	Douce à marquée, de beurre, de cave ou de champignon, pointe rustique; fruitée herbacée au printemps, florale en été et à l'automne
SAVEUR	De marquée à corsée, bouquetée, de florale à herbacée puis forte; notes de pain grillé, châtaigne, champignon, foin
LAIT	De vache, entier, cru fermier, d'un seul élevage
AFFINAGE	De 60 à 80 jours, sans ajout de ferments d'affinage, croûte lavée à la saumure
NOTE	Il est fait sans ajout de ferments ou de champignons. Sa croûte se développe grâce aux ferments déjà présents dans le lait.

Fromagerie Monsieur Jourdain
Artisanale
Huntingdon (Montérégie)

Pâte semi-ferme pressée, non cuite; caillé présure; affiné en surface, à croûte naturelle

 Meule de 2 kg

 M.G. 34%
HUM. 45%

CROÛTE	Brun-ocre, paille, toilée, dessus grillagé et rustique
PÂTE	Jaune à ivoire, plutôt ferme et friable, parsemée de petits yeux irréguliers
ODEUR	Marquée de brebis, de ferme et légèrement piquante au nez; la croûte rappelle la cave humide, l'huile d'olive
SAVEUR	Marquée, pointe sucrée suivie d'une douce amertume; notes végétales de foin et de grain (avoine, blé)
LAIT	De brebis, entier, cru, élevage de la ferme
AFFINAGE	3 à 6 mois
CHOISIR	La pâte assez ferme, souple, sans craquelures, pas trop sèche, friable sans trop
CONSERVER	1 mois ou plus, emballé dans un papier ciré doublé d'une feuille d'aluminium, entre 2 et 4 °C

KÉNOGAMI

Fromagerie Lehmann
Fermière
Hébertville (Saguenay–Lac-Saint-Jean)

Pâte molle ; caillé présure à dominance
lactique, égouttage lent ; affiné en surface,
à croûte lavée

 Meule de 1,1 kg (18 cm sur 4 cm)

 M.G.   27 %
HUM. 48 %

CROÛTE	Orange rosé, lisse, fine et humide
PÂTE	Jaune foncé molle, souple, lisse, crémeuse voire beurrée, légèrement grasse
ODEUR	Douce, lactique, herbacée à corsée
SAVEUR	Marquée, bouquetée, riche et complexe de crème sure, de beurre, d'herbe, de foin ou de légumes tel l'asperge ou le rapini) et une pointe rustique ou fermière
LAIT	De vache, entier, cru fermier, élevage de la ferme
AFFINAGE	60 à 70 jours, croûte lavée à la saumure
NOTE	Entre le munster et le reblochon, le Kénogami dévoile une pâte très souple, sans jamais être coulante, exhalant des arômes et des saveurs complexes particuliers. Pour rendre hommage à leur pays d'adoption, les Lehmann ont baptisé ce fromage du nom de la voie qui reliait autrefois le Saguenay au lac Saint-Jean.

LARACAM

Fromagerie Du Champ à la meule
Artisanale
Notre-Dame-de-Lourdes (Lanaudière)

Pâte molle ; caillé présure à dominance
lactique, égouttage lent ; affiné en surface,
à croûte lavée

 Meule de 325 g

 M.G.   26 %
HUM. 50 %

CROÛTE	Rose orangé, souple et humide, devenant sableuse avec la maturation
PÂTE	Crème, souple, crémeuse et fondante, ne coule pas, forme un ventre
ODEUR	Légère, fruitée et lactique de crème et de beurre
SAVEUR	Marquée et fruitée, légère amertume en fin de bouche (croûte) ; notes de beurre salé, de crème fraîche et de noisette
LAIT	De vache, entier, cru fermier, d'un seul élevage
AFFINAGE	60 jours, croûte lavée à la saumure
CHOISIR	La pâte souple à la pression et les arômes frais
CONSERVER	1 à 2 mois, dans un papier ciré doublé d'une feuille d'aluminium, entre 2 et 4 °C
NOTE	Le Laracam est une autre réussite de la Fromagerie Du Champ à la meule. La pâte légèrement pressée conserve sa souplesse à la façon du reblochon.

Fromagerie du Vieux Saint-François
Artisanale
Laval (Montréal-Laval)

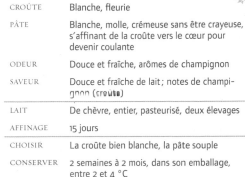

CROÛTE	Blanche, fleurie
PÂTE	Blanche, molle, crémeuse sans être crayeuse, s'affinant de la croûte vers le cœur pour devenir coulante
ODEUR	Douce et fraîche, arômes de champignon
SAVEUR	Douce et fraîche de lait; notes de champignon (croûte)
LAIT	De chèvre, entier, pasteurisé, deux élevages
AFFINAGE	15 jours
CHOISIR	La croûte bien blanche, la pâte souple
CONSERVER	2 semaines à 2 mois, dans son emballage, entre 2 et 4 °C

Pâte molle; caillé présure à dominance lactique, égouttage lent; affiné en surface, à croûte fleurie

 Meule de 160 g à 180 g

M.G. 20 %
HUM. 57 %

Éco-Délices
Fermière
Plessisville (Bois-Francs)

CROÛTE	Dorée et tendre; parsemée de champignons en début d'affinage, entièrement couverte à maturité
PÂTE	Ivoire, lisse, crémeuse, souple et onctueuse
ODEUR	Franche odeur de terroir, de sous-bois humide, de terre et de champignon sauvage
SAVEUR	Douce et fruitée; notes de champignon plus savoureuses avec la maturation
LAIT	De vache, pasteurisé, élevages sélectionnés
AFFINAGE	1 mois ou plus, sur planche de pin, croûte lavée à la saumure
NOTE	La pâte de molle à semi-ferme résulte de la légère pression exercée pendant l'égouttage. Le mode de fabrication est celui du Mamirolle, mais sa croûte est lavée avec une saumure ne contenant aucun colorant. Le Louis-Dubois honore la mémoire de l'ancêtre des Dubois qui s'est établi ici en 1842.

Pâte semi-ferme pressée, non cuite; affiné en surface, à croûte lavée

 Meules carrées de 200 g et de 1,5 kg

 M.G. 30 %
HUM. 50 %

MACKENZIE

Fromagerie des Basques
Mi-industrielle
Trois-Pistoles (Bas-Saint-Laurent)

CROÛTE	Orangé-brun, striée, légèrement humide et collante, léger duvet blanc, assez friable
PÂTE	Jaune pâle, crémeuse
ODEUR	Marquée, crème sure, caillé, pointe rustique bien présente ; notes de champignon
SAVEUR	Douce de crème et de beurre, à peine salée, agréable, équilibre corsé (croûte), pointe d'amertume ; notes torréfiées
LAIT	De vache, entier, pasteurisé, élevages de la région
AFFINAGE	60 jours, croûte lavée à la saumure additionnée de ferments
CHOISIR	Tôt après sa fabrication
CONSERVER	2 semaines, emballé dans un papier ciré doublé d'une feuille d'aluminium, entre 2 et 4 °C
NOTE	Son nom fait référence au sault Mackenzie, une chute située non loin de la fromagerie.

Pâte molle ; caillé présure à dominance lactique, égouttage lent ; affiné en surface, à croûte lavée

 Meules de 200 à 250 g et de 1,2 kg

 M.G. 25 %
HUM. 54 %

MAGIE DE MADAWASKA

Fromagerie Le Détour
Artisanale
Notre-Dame-du-Lac (Bas-Saint-Laurent)

CROÛTE	Orangée, humide, trace de fleur blanche sableuse avec la maturation
PÂTE	Beurre pâle, crémeuse, onctueuse, fondante, quelques petites ouvertures
ODEUR	Douce, lactique (crème fraîche et beurre), boisée et du terroir ; plus marquée avec la maturation
SAVEUR	Douce à marquée, lactique (beurre fondu), de noisette grillée et du terroir
LAIT	De vache, entier, pasteurisé, élevages sélectionnés
AFFINAGE	15 à 25 jours, selon le format de la meule
CHOISIR	Tôt après sa fabrication, la pâte crémeuse et la croûte souple et fraîche
CONSERVER	2 à 3 semaines, emballé dans un papier ciré doublé d'une feuille d'aluminium, entre 2 et 4 °C

Pâte molle ; caillé présure à dominance lactique, égouttage lent ; affiné en surface, à croûte lavée

 Meules de 100 g et 500 g, et de 1,5 kg environ

 M.G. 30 %
HUM. 42 %

Pâte molle ; caillé mixte à dominance
lactique, égouttage lent ; affiné en surface,
à croûte lavée

 Meule de 2,5 kg

 M.G. 27 %
HUM. 55 %

CROÛTE	Plus ou moins orangée avec un feutrage blanc, légèrement humide
PÂTE	Souple, devient onctueuse et coulante
ODEUR	Douce à marquée de croûte de pain, de brioche et de lait cuit
SAVEUR	Douce de croûte de pain frais, à marquée de brioche, de beurre et de lait cuit, selon la maturation
LAIT	De vache, entier, ajout de crème, pasteurisé, ramassage collectif ; substance laitière modifiée
AFFINAGE	21 jours (doux), 40 jours (beurré) et 60 jours (fondant et corsé), croûte lavée à la saumure
CHOISIR	La croûte plus ou moins orangée avec un feutrage blanc, légèrement humide, la pâte souple
CONSERVER	1 à 2 mois, selon la taille, emballé dans un papier ciré doublé d'une feuille d'aluminium, entre 4 et 6 °C

Pâte semi-ferme pressée, non cuite ; caillé
présure ; affiné en surface, à croûte lavée

 Meules carrées de 200 g et
de 1,8 kg

 M.G. 23 %
HUM. 50 %

CROÛTE	Rouge orangé, mince et humide
PÂTE	Beurre clair, souple et onctueuse, fondante
ODEUR	Douce et fruitée (amande) en début d'affinage, devenant marquée voire forte (terroir ou ferme) avec l'affinage
SAVEUR	De délicate et fruitée à relevée, voire robuste du terroir ; longue en bouche
LAIT	De vache, pasteurisé, élevages sélectionnés de la région
AFFINAGE	20 à 45 jours sur planche de pin ; le « contrôlé » atteint sa maturité à 80-90 jours
NOTE	Le Mamirolle est originaire de Franche-Comté et est fabriqué sous licence exclusive depuis 1996 par Éco-Délices. Durant l'affinage sur planche de bois, il est passé dans un bain de saumure colorée au rocou (une plante) qui lui donne son bel orangé.

Le mascarpone

Le mascarpone est de fabrication semblable à celle de la ricotta, mais il est fait à base de crème. Il est habituellement fouetté et sa texture rappelle celle d'une crème épaisse comme la crème sure. Il fit son apparition en Lombardie vers la fin du XVIe siècle.

L'origine de son nom est vague. Il y a plusieurs hypothèses, mais la plus plausible fait référence au mot italien *mascherpa* ou *mascarpía*, termes du dialecte lombard pour nommer la ricotta.

Damafro – Fromagerie Clément
Mi-industrielle
Saint-Damase (Montérégie)

MASCARPONE

CROÛTE	Sans croûte
PÂTE	Texture de crème épaisse, onctueuse
ODEUR	Douce de crème
SAVEUR	Douce de crème
LAIT	De vache, additionné de crème, pasteurisé, de cueillette collective
AFFINAGE	Aucun
CHOISIR	Tôt après sa fabrication, selon la date de péremption
CONSERVER	2 semaines, entre 2 et 4 °C

Pâte fraîche ; caillé lactique, égouttage lent ; non affiné

 Contenant de 450 g

M.G. 29 %
HUM.. 60 %

Les fromages méditerranéens

La Méditerranée fut le berceau et la voie naturelle de la diffusion de la tradition fromagère, dont l'origine se situerait dans les régions grecques de la Macédoine et de la Thessalie dès 6500 avant J.-C.

En Libye, la transformation du lait est représentée sur des peintures rupestres (entre 5000 et 2000 avant J.-C.). En 1500 avant J.-C., le roi Hammourabi de Babylone a réglementé les principales denrées, dont le fromage. Enfin, on a retrouvé en Syrie les origines (330 avant J.-C.) d'un mode de fabrication qui s'est perpétué jusqu'à aujourd'hui, celui du domiati. La technique des bergers s'est répandue dans le Proche et le Moyen-Orient : Chypre, Égypte, Irak, Jordanie, Liban, Palestine, Qatar, Syrie, Turquie et Est méditerranéen.

Marie Kadé, originaire d'Alep, en Syrie, fut la première Québécoise à entreprendre la production de fromages de son pays natal. Sa fromagerie de type artisanal alimente les marchés arabes du Québec et de l'Amérique du Nord. Originalement fabriqués au printemps, ces fromages se conservent dans une saumure. Ils ne subissent aucune maturation. Leur pâte varie de molle à ferme selon le procédé de fabrication : égouttés avec ou sans pression, chauffés ou étirés à la façon de la *pasta filata* italienne. Ils sont nature ou assaisonnés.

Principalement à base de lait de vache, le processus final détermine leur appellation. Ils se conservent sur une longue période.

Akawi (Fromagerie Marie Kadé) Boisbriand – (Basses-Laurentides), artisanale; lait de vache, entier, pasteurisé, ramassage collectif

Akawie (Fromagerie Polyethnique) Saint-Robert – (Montérégie), artisanale; lait de vache, entier, pasteurisé, ramassage collectif

Baladi (Fromagerie Marie Kadé) Boisbriand – (Basses-Laurentides), artisanale; lait de vache, entier, pasteurisé, ramassage collectif

Baladi (Fromagerie Polyethnique) Saint-Robert – , (Montérégie) artisanale; lait de vache, entier, pasteurisé, ramassage collectif

Domiati (Fromagerie Marie Kadé) Boisbriand – (Basses-Laurentides), artisanale; lait de vache, entier, pasteurisé, ramassage collectif

Doré-mi (Maison Alexis-de-Portneuf – Saputo) Saint-Raymond-de-Portneuf – (Québec), industrielle; lait de vache, entier, pasteurisé, ramassage collectif

Fleur Saint-Michel (Fromagerie du Terroir de Bellechasse) Saint-Vallier – (Chaudière-Appalaches), artisanale; type haloomi; lait de vache, entier, pasteurisé, ramassage collectif; nature ou aromatisé à la fleur d'ail

Fromage saumuré (Laiterie de Coaticook) – Coaticook (Cantons-de-l'Est), artisanale; lait de vache, entier, pasteurisé; pâte ferme plongé dans une saumure; M.G. 21%, Hum. 45%

Halloom (Fromagerie Marie Kadé) Boisbriand (Basses-Laurentides), artisanale; lait de vache, entier, pasteurisé, ramassage collectif

Halloomi (Fromagerie Polyethnique) Saint-Robert – (Montérégie), artisanale; lait de vache, entier, pasteurisé, ramassage collectif

Istambuli (Fromagerie Marie Kadé) Boisbriand – (Basses-Laurentides), artisanale; lait de vache, entier, pasteurisé, ramassage collectif

Labneh (Fromagerie Marie Kadé) Boisbriand – (Basses-Laurentides), artisanale; lait de vache, entier, pasteurisé, ramassage collectif

Labneh (Fromagerie Polyethnique) Saint-Robert – (Montérégie), artisanale; lait de vache, entier, pasteurisé, ramassage collectif

Moujadalé (Fromagerie Marie Kadé) Boisbriand – (Basses-Laurentides), artisanale; lait de vache, entier, pasteurisé, ramassage collectif (voir Fromages à pâte filée)

Nabulsi (Fromagerie Marie Kadé) Boisbriand – (Basses-Laurentides), artisanale; lait de vache, entier, pasteurisé, ramassage collectif

Nabulsi (Fromagerie Polyethnique) Saint-Robert – (Montérégie), artisanale; lait de vache, entier, pasteurisé, ramassage collectif

Saint-Vallier (Fromagerie du Terroir de Bellechasse) Saint-Vallier Saint-Robert – (Chaudière-Appalaches), artisanale; type halloomi; lait de vache, entier, pasteurisé, ramassage collectif

Shinglish (Fromagerie Marie Kadé) Boisbriand – (Basses-Laurentides), artisanale; lait de vache, entier, pasteurisé, ramassage collectif

Syrien (Fromagerie Marie Kadé) Boisbriand – (Basses-Laurentides), artisanale; lait de vache, entier, pasteurisé, ramassage collectif

Tressé (Fromagerie Marie Kadé) Boisbriand – (Basses-Laurentides), artisanale; lait de vache, entier, pasteurisé, ramassage collectif (voir Fromages à pâte filée)

Méditerranéens

Fromageries Marie Kadé et Polyethnique
Artisanale
Basses-Laurentides et Montérégie

CROÛTE	Sans croûte
PÂTE	Blanche, bloc compact, souple à texture tendre, humide et moelleuse, se défait en granules
ODEUR	Très douce de lait frais
SAVEUR	Douce et salée, goût fin rappelant le lait et le cheddar frais; notes légères de beurre
LAIT	De vache, entier, pasteurisé, ramassage collectif
AFFINAGE	Aucun
CHOISIR	Dans son emballage sous vide ou dans la saumure, la pâte souple et l'odeur fraîche
CONSERVER	Jusqu'à 6 mois, emballé dans une pellicule plastique, entre 2 et 4 °C
OÙ TROUVER	Marie Kadé : au comptoir, du lundi au vendredi de 9 h à 17 h. À Montréal, on le trouve dans tous les magasins Mourelatos, Byblos, les marchés arabes, ainsi que dans quelques épiceries spécialisées : Marché Le Ruisseau (boul. Laurentien, Montréal), Marché Daoust (boul. des Sources), Intermarché (Côte-Vertu, Ville Saint-Laurent) et chez Alimentation Maya (Gatineau). Sous la marque Phœnicia, on trouve également ce fromage fabriqué par la fromagerie Polyethnique.
NOTE	Rincer avant de consommer. Le Baladi est considéré comme un fromage à pâte molle à cause de sa forte humidité. Sa texture semi-ferme lui vient de la légère pression exercée sur le caillé frais.

Pâte molle pressée, non cuite; caillé
présure; non affiné

 400 g

 M.G. 10 % (Kadé) et 21 % (Polyethnique)
HUM. 60 % (Kadé) et 55 % (Polyethnique)

Fromageries Marie Kadé et
Polyethnique · Artisanale
Basses-Laurentides et Montérégie

AKAWI

Pâte semi-ferme pressée ; caillé présure ; non affiné

Meule ou bloc de 350 à 500 g,
en saumure

M.G. 22 %
HUM. 57 %

CROÛTE	Sans croûte
PÂTE	Blanche et humide, crayeuse à crémeuse rappelant le cheddar frais
ODEUR	Douce
SAVEUR	Douce de lait ou de crème salés
LAIT	De vache, entier, pasteurisé, ramassage collectif
AFFINAGE	Aucun
CHOISIR	Dans son emballage sous vide ou en saumure
CONSERVER	Jusqu'à 3 mois, emballé dans une pellicule plastique, entre 2 et 4 °C
NOTE	L'akawi est consommé en Syrie, au Liban, dans le nord de la Palestine et sur l'île de Chypre.

Fromagerie Marie Kadé
Artisanale
Boisbriand (Basses-Laurentides)

DOMIATI

Pâte semi-ferme pressée, non cuite ; caillé
présure ; affiné dans la masse

Bloc de 400 g

M.G. 24 %
HUM. 52 %

CROÛTE	Sans croûte
PÂTE	Semi-ferme, compacte, semblable à la féta, mais plus molle et crémeuse
ODEUR	Neutre à marquée
SAVEUR	Fraîche et salée ; notes lactiques beaucoup plus marquées avec l'affinage
LAIT	De vache, entier, pasteurisé, ramassage collectif
AFFINAGE	Frais, et de 60 à 90 jours
NOTE	Le Domiati est un fromage populaire chez les Égyptiens, qui le consomment frais ou affiné de 60 à 90 jours, saumuré ou non. Les origines exactes de sa fabrication sont inconnues, mais il existait déjà en 332 avant J.-C. Il est issu du même procédé de transformation que la féta, mais le lait est salé avant la coagulation.

Maison Alexis-de-Portneuf – Saputo
Industrielle
Saint-Raymond-de-Portneuf (Québec)

Pâte semi-ferme; caillé présure à dominance lactique; non affiné

Bloc de 235 g environ, poids variable

M.G.   22%
HUM.   52%

CROÛTE	Sans croûte
PÂTE	Humide, homogène et légèrement caoutchouteuse et relevée d'épices
ODEUR	Douce
SAVEUR	Fraîche, salée et légèrement épicée
LAIT	De vache, entier, pasteurisé, ramassage collectif
AFFINAGE	Aucun
CHOISIR	Dans son emballage sous vide, la pâte souple, à l'odeur douce et saline
CONSERVER	1 à 2 mois, emballé dans une pellicule plastique, entre 2 et 4 °C
NOTE	Le Doré-Mi est saumuré avant d'être emballé. La pâte est repliée sur elle-même, comme le Halloom ou Halloomi.

Fromageries Marie Kadé et Polyethnique
Artisanale
Boisbriand (Laurentides) et Saint-Robert (Montérégie

Pâte semi-ferme pressée, cuite; caillé présure; non affiné

Bloc de 300 à 400 g, sous vide ou en saumure

M.G.   26%
HUM.   50%

CROÛTE	Sans croûte
PÂTE	Blanche, souple, pliée sur elle-même
ODEUR	Douce
SAVEUR	Douce, lactique et légèrement salée
LAIT	De vache, entier, pasteurisé, ramassage collectif
AFFINAGE	Aucun
CHOISIR	Dans son emballage sous vide ou dans la saumure, la pâte souple
CONSERVER	6 mois ou plus, entre 2 et 4 °C
NOTE	La pâte semi-ferme est chauffée dans le lactosérum et pliée encore chaude sur elle-même. On trouve l'Halloom râpé prêt à utiliser. Se consomme frais, grillé, frit ou râpé et gratiné.

Fromagerie Marie Kadé
Artisanale
Boisbriand (Basses-Laurentides)

ISTAMBULI

CROÛTE	Sans croûte
PÂTE	Blanche semi-ferme et friable
ODEUR	Très douce
SAVEUR	Douce, salée et lactique
LAIT	De vache, entier, pasteurisé, ramassage collectif
AFFINAGE	Aucun
CHOISIR	Dans son emballage sous vide ou en saumure, la pâte souple, à l'odeur douce
CONSERVER	1 mois, emballé dans une pellicule plastique, 6 mois ou plus en saumure, entre 2 et 4 °C

Pâte semi-ferme pressée, non cuite; caillé
présure; non affiné

 Bloc de 300 g à 400 g

 M.G. 22%
HUM. 55%

Fromageries Marie Kadé et Polyethnique
Artisanale
Boisbriand (Laurentides) et Saint-Robert (Montérégie)

NABULSI

CROÛTE	Sans croûte
PÂTE	Blanche, dense, friable mais élastique, enrobée de graines de nigelle grillées
ODEUR	Douce et lactique
SAVEUR	Douce et salée, légères notes de nigelle
LAIT	De vache, entier, pasteurisé, ramassage collectif
AFFINAGE	Aucun
NOTE	Le Nabulsi est originaire de Jordanie. La graine de nigelle qui l'assaisonne est issue de la *Nigella sativa*, apparentée à la Nigelle de Damas, une plante décorative. Fraîches ou grillées, les graines assaisonnent les mets grecs et ceux du bassin oriental de la Méditerranée jusqu'en Inde, où elles aromatisent certains caris.

Pâte semi-ferme pressée, non cuite; caillé
présure; non affiné

 Bloc de 450 g

 M.G. 25% (Kadé), 27% (Polyethnique)
HUM. 50% (Kadé), 48% (Polyethnique)

Fromagerie Marie Kadé
Artisanale
Boisbriand (Basses-Laurentides)

CROÛTE	Sans croûte
PÂTE	Blanche, ferme et friable, assaisonnée et enrobée de piments forts, de cumin, de menthe ou d'origan séché
ODEUR	Douce
SAVEUR	Douce et salée, imprégnée des assaisonnements
LAIT	De vache, entier, pasteurisé, ramassage collectif
AFFINAGE	Aucun
CHOISIR	Dans son emballage sous vide ou dans la saumure
CONSERVER	3 mois ou plus, en saumure ou emballé dans une pellicule plastique, entre 2 et 4 °C
NOTE	Le Shinglish, que l'on nomme aussi «sourké», est un fromage traditionnel turc.

Pâte ferme pressée, non cuite; caillé présure; non affiné, saumuré, conservé dans l'huile

 Boule de 500 g

 M.G.   15%
HUM.   50%

Fromagerie Marie Kadé
Artisanale
Boisbríand (Basses-Laurentides)

CROÛTE	Sans croûte
PÂTE	Blanche, humide et dense, à la fois friable et élastique à la façon du cheddar frais
ODEUR	Douce ou neutre
SAVEUR	Douce et salée
LAIT	De vache, entier, pasteurisé, de ramassage collectif
AFFINAGE	Aucun en saumure
CHOISIR	Dans son emballage sous vide, la pâte ferme et souple
CONSERVER	1 à 2 mois, emballé dans une pellicule plastique, entre 2 et 4 °C

Pâte semi-ferme pressée, non cuite; caillé présure; non affiné, en saumure

 Bloc de 450 g, sous vide ou dans la saumure

 M.G.   25%
HUM.   50%

CROÛTE	Jaune orangé en dessous, striée, mousse blanche en surface
PÂTE	Crème à ivoire, quelques petites ouvertures, molles et éparses
ODEUR	Marquée; dominance de navet, de champignon et de foin, côté animal (étable) (croûte); douce de crème (pâte)
SAVEUR	Sel, légère acidité relevée d'une amertume passagère, de douce à marquée, de crème, de champignon sauvage, boisée, de terre, pointe fruitée
LAIT	Moitié vache, moitié chèvre, entier, cru, d'élevages sélectionnés
AFFINAGE	70 jours, croûte lavée à la saumure, puis ensemencée de *Penicillium candidum* sur le dessus
CHOISIR	Tôt après sa fabrication, dans sa boîte, la croûte bien blanche à l'odeur fraîche de champignon et de navet
CONSERVER	2 semaines, emballé dans un papier ciré doublé d'une feuille d'aluminium, entre 2 et 4 °C
OÙ TROUVER	Dans les boutiques et fromageries spécialisées

Pâte molle; caillé présure à dominance lactique; égouttage lent; affiné en surface, à croûte lavée

 Petite meule de 120 g

M.G. 23 %
HUM. 54 %

MI-CARÊME

Fromagerie de l'Île-aux-Grues
Mi-industrielle
(Bas-Saint-Laurent)

Pâte molle ; caillé présure à dominance
lactique, égouttage lent ; affiné en surface,
à croûte lavée et fleurie (mixte)

 Meule de 2 kg, à la coupe

 M.G.   23 %
HUM.   50 %

CROÛTE	Orange-ocre, se couvrant graduellement d'une mousse blanche fleurie
PÂTE	Ivoire, de crayeuse à crémeuse, devenant coulante avec la maturation
ODEUR	Douce à marquée, de beurre, de sous-bois, de champignon, de navet, de torréfaction
SAVEUR	Marquée, de beurre salé, de noix, de navet ; légère amertume en fin de bouche s'alliant au goût doux et suave de la pâte ; notes de champignon s'intensifiant (croûte)
LAIT	De vache, entier, thermisé, d'un seul élevage
AFFINAGE	60 jours, croûte lavée à la saumure, puis ensemencée de *Penicillium candidum*
NOTE	La mi-carême est une fête ancienne catholique célébrée à l'Île aux Grues. Les habitants se camouflent sous des costumes de toutes sortes, et comme ils se connaissent tous, ils doivent se rendre méconnaissables.

MICHEROLLE

Ferme Mes Petits Caprices
Fermière
Saint-Jean-Baptiste (Montérégie)

Pâte semi-ferme pressée, non cuite ; caillé
lactique ; affiné dans la masse, entre cheddar et
mozzarella

 Meules de 150 g et 300 g

 M.G.   20 %
HUM.   62 %

CROÛTE	Sans croûte
PÂTE	Blanche, texture lisse, semi-ferme le situant entre le cheddar et la mozzarella
ODEUR	Douce, lactique
SAVEUR	Douce, légèrement caprine
LAIT	De chèvre, entier, thermisé, élevage de la ferme
AFFINAGE	1 mois
CHOISIR	La pâte lisse et souple, à l'odeur fraîche
CONSERVER	3 à 4 mois, emballé dans un papier ciré doublé d'une feuille d'aluminium, entre 2 et 4 °C
NOTE	La saveur caprine très peu relevée de ce fromage le rend idéal pour ceux qui ne raffolent pas du goût du chèvre.

La Maison d'affinage Maurice Dufour
Maison d'affinage
Baie-Saint-Paul (Charlevoix)

MIGNERON DE CHARLEVOIX

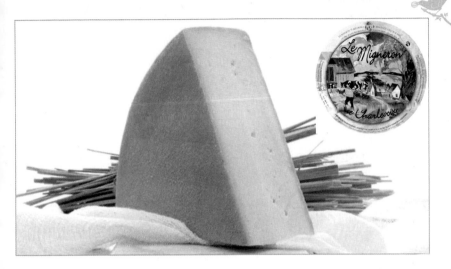

CROÛTE	Jaune paille à rose cuivré, légèrement humide
PÂTE	Ivoire, semi-ferme, souple, lisse et onctueuse en bouche
ODEUR	Douce et bouquetée, de crème, de beurre, de gruyère; notes animales
SAVEUR	Marquée, de noix, de beurre, de crème maturée, agréable touche acidulée et fruitée; longue et agréable
LAIT	De vache, entier, pasteurisé, d'un seul élevage
AFFINAGE	50 jours
CHOISIR	La croûte et la pâte assez fermes mais souples, à l'odeur fraîche
CONSERVER	1 à 2 mois, emballé dans un papier ciré doublé d'une feuille d'aluminium, entre 2 et 4 °C
OÙ TROUVER	À la maison d'affinage ainsi que dans les fromageries
NOTE	Le Migneron de Charlevoix a remporté le prix du meilleur fromage à croûte lavée et a été classé Grand Champion au Grand Prix des fromages canadiens 2002.

Pâte semi-ferme pressée, non cuite; caillé présure; affiné en surface, à croûte lavée

 Meule de 2,3 kg, à la coupe

 M.G. 29 %
HUM. 47 %

Fritz Kaiser, affiné par Les Dépendances du Manoir
Mi-industrielle
Saint-Hubert (Montérégie)

CROÛTE	Rose orangé, légèrement humide, traces de mousse blanche rase
PÂTE	Jaune crème, crémeuse et souple, petites ouvertures
ODEUR	Douce et fruitée de pomme et d'alcool
SAVEUR	Douce, goût du cidre bien présent en bouche
LAIT	De vache, entier, pasteurisé, élevage de la région
AFFINAGE	1 mois, croûte lavée au cidre rosé
CHOISIR	Croûte et pâte souples
CONSERVER	Environ 1 mois, dans son emballage original ou emballé dans un papier ciré, entre 2 et 4 °C
NOTE	Le cidre rosé choisi par Jean-Philippe Gosselin pour laver sa tomme est le Rose Gorge du vignoble Les Blancs Côteaux, de Dunham.

Pâte semi-ferme, pressée, non cuite; caillé présure; affiné en surface, à croûte lavée

 Meules de 200 g (8 cm sur 3,5 cm) et de 3 kg

 M.G. 24 %
HUM. 50 %

La Fromagère Mistouk
Fermière
Alma (Saguenay–Lac-Saint-Jean)

CROÛTE	Jaune ivoire, luisante, marquée d'un motif géométrique
PÂTE	Jaune ivoire, souple, parsemée de petits trous, onctueuse voire beurrée en bouche
ODEUR	Douce et fruitée, de beurre fondu (croûte) et de gruyère
SAVEUR	Douce et rafraîchissante, fruitée
LAIT	De vache, entier, cru fermier, élevage de la ferme
AFFINAGE	3 mois, croûte lavée à la saumure additionnée de ferments
CHOISIR	Dans son emballage sous vide
CONSERVER	1 mois ou plus, dans un papier ciré doublé d'une feuille d'aluminium, entre 2 et 4 °C
NOTE	Hélène Martel, la fromagère, a créé une gamme de fromages riches en oméga 3. Avec l'aide de son consultant elle développe ce qui deviendra les fromages de la fromagère Mistouk naturellement riches en oméga-3. Le lait provient du troupeau dont l'alimentation est additionnée de lin produit sur la ferme.

Pâte semi-ferme pressée, non cuite; caillé présure; affiné en surface, à croûte lavée

 Meule de 1,6 kg, à la coupe

 M.G. 45 % à 30 %
HUM. 45 %

Fritz Kaiser
Mi-industrielle
Noyan (Montérégie)

Pâte ferme pressée, non cuite ; caillé présure ; affiné en surface, croûte lavée et brossée

 Meule de 2 kg, à la coupe

 M.G. 26 %
HUM. 40 %

CROÛTE	Brun orangé, lavée, partiellement couverte de fines moisissures se développant naturellement
PÂTE	Crème à jaunâtre, souple et légèrement friable
ODEUR	Marquée, arômes fruités, de beurre frais
SAVEUR	Marquée et fruitée : notes de noisette légèrement sucrées avec l'affinage, ajout de notes épicées
LAIT	De vache, entier, pasteurisé, élevages de la région
AFFINAGE	5 mois au moins
CHOISIR	La croûte et la pâte assez fermes mais souples
CONSERVER	Jusqu'à 5 mois, emballé dans un papier ciré doublé d'une feuille d'aluminium, entre 2 et 4 °C
NOTE	Champion de sa catégorie au Grand Prix des fromages canadiens 2006.

Bergerie Jeannine
Certifié biologique par Québec Vrai
Saint-Rémi-de-Tingwick (Cantons-de-l'Est)

Pâte ferme, pressée, non cuite ; caillé présure ; affiné en surface, à croûte naturelle brossée

 Meule de 3,5 kg, en pointes de 125 g

 M.G. 38 %
HUM. 27 %

CROÛTE	Orangée à grisâtre, sèche et rustique
PÂTE	Blanc crème, craquante devenant friable, parsemée de petits yeux irréguliers
ODEUR	De champs, de cave et de noisette grillée (croûte) ; lactique (lait de brebis et beurre) et fruitée (noix grillée), avec des notes florales de miel (pâte)
SAVEUR	Douce, équilibrée, lactique, fongique, mielleuse, fruitée, pointe épicée et rustique
LAIT	De brebis, entier, cru ou thermisé, élevage de la ferme
AFFINAGE	6 mois ou plus, maintenu à 90 % d'humidité
CHOISIR	Pâte ferme et lisse, sans aucune craquelure, à l'odeur agréable
CONSERVER	1 an, emballé dans un papier ciré doublé d'une feuille d'aluminium, entre 2 et 4 °C
NOTE	Le Monarque s'inspire du fromage basque iraty, fabriqué à partir de lait de brebis.

Fromagerie Au Gré des Champs
Certifié biologique par Écocert · Fermière
Saint-Athanase-d'Iberville (Montérégie)

CROÛTE	Brun grisâtre, rustique, traces de *Penicilium candidum*
PÂTE	Jaune beurre foncé, dense, parsemée de petits trous assez ronds, irréguliers
ODEUR	Douce à marquée, riche; notes torréfiées (café), de beurre, de miel
SAVEUR	Douce à marquée, fruitée de noisette ou de châtaigne et végétale
LAIT	De vache, entier, cru, élevage de la ferme
AFFINAGE	6 mois
CHOISIR	La pâte souple, sans être humide ni sèche
CONSERVER	1 mois ou plus, emballé dans un papier ciré doublé d'une feuille d'aluminium, entre 2 et 4 °C

Pâte ferme pressée, cuite; caillé présure; affiné en surface, à croûte naturelle

 Meule de 7 à 8 kg

 M.G. 39%
HUM. 29%

Fromages Chaput
Artisanale
Châteauguay (Montérégie)

CROÛTE	Jaune orangé à brun, vallonnée et rustique, sèche mais souple
PÂTE	Crème à jaunâtre près de la croûte, parsemée de petits trous épars, crémeuse, onctueuse, fond en bouche
ODEUR	Marquée du terroir, de boisé, de cave, de terre, la pâte rappelle le cheddar vieilli, le beurre, le foin
SAVEUR	Assez douce, beurre dominant, de marron ou de châtaigne; notes animales (cuir)
LAIT	De vache, entier, cru, élevage sélectionné
AFFINAGE	100 à 110 jours, croûte lavée à la saumure
CHOISIR	Tôt après sa fabrication, la croûte sèche mais souple; la pâte souple
CONSERVER	1 mois dans une feuille d'aluminium entre 2 et 4 °C

Pâte semi-ferme pressée, non cuite; caillé présure; affiné en surface, à croûte lavée

 Meule de 500 g, à la coupe

 M.G. 24%
HUM. 32%

Pâte semi-ferme pressée, non cuite; caillé présure;
affiné en surface, à croûte lavée

 Meule de 2,5 kg

 M.G. 28%
HUM. 46%

CROÛTE	Rose orangé, très belle, lisse, unie et veloutée
PÂTE	Beurre, souple et élastique, moelleuse
ODEUR	Marquée du terroir, rappelant la raclette et le beurre; notes épicées et végétales
SAVEUR	Marquée, bonne salinité et légère acidité; lactique, fruitée (noisette salée) et épicée; rafraîchissante
LAIT	De vache, entier, pasteurisé, élevage de la ferme
AFFINAGE	2 mois, croûte lavée à la saumure
CHOISIR	La pâte souple et moelleuse, à l'odeur douce
CONSERVER	1 mois ou plus, emballé dans un papier ciré doublé d'une feuille d'aluminium, entre 2 et 4 °C
NOTE	Le mont Jacob surplombe le centre-ville de Jonquière, il s'y trouve des sentiers ainsi qu'un centre culturel.

Pâte molle, semi-ferme ou ferme; caillé présure à
dominance lactique, égouttage lent; frais ou
affiné, nature ou assaisonné

 Meules de 150 g, 300 g, 500 g
(frais) et de 2 kg (frais)

 M.G. 12% à 29%
HUM. 65% à 45%

CROÛTE	Sans croûte, enrobé d'assaisonnements
PÂTE	Blanche à crème, humide en s'asséchant, tendre et crémeuse, devenant friable voire cassante avec la maturation
ODEUR	Douce à marquée, lactée s'intensifiant avec l'affinage; végétale ou fruitée selon l'enrobage
SAVEUR	Douce et lactique à corsée et piquante, influencée par les assaisonnements; agréables notes de beurre et de poivre
LAIT	De chèvre, entier, pasteurisé, deux élevages
AFFINAGE	Frais, 6 mois ou plus; la pâte est enrobée d'herbes, de piments, de poivre ou de noix; dans l'huile d'olive ou l'alcool
NOTE	Le Montefino tient son appellation d'un village des Abruzzes. Sa fabrication est semblable à celle utilisée par les bergers qui se regroupent dans les alpages. Les fromages sont moulés dans des herbes. Les invendus sont mis à sécher en plein air puis enrobés d'un mélange d'herbes (*pepinella*) et d'olives écrasées puis conservés dans des pots en terre cuite.

Le monterey jack

Il existe plusieurs légendes sur la création du monterey jack, aussi appelé jack, monterey ou california jack.

On dit qu'il fut l'œuvre de moines espagnols ou d'un immigrant écossais. Quoi qu'il en soit, il est de toute évidence d'origine californienne, ce qui explique son rayonnement aux États-Unis ainsi qu'au Mexique, où il s'intègre à un nombre incalculable de préparations. Sa fabrication se veut semblable à celle du colby. Orangée ou blanche, sa pâte semi-ferme est souple et douce. Ses utilisations culinaires sont multiples à cause de sa qualité de fonte et de brunissement: dans les soupes ou pour lier des sauces, dans les gratins et sur les pizzas, dans des omelettes, des quiches ou des muffins, sans oublier les sandwichs.

LES MONTEREY JACK FABRIQUÉS AU QUÉBEC

Fromagerie Le Détour, Fromagerie Lemaire, Fromagerie Perron, Fromagerie Saint-Guillaume, Saputo, Trappe à fromage de l'Outaouais

Le morbier

Originaire du Jura, le morbier se reconnaît à sa pâte striée horizontalement par une raie de charbon végétal.

Le morbier est apparenté au comté: autrefois, il était fabriqué avec les restes de caillé d'autres fromages, dont le comté. Les moules remplis à moitié recevaient une couche de suie qui protégeait le caillé du premier jour en attendant l'arrivée de caillé du jour suivant. Aujourd'hui, le trait de charbon végétal est purement décoratif.

Sa pâte semi-ferme, souple et dense allant du crème au jaune pâle se développe sous une belle croûte cuivrée brun orangé.

LES FROMAGES DE TYPE MORBIER FABRIQUÉS AU QUÉBEC

Le Douanier (Kaiser), Le Cendré des Prés (Fromagerie du Domaine Féodal), Cendré DuVillage (Fromage Côté–Saputo)

La mozzarella

La mozzarella américaine subit un étirement de la pâte à la façon de la *pasta filata* italienne, mais son processus de fabrication est différent. Elle est très populaire à cause de sa douceur et de sa qualité d'intégration à divers plats cuisinés : gratins, pizzas, lasagnes, etc.

LES MOZZARELLAS AMÉRICAINES FABRIQUÉES AU QUÉBEC

Mozzarella L'Ancêtre (Fromagerie L'Ancêtre) Bécancourt – Centre-du-Québec, artisanale ; lait biologique de vache, entier, pasteurisé, ramassage collectif ; avec ou sans lactose, en blocs ou en tranches

Mozzarella Coaticook (Fromagerie Coaticook) Coaticook – (Cantons-de-l'Est), artisanale ; lait de vache, entier, pasteurisé, ramassage collectif

Mozzarella Le Détour (Fromagerie Le Détour) Notre-Dame-du-Lac – (Bas-Saint-Laurent), artisanale ; lait de vache, entier, pasteurisé, ramassage collectif

Mozzarella Perron (Fromagerie Perron) Saint-Prime – (Saguenay–Lac-Saint-Jean), artisanale ; lait de vache, entier, pasteurisé, ramassage collectif

Mozzarella Saputo (Saputo) Montréal – (Montréal-Laval), industrielle ; lait de vache, entier, pasteurisé, ramassage collectif ; Champion de sa catégorie au Grand Prix des fromages 2000

Mozzarellissima (Saputo) Montréal – (Montréal-Laval), industrielle ; lait de vache, entier, pasteurisé, ramassage collectif ; champion de sa catégorie Sélection Caseus 2001 et 2006, World Championship Cheese Contest 2006 et Grand Prix des fromages 2006.

CROÛTE	Jaune paille à jaune orangé, lavée, tendre
PÂTE	Crème à ivoire, souple, veloutée et crémeuse
ODEUR	Douce à marquée, lactique et végétale, pointe rustique
SAVEUR	Douce à marquée, lactique et fruitée; notes torréfiées et animales
LAIT	De vache, entier ou écrémé, pasteurisé, ramassage collectif
AFFINAGE	60 jours, croûte lavée à la saumure
CHOISIR	La croûte et la pâte souples, arômes frais
CONSERVER	Jusqu'à 2 mois, emballé dans un papier ciré doublé d'une feuille d'aluminium, entre 2 et 4 °C
OÙ TROUVER	Dans les supermarchés
NOTE	C'est en 1893, dans une abbaye située au cœur d'une région protégée par deux montagnes, que l'on créa l'un des premiers fromages fins du Québec: l'oka. Son secret: le savoir-faire des moines trappistes qui confectionnaient avec le plus grand soin ce fromage à la façon du port-salut français. Sa croûte lui confère son goût et son parfum particuliers. Il est aujourd'hui présenté en plusieurs variétés.

Pâte semi-ferme pressée, non cuite;
caillé présure; affiné en surface, à
croûte lavée

 225 g, 850 g et 2,5 kg et
830 g (oka léger)

 M.G. 30 % et 19 % (Oka léger)
HUM. 45 % et 50 %

OKA AVEC CHAMPIGNON

CROÛTE	Jaune paille à jaune orangé parsemé de morceaux de champignon
PÂTE	Crème à ivoire, souple, veloutée et crémeuse, parsemée de morceaux de champignon
ODEUR	De douce à marquée, lactique et végétale, de champignon, de paille et pointe rustique
SAVEUR	De douce à prononcée, de champignon, lactique et fruitée, notes torréfiées et animales
LAIT	De vache, entier, pasteurisé, ramassage collectif
AFFINAGE	60 jours, croûte lavée à la saumure
CHOISIR	La croûte et la pâte souples, arômes frais
CONSERVER	Jusqu'à 2 mois, dans un papier ciré doublé d'une feuille d'aluminium, entre 2 et 4 °C

Pâte semi-ferme pressée, non cuite; caillé présure; affiné en surface, à croûte lavée

 Meule 2,5 kg, à la coupe

 M.G. 28%
HUM. 47%

PROVIDENCE OKA

CROÛTE	Orange cuivré, humide et légèrement collante, parsemée de mousse blanche
PÂTE	Ivoire, molle, crémeuse et onctueuse, formant un ventre (à point)
ODEUR	De marquée à corsée, lactique et végétale avec une pointe rustique
SAVEUR	Douce à marquée, de beurre, de fruits et de légumes (chou, navet, champignon)
LAIT	De vache, entier, pasteurisé, ramassage collectif
AFFINAGE	2 semaines, croûte lavée à la saumure additionnée de ferments
CHOISIR	La croûte légèrement fleurie, la pâte crémeuse et souple
CONSERVER	Jusqu'à 65 jours, dans son emballage ou emballé dans un papier ciré, entre 2 et 4 °C
NOTE	Le Providence a remporté le prix Meilleur design d'emballage au Grand Prix des fromages canadiens 2004.

Pâte molle; caillé présure à dominance lactique; égouttage lent; affiné en surface, à croûte lavée

 Meule de 200 g (9 cm sur 3,5 cm)

 M.G. 28%
HUM. 50%

MOUTON NOIR

Fritz Kaiser
Mi-industrielle
Noyan (Montérégie)

CROÛTE	Sans croûte
PÂTE	Lisse, unie et souple
ODEUR	Douce de cheddar frais
SAVEUR	Douce et légère, semblable au saint-paulin mais moins grasse
LAIT	De vache, entier, pasteurisé, ramassage collectif
AFFINAGE	2 à 3 mois, couvert d'une pellicule plastique noire
CHOISIR	La pâte souple, à l'odeur douce
CONSERVER	Jusqu'à 2 mois, emballé dans un papier ciré doublé d'une feuille d'aluminium, entre 2 et 4 °C

Pâte semi-ferme pressée, non cuite; caillé présure; affiné dans la masse

 Meule de 2 kg, à la coupe

 M.G. 24 %
HUM. 48 %

NAPOLÉON

La Fromagerie Blackburn
Fermière
Jonquière (Saguenay–Lac-Saint-Jean)

CROÛTE	Rose orangé, veloutée, mince et unie
PÂTE	Paille, souple et moelleuse, parsemée de rares petits trous
ODEUR	Marquée et lactique (beurre); notes fruitées et végétales, avec une pointe de terroir
SAVEUR	Douce à marquée, de noix, s'allonge en bouche, finale épicée; rafraîchissante
LAIT	De vache, entier, cru, élevage de la ferme
AFFINAGE	9 mois, croûte lavée à la saumure
CHOISIR	La pâte souple et moelleuse, la croûte unie, veloutée, à l'odeur fraîche
CONSERVER	1 mois ou plus, emballé dans un papier ciré doublé d'une feuille d'aluminium
NOTE	Ce fromage rend hommage à Napoléon Blackburn, fondateur de l'entreprise devenue aujourd'hui, après quatre générations, la Ferme A.B.G.

Pâte ferme pressée, cuite; caillé présure; affiné en surface, à croûte lavée

 Meule de 3,5 kg, à la coupe

M.G. 31 %
HUM. 39 %

Pâte semi-ferme pressée, non cuite; caillé présure; affiné en surface, à croûte lavée

Meule de 2 kg (20 cm sur 5,75 cm), à la coupe

M.G. 24%
HUM. 50%

CROÛTE	Blanc rosé à orange cuivré et brunâtre, rustique, parsemée de quelques moisissures blanches
PÂTE	Crème jaunâtre, souple et moelleuse, parsemée de quelques petits yeux
ODEUR	Douce à marquée, lactique et très léqèrement acide
SAVEUR	Douce à marquée; notes de beurre salé
LAIT	De vache, entier, pasteurisé, élevages de la région
AFFINAGE	De 6 à 8 semaines, croûte lavée à la saumure additionnée de ferments en début d'affinage
CHOISIR	La croûte souple, la pâte souple et moelleuse, arômes frais
CONSERVER	Jusqu'à 2 mois, emballé dans un papier ciré doublé d'une feuille d'aluminium, entre 2 et 4 °C

Pâte molle; caillé présure à dominance lactique; non affiné

Meule de 110 g

M.G. 28%
HUM. 40%

CROÛTE	Sans croûte
PÂTE	Blanche, plutôt ferme, dense et lisse; chaude, elle fond pour devenir à peine coulante, sa texture couine sous la dent comme le cheddar frais
ODEUR	Douce et lactique, saumurée, pointe rustique avec la maturation; de noix et de fromage grillé (chaude)
SAVEUR	Douce et léqèrement salée, rappelant le cheddar frais, le foin avec une pointe marine
LAIT	De vache, entier, pasteurisé, élevages sélectionnés
AFFINAGE	4 à 5 jours de fabrication
CHOISIR	Frais, tôt après sa fabrication
CONSERVER	15 jours, entre 2 et 4 °C; peut être congelé
NOTE	Le nom de ce fromage fait référence au tapis de jonc sur lequel il s'égouttait. Fromage idéal pour rôtir et déguster chaud: cuire dans une poêle antiadhésive, sans corps gras, environ 2 minutes de chaque côté pour le dorer et rendre le cœur chaud et tendre.

PAILLOT DE CHÈVRE

Maison Alexis-de-Portneuf – Saputo
Industrielle
Saint-Raymond-de-Portneuf (Québec)

CROÛTE	Blanche, fleurie et duveteuse, couverte de tiges de plastique rappelant la paille
PÂTE	Crayeuse, s'affinant progressivement de la croûte vers le centre pour devenir crémeuse
ODEUR	Fraîche et franche de chèvre frais, relevée de champignon
SAVEUR	Légère, salée et piquante, s'accentuant avec l'affinage, de champignon frais mêlée à une douce acidité, ronde en bouche
LAIT	De chèvre, entier, pasteurisé, ramassage collectif
AFFINAGE	Environ 2 semaines en hâloir, puis réservé de 30 à 50 jours
CHOISIR	Belle croûte fleurie blanche, pâte plus ou moins friable ou fondante selon le stade d'affinage, odeur de chèvre frais relevée d'arômes de champignon
CONSERVER	1 à 2 mois, entre 2 et 4 °C

Pâte molle; caillé mixte à dominance lactique; égouttage lent; affiné en surface, à croûte fleurie

 Bûchette de 125 g, et bûche de 1 kg

 M.G. 25 %
HUM. 50 %

PASTORELLA

Saputo
Industrielle
Montréal (Montréal-Laval)

CROÛTE	Blanche à jaune paille, sèche, mince et souple, parfois incrustée de motifs tressés
PÂTE	Moelleuse, texture granuleuse, parsemée de petits yeux irréguliers
ODEUR	Douce et lactique
SAVEUR	Douce, délicate de lait frais et de crème; notes de noisette devenant plus marquée avec la maturation
LAIT	De vache, entier, pasteurisé, ramassage collectif; substance laitière modifiée
AFFINAGE	Environ 2 semaines
CHOISIR	Dans son emballage sous vide, la pâte ferme et l'odeur fraîche
CONSERVER	2 à 3 mois, emballé dans un papier ciré doublé d'une feuille d'aluminium, entre 2 et 4 °C
NOTE	La Pastorella est un fromage d'origine italienne, idéal pour les amateurs de fromage doux.

Pâte ferme pressée, cuite; caillé présure; affiné dans la masse, sans ouverture, à croûte naturelle

Meule de 2 kg (19,5 cm sur 8 cm)

 M.G. 25 %
HUM. 45 %

Le parmesan

En Italie, le parmesan est connu depuis des siècles sous le nom de *grana*, qui signifie grain : sa texture étant granuleuse. Dans ce groupe sont inclus le *parmigiano*, le *reggiano*, le *lodigiano*, le *lombardo*, l'*emiliano*, le *veneto* ou *venezza*, et le *bagozzo* ou *bresciano*.

Ce fromage se caractérise par la présence de cristaux formés avec la maturation (comme dans certains cheddars), qui dure près de deux ans. Le parmigiano reggiano est fabriqué avec du lait de vache non pasteurisé et est vieilli au moins 12 mois. Quant au romano, peut-être le plus ancien, il fut d'abord fabriqué à partir de lait de brebis, sous le nom de pecorino romano. Fabriqué avec du lait de chèvre, il prend le nom de caprino romano, mais celui de vacchino romano s'il est fait à partir de lait de vache.

Les fromages de type parmesan fabriqués aux Québec diffèrent de l'original sur bien des aspects. L'industrie est encore jeune, mais quelques fromageries artisanales ou fermières proposent des fromages de brebis ou de chèvre qui ouvrent des perspectives intéressantes, une fois vieillis et séchés, que ce soit émiettés ou tels quels.

LES FROMAGES DE TYPE PARMESAN FABRIQUÉS AU QUÉBEC

Parmesan L'Ancêtre (Fromagerie L'Ancêtre) Bécancour – (Centre-du-Québec), artisanale ; lait biologique de vache, entier, thermisé, d'un seul élevage

Parmesan Dion (Fromagerie Dion) Montbeillard – (Abitibi-Témiscamingue), fermière ; lait de chèvre, entier, pasteurisé, ramassage collectif

Parmesan St-Laurent (Fromagerie St-Laurent) Saint-Bruno – Saguenay – Lac-Saint-Jean, mi industrielle ; lait de vache, entier pasteurisé, ramassage collectif ; en bloc ou râpé

PARMESAN L'ANCÊTRE

Fromagerie L'Ancêtre (Garantio biologique)
Certifié biologique par Écocert · Artisanale
Bécancour (Centre-du-Québec)

CROÛTE	Sans croûte
PÂTE	Jaune crème, légèrement ambrée, à la fois dure et souple, résistante à la cassure
ODEUR	Marquée sans trop, rappelant le parmesan, mais en plus doux
SAVEUR	De beurre salé, légèrement piquante
LAIT	De vache, partiellement écrémé, thermisé, d'un seul élevage
AFFINAGE	12 mois
CHOISIR	Sous vide
CONSERVER	Jusqu'à 6 mois en bloc, dans un papier ciré doublé d'une feuille d'aluminium ; jusqu'à 3 mois râpé ; entre 2 et 4 °C
NOTE	Le caillage se fait par l'ajout d'un ferment thermophile supportant une chaleur élevée (plus de 39,5 °C ou 103 °F) sur une courte période. Le résultat donne un fromage sec et ferme. Moulé, séché et salé, il est ensuite affiné durant six mois

Pâte ferme pressée, cuite ; caillé présure ;
affiné dans la masse, sans ouverture

 En blocs ou râpé, emballages
de 125 g et 200 g

 M.G.   30 %
HUM.   32 %

PARMESAN ST-LAURENT

Fromagerie Saint-Laurent
Mi-industrielle
Saint-Bruno (Saguenay–Lac-Saint-Jean)

CROÛTE	Sans croûte
PÂTE	Jaunâtre, ferme à dure, plutôt élastique et peu friable
ODEUR	Marquée et légèrement piquante
SAVEUR	De marquée à corsée, piquante et salée
LAIT	De vache, entier, pasteurisé, ramassage collectif
AFFINAGE	2 ans ou plus
CHOISIR	Sous vide
CONSERVER	Jusqu'à 2 mois, emballé dans un papier ciré doublé d'une feuille d'aluminium, entre 2 et 4 °C
NOTE	Ce fromage est vendu au Québec, au Canada, aux États-Unis et même en Europe, par palettes de 1 000 kg.

Pâte ferme pressée, cuite ; caillé présure ;
affiné dans la masse, sans ouverture

 Emballage sous vide de 250 g
environ

 M.G.   22 %
HUM.   35 %

Fritz Kaiser, affiné par Les Dépendances du Manoir
Mi-industrielle
Noyan (Montérégie)

CROÛTE	Rose orangé, lavée et humide	
PÂTE	Jaune crème semi-ferme, assez serrée, parfois friable comme le parmesan	
ODEUR	Marquée	
SAVEUR	Marquée, avec des notes de noisette grillée, un peu caramélisée et boisée	
LAIT	De vache, entier, pasteurisé	
AFFINAGE	60 jours ou plus, affinage sur planche de pin rouge, croûte lavée à la saumure tous les 2 jours	
CHOISIR	La croûte et la pâte souples	
CONSERVER	Jusqu'à 3 mois, emballé dans un papier ciré doublé d'une feuille d'aluminium, entre 2 et 4 °C	

Pâte semi-ferme pressée, non cuite; affiné
en surface, à croûte lavée

 Meule de 3 kg

 M.G. 25 %
HUM. 45 %

La Suisse Normande
Fermière et artisanale
Saint-Roch-de-l'Achigan (Lanaudière)

CROÛTE	Rustique, mince, tendre et duveteuse	
PÂTE	Ivoire, molle, crémeuse et fondante	
ODEUR	Délicate de lait frais, arômes de champignon	
SAVEUR	Douce, longue en bouche; notes de crème	
LAIT	De vache, entier, pasteurisé, d'un seul élevage	
AFFINAGE	De 3 à 6 semaines, la pâte devenant coulante à 6 semaines; croûte ensemencée de Penicillium candidum	
CHOISIR	Frais, tôt après sa fabrication	
CONSERVER	2 semaines à 1 mois, dans son emballage original ou emballé dans un papier ciré, entre 2 et 4 °C	

Pâte molle; caillé présure à dominance
lactique; égouttage lent; affiné en surface,
à croûte fleurie

 Meules de 1 kg

 M.G. 35 %
HUM. 50 %

PETIT POITOU

La Suisse Normande
Fermière et artisanale
Saint-Roch-de-l'Achigan (Lanaudière)

CROÛTE	Blanche, duveteuse et tendre
PÂTE	Blanche et molle, de crayeuse à fondante
ODEUR	Douce à marquée, de chèvre, de champignon frais et de lait
SAVEUR	Douce à marquée, salée, lactique, fongique et caprine, plus acide avec l'affinage
LAIT	De chèvre, entier, pasteurisé, d'un seul élevage
AFFINAGE	6 semaines ; croûte ensemencée de *Penicillium candidum*
CHOISIR	Frais, tôt après sa fabrication, la croûte et la pâte souples, à l'odeur fraîche
CONSERVER	2 à 4 semaines, dans un papier ciré doublé d'une feuille d'aluminium, entre 2 et 4 °C

Pâte molle ; caillé présure à dominance
lactique ; égouttage lent ; affiné en surface,
à croûte fleurie

 Meules de 200 g et de 1 kg,
à la coupe

  M.G.   22 %
HUM.   50 %

PETIT RUBIS

Fromagerie 1860 DuVillage inc. – Saputo
Mi-industrielle
Warwick (Bois-Francs)

CROÛTE	Orangée, striée et quadrillée, travaillée ; humide et plus foncée avec la maturation ; se couvre de mousse blanche
PÂTE	Blanc crème, onctueuse et crémeuse, parsemée de petits trous
ODEUR	Douce, de foin, de champignon et de crème
SAVEUR	Douce et équilibrée ; végétale et de crème salée, de pain frais, de champignon (croûte) ; notes animales et de lait chauffé (à 50 jours)
LAIT	De vache, pasteurisé, ramassage collectif
AFFINAGE	30 jours au moins, jusqu'à 40 et 50 jours, croûte lavée à la saumure
CHOISIR	Croûte orangée et feutrée blanche, souple
CONSERVER	1 à 2 mois, dans son emballage original, entre 4 et 6 °C
NOTE	S'est classé premier dans la catégorie Affiné en surface au Royal Agricultural Winter Fair en 2006.

Pâte molle, caillé mixte à dominance
lactique ; égouttage lent ; affiné en surface,
à croûte lavée

 Meule de 250 g

  M.G.   25 %
HUM.   52 %

Fromages Chaput, affiné par Les Dépendances du Manoir
Artisanale
Châteauguay (Montérégie)

Pâte semi-ferme, pressée, non cuite; caillé
présure; affiné en surface, à croûte lavée

Meule de 500 g (11,5 cm sur
4,5 cm)

M.G. 25 %
HUM. 50 %

CROÛTE	Jaune paille, souple, parsemée de mousse blanche à bleuâtre
PÂTE	Ivoire, souple et crémeuse, striée au centre d'une raie de cendre végétale, quelques petites ouvertures
ODEUR	Marquée, de la ferme; notes de beurre et de navet
SAVEUR	Douce à marquée, de crème et de noisette
LAIT	De vache, cru, d'un seul élevage
AFFINAGE	30 jours au moins jusqu'à 40 et 50 jours, croûte lavée à la saumure
CHOISIR	Pâte et croûte souples
CONSERVER	1 à 2 mois, dans son emballage original ou emballé dans un papier ciré, entre 2 et 4 °C

Fromagerie du Pied-de-Vent
Artisanale
Havre-aux-Maisons (Îles-de-la-Madeleine)

Pâte molle; caillé présure à dominance
lactique, égouttage lent; affiné en surface,
à croûte naturelle brossée

Meule de 1,3 kg

M.G. 26 %
HUM. 50 %

CROÛTE	Rose orangé, parfois noirâtre par endroits, souple, plissée, couverte d'un duvet blanc; collante et sableuse avec la maturation
PÂTE	Beurre clair, souple, veloutée et crémeuse voire coulante; parsemée de petits yeux
ODEUR	Marquée à corsée, prédominance rustique, du terroir voire animale; lactique de beurre chauffé, et alliacée
SAVEUR	Douce à marquée de beurre frais, de champignon et de navet; amertume près de la croûte (apportée par l'affinage)
LAIT	De vache, entier, cru, d'un seul élevage
AFFINAGE	60 jours
NOTE	«Pied de vent» est une expression utilisée par les Madelinots pour désigner les trous dans les nuages, lorsque les rayons du soleil s'y faufilent jusqu'au sol. Après l'orage, le pied de vent est annonciateur de grands vents. Aux îles plus qu'ailleurs, il faut souligner l'importance du terroir et de la qualité des pâturages de prés salés et leur influence sur la saveur du lait.

PIÉKOUAGAMI

La Fromagère Mistouk
Fermière
Alma (Saguenay–Lac-Saint-Jean)

Pâte semi-ferme pressée, non cuite ; caillé présure ; affiné en surface, à croûte lavée

 1,6 kg, à la coupe

 M.G. 30 %
HUM. 45 %

CROÛTE	Jaunâtre et traces bleutées, toilée, luisante
PÂTE	Jaune à ivoire, souple, tendre et dense, crémeuse, fondante en bouche
ODEUR	Douce de bleuet et d'alcool léger, de beurre, de saint-paulin ou de port-salut
SAVEUR	Douce et fruitée, de bleuet et d'alcool, de cheddar ; sensation de fraîcheur
LAIT	De vache, entier, pasteurisé, riche en gras oméga-3, élevage de la ferme
AFFINAGE	120 jours, croûte lavée à la liqueur de bleuet
CHOISIR	Pâte souple à l'odeur fraîche
CONSERVER	1 mois ou plus, emballé dans un papier ciré doublé d'une feuille d'aluminium, entre 2 et 4 °C
NOTE	Nommé selon l'appellation amérindienne du lac Saint-Jean, qui signifie lac peu profond ou lac plat.

PIZY

La Suisse Normande
Fermière et artisanale
Saint-Roch-de-l'Achigan (Lanaudière)

Pâte molle ; caillé présure à dominance lactique, égouttage lent ; affiné en surface, à croûte fleurie

 Meule de 200 g

 M.G. 27 %
 HUM. 49 %

CROÛTE	Blanche et toilée fleurie, avec un duvet court
PÂTE	Blanc crème, molle et crémeuse, de fondante à coulante
ODEUR	Arômes de lait frais et de champignon
SAVEUR	Douce et lactique ; notes de beurre salé, agréable finale ; légère amertume liée à son degré de maturation
LAIT	De vache, entier, pasteurisé, d'un seul élevage
AFFINAGE	De 7 à 10 jours, croûte ensemencée de *Penicillium candidum*
CHOISIR	L'odeur fraîche, la croûte et la pâte souples, optimal 20 jours après sa fabrication
CONSERVER	2 semaines à 1 mois, emballé dans un papier ciré doublé d'une feuille d'aluminium, à 4 °C
NOTE	Petit et plat, ce fromage est élaboré selon la tradition du canton de Vaud, en Suisse.

Fromagerie 1860 DuVillage inc. – Saputo
Mi-industrielle
Warwick (Bois-Francs)

PLEINE LUNE

Pâte molle; caillé mixte à dominance lactique;
affiné en surface, à croûte fleurie et enrobée de
cendre végétale

Meule de 600 g, à la coupe ou
précoupée

M.G.   38%
HUM.   48%

CROÛTE	Cendre noire couverte de mousse blanche (grisâtre avec la maturation)
PÂTE	Crayeuse, s'affine de l'extérieur vers l'intérieur et devient crémeuse, non coulante
ODEUR	Douce et lactique
SAVEUR	Neutre au début, à peine acidulée, développe des saveurs de beurre et de lait chauffé
LAIT	De vache, entier, pasteurisé, ramassage collectif
AFFINAGE	8 jours
CHOISIR	La croûte partiellement de mousse blanche, la pâte souple
CONSERVER	60 jours à compter de la date de fabrication, à 4 °C

Fromages Chaput, affiné par Les Dépendances du Manoir
Artisanale
Châteauguay (Montérégie)

PONT COUVERT

Pâte semi-ferme pressée, non cuite; caillé
présure; affiné en surface, à croûte lavée

Meule de 2 kg (24 cm sur 4 cm)

M.G.   23%
HUM.   54%

CROÛTE	Orangée, lavée et fine, couverte d'un duvet blanchâtre
PÂTE	Crème, fondante en bouche, petites ouvertures
ODEUR	Douce à marquée et fruitée
SAVEUR	Douce de crème et de paille
LAIT	De vache, entier, cru, d'un seul élevage
AFFINAGE	70 à 90 jours, croûte lavée avec un ferment d'affinage
CHOISIR	Croûte et pâte souples, croûte ni trop sèche ni trop collante
CONSERVER	Jusqu'à 2 mois, emballé dans un papier ciré doublé d'une feuille d'aluminium, entre 2 et 4 °C

239

PORT-ROYAL

Fritz Kaiser
Mi-industrielle
Noyan (Montérégie)

Pâte semi-ferme pressée, non cuite ; caillé
présure ; affiné en surface

Meule de 2 kg (22 cm de
diamètre sur 7,5 d'épaisseur),
à la coupe

M.G. . 27 %
HUM. 50 %

CROÛTE	Sans croûte
PÂTE	Jaune, crème souple, riche et onctueuse
ODEUR	Douce et lactique
SAVEUR	Douce et lactique ; notes de crème légèrement acidulée
LAIT	De vache, entier, avec ajout de crème, pasteurisé, élevages de la région
AFFINAGE	2 à 3 semaines, couvert d'une pellicule plastique jaune
CHOISIR	Pâte souple et non collante
CONSERVER	Jusqu'à 2 mois, emballé dans un papier ciré doublé d'une feuille d'aluminium, entre 2 et 4 °C
NOTE	Le Port-Royal s'inspire du port-salut, mais l'ajout de crème rehausse sa saveur. On en couvre la pâte afin de la protéger des moisissures.

PRÉ DES MILLE-ÎLES

Fromagerie du Vieux Saint-François
Artisanale
Laval (Montréal-Laval)

Pâte semi-ferme pressée, non cuite ; caillé
présure ; affiné en surface, à croûte lavée

Meule de 160 g

M.G. 28 %
HUM. 41 %

CROÛTE	Orangée rose, humide
PÂTE	Crème, de crayeuse à crémeuse et lisse s'affinant de la croûte vers le centre
ODEUR	Marquée à corsée, lactique acide, caprine ; notes de torréfaction, de caramel et de fruit
SAVEUR	Douce à marquée ; notes végétales, torréfiées (noisette grillée), lactiques (beurre salé) et caprines
LAIT	De chèvre, entier, pasteurisé, deux élevages
AFFINAGE	3 semaines, pour le prendre crémeux, croûte lavée à la saumure
CHOISIR	Croûte et pâte souples, la pâte encore légèrement crayeuse
CONSERVER	Jusqu'à 2 mois, emballé dans un papier ciré doublé d'une feuille d'aluminium, entre 2 et 4 °C

Fromagerie Champêtre
Artisanale / mi-industrielle
Repentigny (Lanaudière)

PRESQU'ÎLE

Pâte semi-ferme pressée, non cuite; caillé présure; affiné en surface, à croûte lavée et fleurie (mixte)

 Meule de 1,6 kg (21 cm sur 5,5 cm), à la coupe

 M.G. 26%
HUM. 47%

CROÛTE	Orangée, ferme mais tendre, sans être sèche, duvet fleuri
PÂTE	Souple, malléable, onctueuse, fondante en bouche
ODEUR	Douce à marquée, herbacée et du terroir
SAVEUR	Typée, douce et lactique à marquée; notes de champignon sauvage
LAIT	De vache, entier, pasteurisé, ramassage collectif
AFFINAGE	30 à 35 jours, croûte lavée à la saumure additionnée de *Penicillium candidum* pour favoriser le développement de la fleur
CHOISIR	Croûte et pâte souples, la pâte non collante
CONSERVER	Jusqu'à 2 mois, emballé dans un papier ciré doublé d'une feuille d'aluminium, entre 2 et 4 °C

Madame Chèvre
Mi-industrielle
Princeville (Bois-Francs)

PRINCEVILLE

Pâte molle; caillé présure à dominance lactique, stabilisé, égouttage lent; affiné en surface, à croûte fleurie

 Meule de 165 g

 M.G. 22%
HUM. 52%

CROÛTE	Blanche fleurie, soutenue
PÂTE	Blanche, lisse, unie et onctueuse, non coulante
ODEUR	Douce de champignon et caprine
SAVEUR	Douce, de lait et de crème; la croûte agréablement croquante, rappelle le champignon et l'œuf dur; le caractère caprin se développe avec le temps
LAIT	De chèvre, entier, pasteurisé, élevages de la région
AFFINAGE	12 jours
CHOISIR	La croûte et la pâte souples, à l'odeur fraîche
CONSERVER	2 mois, dans un papier ciré doublé d'une feuille d'aluminium, entre 2 et 4 °C
NOTE	S'est classé premier de sa catégorie au Royal Winter Fair 2007.

241

PYRAMIDE

Ruban Bleu
Fermière
Saint-Isidore (Montérégie)

CROÛTE	Blanche, fleurie et duveteuse
PÂTE	Blanc crème, molle de crayeuse à crémeuse et fondante
ODEUR	Très douce, lactique; notes caprines et de champignon
SAVEUR	Douce, belle longueur en bouche; notes caprines et de champignon
LAIT	De chèvre, entier, pasteurisé, élevage de la ferme
AFFINAGE	1 à 4 mois
CHOISIR	Frais, tôt après sa fabrication, la croûte blanche et fleurie, la pâte souple
CONSERVER	1 mois, emballé dans un papier ciré, entre 2 et 4 °C
OÙ TROUVER	À la fromagerie
NOTE	La Pyramide a remporté le premier prix dans sa catégorie ainsi que le Caseus d'argent toutes catégories confondues au Festival des fromages de Warwick 2000.

Pâte molle; caillé présure à dominance
lactique, égouttage lent; affiné en surface,
à croûte fleurie

 Pyramide de 300 g

 M.G. 20 %
HUM. 60 %

La raclette

Ce fromage centenaire est une spécialité du Valais suisse. À l'origine fait de lait de vache cru, il cache sous sa croûte lavée marron à orangée une pâte semi ferme souple et crémeuse. Sa propriété de fonte le rapproche des fromages à fondue, mais son goût est plus corsé.

Fritz Kaiser a mis en marché la première raclette fabriquée au pays selon la tradition et les méthodes apprises dans sa Suisse natale. D'autres fromagers ont suivi. On trouve aujourd'hui sur le marché québécois une variété de raclettes aux saveurs variant de douces à corsées et dont plusieurs sont vouées à l'exportation.

LES FROMAGES DE TYPE RACLETTE FABRIQUÉS AU QUÉBEC

Raclette Anco, Raclette Champêtre, Raclette Damafro, Raclette des Appalaches, Raclette d'Oka, Raclette du Griffon, Raclette DuVillage de Warwick, Raclette Fritz régulier, moyen et fort, Raclette Kingsey

RACLETTE CHAMPÊTRE

Fromagerie Champêtre
Artisanale / mi-industrielle
Repentigny (Lanaudière)

CROÛTE	Orangée brune, légèrement fleurie et sableuse
PÂTE	Lisse, souple et crémeuse
ODEUR	Franchement marquée du terroir
SAVEUR	Marquée de beurre salé et du terroir, savoureuse
LAIT	De vache, entier, pasteurisé, ramassage collectif de la région de Lanaudière
AFFINAGE	45 à 90 jours, bactéries d'affinage ajoutées au lait, croûte lavée à la saumure
CHOISIR	Croûte et pâte souples, à l'odeur agréable
CONSERVER	Jusqu'à 2 mois, emballé dans un papier ciré doublé d'une feuille d'aluminium, entre 2 et 4 °C

Pâte semi-ferme pressée, non cuite; caillé présure; affiné en surface, à croûte lavée

 Meule rectangulaire de 2 kg (27 cm sur 9,5 cm sur 6 cm) et en demi-meule

 M.G. 24 %
HUM. 40 %

RACLETTE DAMAFRO

Damafro – Fromagerie Clément
Mi-industrielle
Saint-Damase (Montérégie)

CROÛTE	Toilée, brunâtre et épaisse
PÂTE	Blé mûr, souple, dense, élastique et luisante
ODEUR	Marquée, rappelant le gruyère
SAVEUR	Franche, légèrement salée; notes de noisette
LAIT	De vache, entier, pasteurisé, ramassage collectif
AFFINAGE	Environ 30 jours, croûte lavée à la saumure
CHOISIR	La croûte sèche et souple, la pâte non collante
CONSERVER	Jusqu'à 2 mois, emballé dans un papier ciré doublé d'une feuille d'aluminium, entre 2 et 4 °C

Pâte semi-ferme pressée, non cuite; caillé présure; affiné en surface, à croûte lavée

 Meule de 3 kg, à la coupe

 M.G. 29 %
HUM. 46 %

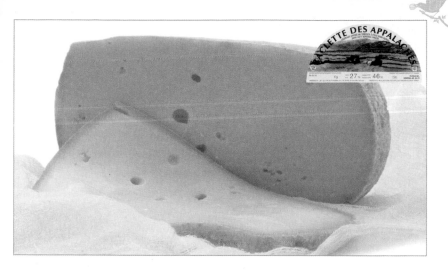

CROÛTE	Dorée, lavée, mi-épaisse, sèche au toucher
PÂTE	Crème à blé mûr, lisse, souple et élastique
ODEUR	Marquée, devenant plus intense avec la maturation
SAVEUR	Marquée et longue en bouche, d'abord délicate et fruitée, puis plus intense avec la maturation, fromage de caractère
LAIT	De vache, pasteurisé, d'un seul élevage
AFFINAGE	8 à 10 semaines sur planche de pin, croûte lavée à la saumure
CHOISIR	Pâte lisse, à l'odeur fruitée
CONSERVER	Jusqu'à 1 mois, emballé dans un papier ciré doublé d'une feuille d'aluminium, entre 2 et 4 °C
OÙ TROUVER	À la fromagerie (tous les jours de 8 h 30 à 12 h, et de 13 h à 16 h 30), dans les boutiques et fromageries spécialisées ainsi que dans les supermarchés

Pâte semi-ferme pressée, non cuite ; caillé présure ; affiné en surface, à croûte lavée

 Meule de 3 kg, à la coupe

 M.G. 27 %
HUM. 46 %

Agropur – Usine d'Oka
Industrielle
Oka (Basses-Laurentides)

CROÛTE	Jaune à rouge selon le degré de maturation, relativement ferme
PÂTE	Ivoire, ferme mais souple, crémeuse
ODEUR	Forte ; notes de noisette
SAVEUR	Piquante, s'intensifiant avec la maturation
LAIT	De vache, entier, pasteurisé, ramassage collectif
AFFINAGE	40 jours, croûte lavée à la saumure
CHOISIR	Croûte sèche et souple, pâte non collante
CONSERVER	Jusqu'à 2 mois, emballé dans un papier ciré doublé d'une feuille d'aluminium, entre 2 et 4 °C

Pâte ferme pressée, non cuite ; caillé présure ; affiné en surface, à croûte lavée

 Meule de 3 kg, au poids

 M.G. 28%
HUM. 42%

Fritz Kaiser
Mi-industrielle
Noyan (Montérégie)

CROÛTE	Teintée de brun clair, mince et rugueuse
PÂTE	Jaune crème, souple et onctueuse
ODEUR	Marquée, franche, pénétrante et légèrement piquante
SAVEUR	Marquée, épicée voire poivrée, avec des notes de beurre salé et de noisette
LAIT	De vache, entier, pasteurisé, élevages de la région
AFFINAGE	2 mois (régulier) et 4 mois (moyen), croûte lavée à la saumure et à la bière Griffon
CHOISIR	La croûte sèche et souple, pâte non collante
CONSERVER	Jusqu'à 2 mois, emballé dans un papier ciré doublé d'une feuille d'aluminium, entre 2 et 4 °C
NOTE	La Raclette du Griffon s'est classée champion dans la catégorie Fromage aromatisé (non particulaire) au Grand Prix des fromages canadiens 2004.

Pâte semi-ferme pressée, non cuite ; caillé présure ; affiné en surface, à croûte lavée

 Meule de 3,2 kg, à la coupe

 M.G. 24%
HUM. 48%

Fromagerie 1860 DuVillage inc. – Saputo
Mi-industrielle
Warwick (Bois-Francs)

RACLETTE DUVILLAGE

CROÛTE	Brun orangé, lavée, mince et souple
PÂTE	Ivoire à jaune pâle, semi-ferme, souple
ODEUR	Marquée, bouquetée
SAVEUR	Marquée et fruitée, avec une pointe lactique de beurre légèrement salé et de noisette
LAIT	De vache, entier, pasteurisé, ramassage collectif
AFFINAGE	2 à 3 mois, croûte lavée à la saumure
CHOISIR	Croûte sèche et souple, pâte non collante
CONSERVER	Jusqu'à 2 mois, emballé dans un papier ciré doublé d'une feuille d'aluminium, entre 4 et 6 °C, dans la partie la moins froide du réfrigérateur pour éviter le dessèchement

Pâte semi-ferme pressée, non cuite; caillé
présure; affiné en surface, à croûte lavée

 Meule de 3 kg à la coupe

 M.G.   26 %
HUM.   46 %

Fritz Kaiser
Mi-industrielle
Noyan (Montérégie)

RACLETTE FRITZ RÉGULIÈRE, MOYENNE et FORTE

CROÛTE	Paille foncée, lavée
PÂTE	Jaune crème, souple et onctueuse
ODEUR	Marquée et lactique
SAVEUR	Marquée à intense; notes de noisette et de champignon
LAIT	De vache, entier, pasteurisé, élevages de la région
AFFINAGE	2 mois (régulier) et 4 mois (moyen), croûte lavée à la saumure
CHOISIR	Croûte sèche et souple, pâte non collante
CONSERVER	Jusqu'à 2 mois, emballé dans un papier ciré doublé d'une feuille d'aluminium, entre 2 et 4 °C

Pâte semi-ferme, pressée, non cuite; caillé
présure; affiné en surface, à croûte lavée

 Meule de 3,5 kg (26 cm sur
6,5 cm), à la coupe

 M.G.   24 %
HUM.   48 %

La ricotta

Le terme italien *ricotta* signifie recuisson. Venu du Piémont et de la Lombardie, ce fromage à pâte fraîche est élaboré à partir des résidus du caillé utilisé dans la fabrication du provolone, du cheddar ou du suisse.

La ricotta s'obtient par l'acidification du lactosérum du lait autour de 85 °C. Durant le processus, les protéines forment des grumeaux contenant le lactose, les gras et les sels minéraux.

La ricotta peut être élaborée à partir du lait de brebis, de chèvre ou de vache. On la trouve en crème ou en blocs pressés. Son goût est léger, voire neutre.

FROMAGES DE TYPE RICOTTA FABRIQUÉS AU QUÉBEC

Fiorella Ricotta (Saputo), Neige de brebis (La Moutonnière), Ricotta (Abbaye de Saint-Benoît-du-Lac), Ricotta (Damafro), Ricotta Bio Liberté, Ricotta Pure Chèvre (Abbaye de Saint-Benoît-du-Lac), Ricotta Prestigio (Agropur), Ricotta Saputo, Tuma (Saputo).

La Moutonnière
Fermière/artisanale
Sainte-Hélène-de-Chester (Bois-Francs)

NEIGE DE BREBIS

Ricotta de brebis; pâte fraîche; caillé
présure, égouttage lent; non affiné

Faisselle de 750 g

M.G. 20 %
HUM. 60 %

CROÛTE	Sans croûte
PÂTE	Fraîche, onctueuse et légère
ODEUR	Douce
SAVEUR	De noisette, douce, légèrement sucrée
LAIT	De brebis, entier, pasteurisé, un seul élevage
AFFINAGE	Aucun
CHOISIR	Dans son contenant d'origine, dès sa fabrication
CONSERVER	Jusqu'à 15 jours, réfrigéré à 2 °C
NOTE	Le Neige de brebis est un fromage inspiré du *broccio* corse (au lait de brebis ou de chèvre), élaboré à partir du lactosérum à la façon de la ricotta. Il est présenté dans de petits paniers d'osier comme dans son pays d'origine. Moulé en petites meules, égoutté et salé, le fromage peut être affiné. Le Neige de brebis a été primé par l'American Cheese Society en 2003 et a obtenu le Premier prix au printemps 2008.

Abbaye de Saint-Benoît-du-Lac
Artisanale
Saint-Benoît-du-Lac (Cantons-de-l'Est)

RICOTTA
PURE CHÈVRE

Pâte fraîche; caillé présure, égouttage lent;
non affiné

Meule en pointes d'environ 170 g

M.G. 25 %
HUM. 55 %

CROÛTE	Sans croûte
PÂTE	Blanche, granuleuse et humide, en bloc souple
ODEUR	Très douce
SAVEUR	Douce et légèrement saline, lactique
LAIT	De chèvre, entier, pasteurisé, élevage de la ferme
AFFINAGE	Aucun
CHOISIR	Tôt après sa fabrication
CONSERVER	2 semaines, emballé dans une pellicule plastique, entre 2 et 4 °C

Ricotta

RICOTTA ABBAYE

Abbaye de Saint-Benoît-du-Lac
Artisanale
Saint-Benoît-du-Lac (Cantons-de-l'Est)

Pâte fraîche; caillé présure, égouttage lent;
non affiné

Meule pressée, en pointes
d'environ 170 g emballées
sous vide

M.G. 12 %
HUM. 65 %

CROÛTE	Sans croûte
PÂTE	Blanche, granuleuse et humide, en bloc souple
ODEUR	Très douce
SAVEUR	Douce et légèrement saline, lactique
LAIT	De vache, entier, pasteurisé, élevage de la ferme
AFFINAGE	Aucun
CHOISIR	Frais, tôt après sa sortie de fabrication
CONSERVER	2 semaines, emballé dans une pellicule plastique, entre 2 et 4 °C

RICOTTA SAPUTO

Saputo
Industrielle
Montréal (Montréal-Laval)

Pâte fraîche; caillé présure, égouttage lent;
non affiné

Contenant de 475 g

M.G. 13 %
HUM. 73 %

CROÛTE	Sans croûte
PÂTE	Blanche et humide, texture crémeuse, légèrement pâteuse et granuleuse
ODEUR	Très douce et lactique, légèrement acide; rappelle le lait en poudre
SAVEUR	Douce, délicate de lait frais avec une pointe d'amertume laissant une impression de fraîcheur
LAIT	De vache, partiellemt écrémé, pasteurisé, ramassage collectif
AFFINAGE	Aucun
CHOISIR	Frais, tôt après sa sortie de fabrication
CONSERVER	28 jours depuis la date de production avant ouverture ; dans les 4 jours après ouverture, entre 2 et 4 °C

Fromagerie L'Ancêtre pour le groupe Liberté
Certifié biologique par Québec Vrai
Industrielle · Brossard (Montérégie)

RICOTTA LIBERTÉ
et RICOTTA L'ANCÊTRE

Pâte fraîche; caillé présure, égouttage lent;
non affiné

 Contenants de 190 g et 2 kg

M.G.	7 %
HUM.	65 %

CROÛTE	Sans croûte
PÂTE	Blanche, humide et granuleuse
ODEUR	Douce de lait
SAVEUR	Douce et lactique
LAIT	De vache, biologique ou non, entier ou partiellement écrémé, pasteurisé, élevages sélectionnés
AFFINAGE	Aucun
CHOISIR	Tôt après sa fabrication
CONSERVER	2 semaines, dans son contenant, entre 2 et 4 °C

Pâte fraîche; caillé présure, égouttage lent;
non affiné

 Sachet de 500 g

M.G.	15 %
HUM.	65 %

CROÛTE	Sans croûte
PÂTE	Blanche, très humide, souple et veloutée
ODEUR	Neutre
SAVEUR	Douce et délicate de lait
LAIT	De vache, pasteurisé, ramassage collectif
AFFINAGE	Aucun
CHOISIR	Tôt après sa fabrication
CONSERVER	4 jours après l'ouverture de l'emballage
NOTE	Le tuma a ses origines en Sardaigne et en Sicile. Le fromage est produit à partir de lait de brebis, comme la ricotta, mais s'en distingue par sa texture plus ferme.

Fromagerie Médard
Fermière et artisanale
Saint-Gédéon (Saguenay–Lac-Saint-Jean)

CROÛTE	Rose orangé, mousse de *Penicillium candidum* blanc couvrant les stries; souple, tendre
PÂTE	Beurre clair, souple, crémeuse et onctueuse avec l'affinage, parsemée de petits trous épars
ODEUR	Douce à marquée, végétale (champignon, cave et navet avec la maturation), lactique (beurre) et fruitée (noix)
SAVEUR	Douce à marquée, de beurre salé, de champignon et d'endive, accompagnée de notes torréfiées
LAIT	De vache, entier, pasteurisé, élevage de la ferme
AFFINAGE	30 jours, croûte lavée à la saumure
CHOISIR	Tôt après sa fabrication, à l'odeur fraîche de champignon et de beurre, la pâte souple
CONSERVER	2 à 3 semaines dans son emballage original ou emballé dans un papier ciré doublé d'une feuille d'aluminium

Pâte molle; caillé présure à dominance lactique, égouttage lent; affiné en surface, croûte lavée et fleurie (mixte)

 Meules de 200 g et 1 kg

 M.G. 27 %
HUM. 50 %

Agropur Signature
Industrielle
Oka (Basses-Laurentides)

CROÛTE	Blanche, fleurie
PÂTE	Blanche, de crayeuse à crémeuse et onctueuse; non coulante
ODEUR	Douce et caprine, de crème et de champignon
SAVEUR	Douce de champignon et caprine, notes acidifiées et amères
LAIT	De chèvre, pasteurisé, ramassage collectif
AFFINAGE	Environ 20 jours
CHOISIR	La croûte et la pâte souples, à l'odeur fraîche
CONSERVER	3 semaines dans son emballage d'origine, entre 2 et 4 °C

Pâte molle; caillé présure à dominance lactique; affiné en surface, à croûte fleurie

 Meule de 100 g

M.G. 22 %
HUM. 56 %

Fritz Kaiser, affiné par Les Dépendances du Manoir
Mi-industrielle
Noyan (Montérégie)

ROUGETTE DE BRIGHAM

Pâte molle; caillé présure à dominance
lactique, égouttage lent; affiné en surface,
à croûte lavée

Meule de 150 g

M.G.   25%
HUM. 55%

CROÛTE	Orangée, humide
PÂTE	Ambrée, fondante
ODEUR	Douce et fruitée
SAVEUR	Douce à marquée, typée; notes vaporeuses et fruitées de pomme et de noisette grillée
LAIT	De vache, entier, pasteurisé
AFFINAGE	60 jours, croûte lavée au brandy de pomme
CHOISIR	Dans son emballage original, souple
CONSERVER	Jusqu'à 2 mois, dans un papier ciré doublé d'une feuille d'aluminium, entre 2 et 4 °C
NOTE	Ce joyau des Dépendances du Manoir est affiné pendant 60 jours. Par la suite, il macère dans le brandy de pomme de Michel Jodoin (Rougemont). Les petites meules sont déposées dans d'anciennes jarres de grès contenant du brandy et hermétiquement fermées. Le fromage se gorge alors de la saveur et des vapeurs de l'alcool.

Damafro – Fromagerie Clément
Mi-industrielle
Saint-Damase (Montérégie)

SAINT-DAMASE et
SAINT-DAMASE LÉGER

Pâte molle; caillé présure à dominance lactique;
affiné en surface, à croûte lavée et fleurie (mixte)

Meules de 175 g et 1,2 kg,
à la coupe

M.G.   26% et 15% (léger)
HUM. 50% et 54% (léger)

CROÛTE	Orangée, en partie couverte de duvet
PÂTE	Jaune blé, onctueuse et lisse, devenant coulante, parsemée de petits yeux
ODEUR	Franche et marquée de champignon frais, de navet; plus corsée avec la maturation
SAVEUR	Marquée à corsée et fruitée, bon goût de champignon et de beurre
LAIT	De vache, entier, pasteurisé, ramassage collectif
AFFINAGE	6 ou 7 semaines, croûte lavée à la saumure puis ensemencée de *Geotrichum candidum*
CHOISIR	La croûte légèrement fleurie, la pâte souple et crémeuse
CONSERVER	1 mois, dans un papier ciré, entre 2 et 4 °C
NOTE	Ce fromage à croûte lavée et fleurie est le tout premier à avoir été fabriqué au Québec d'après une recette élaborée dans un monastère du Calvados. Un beau produit de la fromagerie.

SABOT DE BLANCHETTE

La Suisse Normande
Fermière et artisanale
Saint-Roch-de-l'Achigan (Lanaudière)

CROÛTE	Naturelle, plissée et inégale (crapaudée), légère et croquante, couverte d'une fleur blanche et piquée de mousse bleue
PÂTE	Blanc crème, crayeuse à onctueuse et lisse, devenant coulante de la croûte vers le centre, crémeuse
ODEUR	Délicate de lait frais et de cave humide, accompagnée d'une pointe caprine
SAVEUR	Douce, veloutée et piquante avec une légère acidité caprine; notes végétales, de champignon, puis de cave humide, et une pointe rustique selon l'affinage (croûte)
LAIT	De chèvre, entier, pasteurisé, d'un seul élevage
AFFINAGE	21 jours à 6 semaines
CHOISIR	Odeur bien fraîche, la pâte crayeuse et légèrement humide, la croûte adhérant à la pâte et piquée de bleu
CONSERVER	2 semaines dans son emballage ciré, entre 2 et 4 °C
OÙ TROUVER	À la fromagerie et distribué par Plaisir Gourmet dans les boutiques et fromageries spécialisées
NOTE	Ce petit fromage tient son originalité de la mousse bleue qui parsème sa croûte. Elle confère à la pâte un léger goût fruité, piquant, long et agréable.

Pâte molle; caillé présure à dominance
lactique, égouttage lent; affiné en surface,
à croûte naturelle fleurie

 Pyramide tronçonnée
de 150 g

 M.G. 26 %
HUM. 50 %

CROUTE	Blanche, fleurie et duveteuse; ambrée, traces de cendre
PÂTE	Blanche à crème, molle, crayeuse à onctueuse avec la maturation
ODEUR	Douce et lactique à marquée, caprine
SAVEUR	Douce, de champignon et de lait, caprine se mariant et complétant à merveille celle de la cendre; goût fruité du bleu (2 mois d'affinage – cendré); belle longueur en bouche
LAIT	De chèvre, entier, pasteurisé, élevage de la ferme
AFFINAGE	30 jours ou plus
CHOISIR	Tôt après sa fabrication
CONSERVER	2 à 4 semaines, emballé dans un papier ciré, entre 2 et 4 °C
OÙ TROUVER	À la fromagerie

Pâte molle; caillé présure à dominance lactique, égouttage lent; affiné en surface, à croûte fleurie, nature ou enrobé de charbon végétal

 Meule de 180 g et 125 g (cendré)

M.G. 19 % et 20 % (cendré)
HUM. 56 % et 60 % (cendré)

Fromagerie Ferme des Chutes
Certifié biologique par Québec Vrai · Artisanale et
fermière · Saint-Félicien (Saguenay—Lac-Saint-Jean)

CROÛTE	Sans croûte
PÂTE	Jaune pâle, lisse, unie, onctueuse et fondante en bouche
ODEUR	Douce de beurre, de levure; notes rappelant la brioche
SAVEUR	Douce, goût de beurre, touche d'acidité; notes végétales et d'amande en fin de bouche
LAIT	De vache, entier, pasteurisé à basse température, élevage de la ferme
AFFINAGE	6 semaines à 8 mois
CHOISIR	Sous vide
CONSERVER	Jusqu'à 2 mois, emballé dans un papier ciré doublé d'une feuille d'aluminium, entre 2 et 4 °C
NOTE	Il est transformé à la façon du brick, avec le même caillé que le cheddar mais dont on retire le lactose. Il est moulé, salé, puis mis en cave.

Pâte semi-ferme pressée, non cuite; caillé présure; affiné dans la masse, sans ouverture

 Blocs de 200 g et 400 g

 M.G. 29 %
HUM. 42 %

Fromagerie 1860 DuVillage inc. – Saputo
Fermière
Warwick (Bois-Francs)

CROÛTE	Rouge orangé, souple, humide, mousse blanche éparse
PÂTE	Beige pâle, souple et onctueuse à fondante
ODEUR	Douce à corsée, de champignon avec une pointe rustique
SAVEUR	Équilibrée, douce de lait frais à corsée et fruitée avec une pointe rustique
LAIT	De vache, entier, pasteurisé, ramassage collectif; substances laitières modifiées
AFFINAGE	21 jours à 30 et 40 jours (pâte riche et fondante), croûte lavée à la saumure
CHOISIR	Croûte humide et orangée à fin feutrage blanc pour les plus jeunes, la pâte moelleuse et fondante
CONSERVER	1 à 2 mois, emballé dans un papier ciré, entre 4 et 6 °C, dans la partie la moins froide du réfrigérateur
NOTE	En 2005, le Saint-Médard s'est classé premier au Prix du public, dans la Sélection Caseus.

Pâte semi-ferme pressée, non cuite; caillé présure; affiné en surface, à croûte lavée

 Meule de 200 g

 M.G. 28 %
HUM. 46 %

Le saint-paulin

Le saint-paulin est classé parmi les fromages à pâte semi-ferme pressée et non cuite. Il faut jusqu'à 20 kg de lait pour obtenir un fromage de 2 kg en moyenne. L'ajout de ferments lactiques aide à la transformation du lactose en acide lactique et donne au saint-paulin sa saveur acidulée caractéristique.

Les ferments lactiques favorisent également la coagulation du lait. Le caillé est provoqué par ajout de présure. Le gel obtenu en une vingtaine de minutes est découpé à la grosseur d'un grain de maïs. S'ensuit un contrôle de l'acidité et de la teneur en lactose que l'on peut diminuer en remplaçant une partie du lactosérum par de l'eau. Le caillé subit alors une première pression afin de retirer le plus de lactosérum possible, puis il est moulé et mis sous presse afin de prendre sa forme définitive. Après salage dans un bain de saumure, le fromage est placé dans une cave d'affinage de 4 à 5 semaines. Durant cette période, le fromage est frotté afin d'empêcher le développement de moisissures.

On le reconnaît par la pellicule plastique orangée qui l'enrobe : c'est une façon simple de le protéger contre les moisissures qui peuvent se développer en surface. Originellement élaboré par des moines, comme le port-salut, ce fromage subit une très légère maturation. Sa pâte souple recèle une saveur fraîche, douce et fruitée, légèrement sucrée et très caractérisée.

LES FROMAGES DE TYPE SAINT-PAULIN FABRIQUÉS AU QUÉBEC
Saint-paulin Anco (Agropur), Saint-paulin Damafro, Saint-paulin des Basques, Saint-paulin DuVillage, Saint-paulin Fritz Kaiser (régulier et léger)

SAINT-PAULIN ANCO

Agropur
Mi-industrielle
Oka (Basses-Laurentides)

Pâte semi-ferme non cuite ; caillé présure, à croûte artificielle à base de parma alimentaire

 Meule de 2 kg, à la coupe

 M.G. 26 %
HUM. 46 %

CROÛTE	Sans croûte
PÂTE	Jaune pâle, semi-ferme, tendre, lisse et moelleuse
ODEUR	Franche et relevée
SAVEUR	Douce de lait frais
LAIT	De vache, entier, pasteurisé, ramassage collectif ; peut contenir des protéines lactosériques
AFFINAGE	14 jours, couvert d'une pellicule alimentaire orangée
CHOISIR	La pâte ferme mais souple, à l'odeur franche et relevée
CONSERVER	1 à 2 mois, emballé dans un papier ciré doublé d'une feuille d'aluminium, à 4 °C

SAINT-PAULIN DAMAFRO

Damafro – Fromagerie Clément
Mi-industrielle
Saint-Damase (Montérégie)

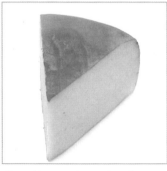

Pâte semi-ferme pressée, non cuite ; caillé présure ; affiné en surface

 Meule d'environ 2,2 kg, à la coupe

 M.G. 25 %
HUM. 43 %

CROÛTE	Sans croûte
PÂTE	Semi-ferme, lisse, souple et crémeuse
ODEUR	Douce et délicate de crème ou de lait frais caillé, légèrement acidulée, de légumes
SAVEUR	Douce de crème, herbacée, très légèrement fumée
LAIT	De vache, entier, pasteurisé, ramassage collectif ; protéines laitières
AFFINAGE	2 semaines à 1 mois, couvert d'une pellicule jaune orangé
CHOISIR	La croûte et la pâte souples, à l'odeur fraîche
CONSERVER	Jusqu'à 2 mois, emballé dans un papier ciré doublé d'une feuille d'aluminium, entre 2 et 4 °C

SAINT-PAULIN DES BASQUES

Pâte semi-ferme, pressée, non cuite ; caillé
présure ; affiné dans la masse

Meule de 2 à 3 kg

M.G.   42 %
HUM.   25 %

CROÛTE	Sans croûte
PÂTE	Souple et beurrée
ODEUR	Très douce et lactique
SAVEUR	Très douce, lactique, légèrement acidifiée, de noix, légèrement salée
LAIT	De vache, entier, pasteurisé, élevages de la région
AFFINAGE	45 à 60 jours, couvert d'une pellicule plastique rouge orangé
CHOISIR	Tôt après sa fabrication, 45 à 60 jours, la pâte souple et à l'odeur fraîche
CONSERVER	1 mois, emballé dans un papier ciré doublé d'une feuille d'aluminium, entre 2 et 4 °C

SAINT-PAULIN FRITZ
et SAINT-PAULIN LÉGER

Pâte semi-ferme pressée, non cuite ; caillé présure ;
affiné en surface

Meule de 2 kg (20 cm sur 7,5 cm), à la coupe

M.G.   25 %, et 12 % (léger)
HUM.   50 %

CROÛTE	Sans croûte
PÂTE	Crème, semi-ferme, onctueuse
ODEUR	Douce et lactique ; notes acides
SAVEUR	Douce, fraîche et lactique
LAIT	De vache, entier, pasteurisé, élevages de la région
AFFINAGE	2 semaines, couvert d'une pellicule alimentaire orangée
CHOISIR	La croûte et la pâte souples, à l'odeur fraîche
CONSERVER	Jusqu'à 2 mois, emballé dans un papier ciré doublé d'une feuille d'aluminium, entre 2 et 4 °C

SAINT-PIERRE DE SAUREL (ESROM) RÉGULIER et LÉGER

Les Fromages Riviera – Laiterie Chalifoux
Mi-industrielle
Sorel (Montérégie)

Pâte semi-ferme pressée, non cuite ; caillé
présure ; affiné en surface, à croûte lavée,
sans lactose

   Meule de 2 kg, à la coupe

M.G.	24 % et 14 %
HUM.	50 % et 47 %

CROÛTE	Jaune paille à jaune orangé, humide et tendre
PÂTE	Crème, semi-ferme, souple, onctueuse et veloutée
ODEUR	Marquée et parfumée, beurrée et animale
SAVEUR	Douce à marquée ; notes de beurre, fruitées ; moins intenses (léger)
LAIT	De vache, partiellement écrémé et écrémé, pasteurisé, ramassage collectif
AFFINAGE	1 mois ou plus, croûte lavée à la saumure
NOTE	L'esrom est le port-salut danois ; il tire son nom du monastère où il fut produit jusqu'en 1559. Il a été redécouvert en 1951 (source : Wikipédia).

SENTINELLE

Fromagerie Le Détour
Artisanale
Notre-Dame-du-Lac (Bas-Saint-Laurent)

Pâte molle ; caillé présure à dominance
lactique ; affiné en surface, à croûte lavée

   Meule de 1,2 à 1,4 kg environ

M.G.	24 %
HUM.	52 %

CROÛTE	Orangée, humide, collante et souple ; quelques points de mousse blanchâtre ; sableuse avec la maturation
PÂTE	Blanc crème, de crayeuse au centre à crémeuse près des bords ; devient coulante
ODEUR	Douce et lactique
SAVEUR	Douce de crème, de beurre, suivie d'une pointe caprine
LAIT	De chèvre, entier, pasteurisé, élevage sélectionné
AFFINAGE	3 semaines, croûte lavée à la saumure
CHOISIR	La croûte légèrement feutrée, à peine humide ; à l'odeur franche de croûte pain frais
CONSERVER	15 jours à 3 semaines (en pointe), emballé dans un papier ciré doublé d'une feuille d'aluminium, entre 2 et 4 °C

Fromagerie de l'Érablière
Fermière
Mont-Laurier (Hautes-Laurentides)

SIEUR CORBEAU DES LAURENTIDES

Pâte molle; caillé mixte à dominance lactique,
égouttage lent; affiné en surface, à croûte lavée

 Meules de 170 g et 300 g

 M.G. 27 %
HUM. 55 %

CROÛTE	Marron clair à blanchâtre, fine, sèche et couverte d'un duvet blanc clairsemé
PÂTE	Teinte crème, semi-ferme, souple et onctueuse
ODEUR	Légèrement marquée; notes de champignon
SAVEUR	Douce; notes de crème, de noisette et de champignon frais
LAIT	De vache, entier, thermisé, élevage de la ferme
AFFINAGE	45 jours, croûte lavée à la saumure puis ensemencée de *Penicillium candidum*
CHOISIR	La croûte orangée est légèrement feutrée, la pâte souple et crémeuse
CONSERVER	1 à 2 mois, dans son emballage original double épaisseur, entre 4 et 6 °C

La Fromagerie 1860 DuVillage inc. – Saputo
Mi-industrielle
Warwick (Bois-Francs)

SIR LAURIER D'ARTHABASKA

Pâte semi-ferme pressée, non cuite; caillé présure;
affiné en surface, à croûte lavée et fleurie (mixte)

 Meule de 1,5 kg

 M.G. 27 %
HUM. 44 %

CROÛTE	Rouge orangé, striée, couvert de duvet
PÂTE	Beige à jaune clair, onctueuse à crémeuse et coulante si chambrée, fondante
ODEUR	Marquée, piquante avec la maturation; lactique et végétale
SAVEUR	Douce à corsée, de pain frais, de foin, de crème, de lait cuit, de beurre, de champignon, notes d'amande
LAIT	De vache, entier, pasteurisé, ramassage collectif; substance laitière modifiée
AFFINAGE	21 jours (doux, croûte de pain frais) au moins, à 60 jours (relevé); croûte lavée à la saumure
CHOISIR	La croûte légèrement fleurie, la pâte souple et onctueuse
CONSERVER	Jusqu'à 2 mois, emballé dans un papier ciré doublé d'une feuille d'aluminium, entre 2 et 4 °C

SŒUR ANGÈLE

Fritz Kaiser, affiné par Les Dépendances du Manoir
Mi-industrielle
Noyan (Montérégie)

CROÛTE	Fine, couverte d'une abondante mousse blanche
PÂTE	Couleur crème, crémeuse et onctueuse
ODEUR	Douce à marquée, de crème et de champignon
SAVEUR	Franche, ronde, de crème, de beurre et de champignon; bel équilibre
LAIT	60 % de vache, 40 % de chèvre, entier et crème, pasteurisé, élevages de la région
AFFINAGE	21 jours
CHOISIR	La croûte fleurie, la pâte crémeuse
CONSERVER	1 mois, dans un papier ciré doublé d'une feuille d'aluminium, entre 2 et 4 °C

Mi-chèvre, double-crème, pâte molle; caillé présure à dominance lactique, égouttage lent; affiné en surface, à croûte fleurie

 Meule de 180 g et 2 kg

M.G. 29 %
HUM. 50 %

SORCIER DE MISSISQUOI

Fritz Kaiser, affiné par Les Dépendances du Manoir
Mi-industrielle
Noyan (Montérégie)

CROÛTE	Orangée, lavée et humide, parsemée de mousse blanche
PÂTE	Jaune crème à ivoire, semi-ferme et souple, striée au centre d'une couche de cendre à la façon du morbier
ODEUR	Douce; notes de noisette
SAVEUR	Douce, léger goût de noisette
LAIT	De vache, entier, pasteurisé
AFFINAGE	Quelques semaines, croûte lavée avec une saumure à base de chlorure de calcium
CHOISIR	La croûte légèrement fleurie, la pâte souple et crémeuse
CONSERVER	2 mois, emballé dans un papier ciré, entre 2 et 4 °C

Pâte semi-ferme pressée, non cuite; caillé présure; affiné en surface, à croûte lavée

 Meule de 3 kg (23 cm sur 6 cm), à la coupe

 M.G. 25 %
HUM. 50 %

Fromagerie Couland
Artisanale
Joliette (Lanaudière)

STE-GENEVIÈVE

Pâte molle; caillé présure à dominance
lactique, égouttage lent; affiné en surface,
à croûte fleurie

 Meule de 175 g

 M.G.   22%
HUM.   56%

CROÛTE	Rustique, vallonnée, striée, couverte d'une mousse blanche avec traces brunâtres
PÂTE	Crème, lisse, crémeuse et souple, parsemée de quelques petits yeux; coulante avec la maturation
ODEUR	Marquée de champignon sauvage, de cave humide et de brebis; douce et lactique (pâte)
SAVEUR	Douce à marquée, salinité agréable; notes de champignon (croûte) suivies d'une amertume agréable; notes ovines
LAIT	De brebis, entier, pasteurisé, élevages de la région
AFFINAGE	1 à 3 mois
CHOISIR	La croûte et la pâte souples, la pâte unie et crémeuse
CONSERVER	1 à 2 semaines, dans un papier ciré doublé d'une feuille d'aluminium, entre 2 et 4 °C

Fromages Chaput, affiné par Les Dépendances du Manoir
Artisanale
Châteauguay (Montérégie)

STE-MAURE DU MANOIR

Pâte molle; caillé présure à dominance
lactique, égouttage lent; affiné en surface,
à croûte fleurie, enrobée de charbon végétal

 Bûchette de 220 g
(15 cm sur 4 cm)

 M.G.   19%
HUM.   63%

CROÛTE	Enrobée de cendre noire, traces de mousse blanche irrégulière
PÂTE	Blanche, crayeuse et crémeuse, s'affinant et devenant coulante de la croûte vers le centre
ODEUR	De douce à marquée; typique de chèvre avec la maturation
SAVEUR	Marquée à forte et franchement caprine se mariant avec celle de la cendre
LAIT	De chèvre, entier, non pasteurisé, élevage de la ferme
AFFINAGE	30 jours ou plus
CHOISIR	Tôt après sa fabrication; la croûte légèrement fleurie, la pâte crayeuse et fraîche; éviter le fromage trop âgé à l'odeur forte
CONSERVER	Jusqu'à 1 mois, emballé dans un papier ciré, entre 2 et 4 °C

Le suisse

Le suisse reste l'un des fromages les plus fabriqués au Québec. Les termes « emmental » et « gruyère » étant des appellations réservées et contrôlées, ils se présentent ici sous le nom de « suisse », et on parle de « type emmental » ou de « type gruyère ».

Leur pâte est ferme, luisante, presque élastique, d'ivoire à jaune pâle. Bien que ces fromages soient généralement à croûte lavée, on les retrouve le plus souvent sans croûte sur le marché. Ils sont parfois couverts de cire translucide, comme le graviera fabriqué par les religieuses orthodoxes de la fromagerie Le Troupeau bénit, à Bronwsburg-Chatham. On reconnaît ces fromages à leurs nombreux yeux ronds assez gros répartis dans la pâte. Ces trous proviennent d'une légère fermentation causée par l'ajout de ferments d'affinage (bactéries propioniques) et de sa maturation en cave chaude (de 15 à 24 °C). Cette étape lui confère son goût de noisette et d'amande légèrement acide plus ou moins intense selon le temps d'affinage.

Parmi les suisses, on retrouve, outre l'emmental et le gruyère, le beaufort et le comté (France), le jalsberg (Norvège), le maasdam (Hollande), la fontina (Italie) et le graviera (Grèce).

Le fromage suisse a une qualité de fonte unique qui se prête parfaitement aux gratins, fondues, sauce (Mornay) et soufflés.

FROMAGES DE TYPE SUISSE FABRIQUÉS AU QUÉBEC

Alpinois (Riviera), Archange (Abbaye de Saint-Benoît-du-Lac), Chaliberg et Chaliberg léger (Riviera), Cogruet (La Fromagerie 1860 DuVillage inc. – Saputo), Emmental biologique (L'Ancêtre), Fontina (Abbaye de Saint-Benoît-du-Lac), Frère Jacques (Abbaye de Saint-Benoît-du-Lac), Graviera (Le Troupeau bénit), Grubec et Grubec léger (Agropur), Kingsberg (La La Fromagerie 1860 DuVillage inc. – Saputo), Moine (Abbaye de Saint-Benoît-du-Lac), Mont-Saint-Benoît (Abbaye de Saint-Benoît-du-Lac), Saint-Augustin (Abbaye de Saint-Benoît-du-Lac), Suisse bio d'antan (La Chaudière), Suisse Saputo et Suisse Saint-Jean (Saputo), Suisse d'Albert Perron (Perron), Suisse au porto (Boivin), Suisse des Basques (Fromagerie des Basques), Suisse (Fromagerie du Coin), Suisse Lemaire, Suisse Saint-Fidèle, Suisse Saint-Guillaume, Suisse St-Laurent

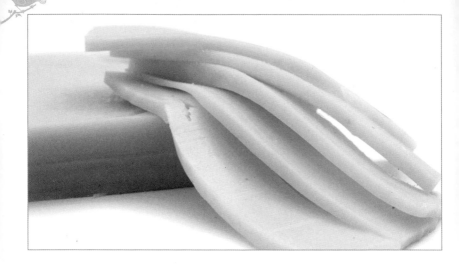

CROÛTE	Sans croûte
PÂTE	Crème ivoire, luisante, lisse et élastique, parsemée de trous ronds assez gros
ODEUR	Douce, de beurre et propionique typique de l'emmental
SAVEUR	Douce, de beurre, de noisette, d'amande légèrement sucrée ; notes torréfiées rappelant l'emmental (avec la maturation)
LAIT	De vache, partiellement écrémé, pasteurisé, ramassage collectif
AFFINAGE	1 mois ou plus
CHOISIR	Dans son emballage sous vide, la pâte ferme mais souple
CONSERVER	2 à 4 mois à 2 °C
OÙ TROUVER	À la fromagerie, dans les boutiques et fromageries spécialisées, ainsi que dans les épiceries et supermarchés

Pâte ferme pressée, cuite ; caillé présure ; affiné dans la masse, avec ouvertures, sans lactose

 Pointe de 170 g environ, sous vide

 M.G. 27 %
HUM. 40 %

Abbaye de Saint-Benoît-du-Lac
Artisanale
Saint-Benoît-du-Lac (Cantons-de-l'Est)

ARCHANGE

CROÛTE	Sans croûte
PÂTE	Blanche, lisse et souple, avec fentes et ouvertures irrégulières
ODEUR	Douce et lactique de beurre frais, légèrement caprine ; notes propioniques typiques du gruyère et florales rappelant le miel
SAVEUR	Douce, équilibrée ; on retrouve le côté lactique (frais) et légèrement caprin, les herbes aromatiques, la noisette et le miel, pointe fruitée rappelant l'ananas
LAIT	De chèvre, pasteurisé, élevage de l'abbaye et ramassage collectif
AFFINAGE	Sous vide, 14 jours en cave chaude, puis 2 à 3 mois au frais en cave d'affinage
CHOISIR	Dans son emballage sous vide, la pâte ferme, mais souple
CONSERVER	2 à 4 mois, entre 2 et 4 °C
OÙ TROUVER	À la fromagerie, dans les boutiques et fromageries spécialisées, ainsi que dans les supermarchés IGA et Metro

Pâte ferme pressée, cuite ; caillé présure ;
affiné dans la masse, avec ouvertures

 Meule de 5 kg, à la coupe

M.G. 28 %
HUM. 43 %

CHALIBERG et CHALIBERG LÉGER

Les Fromages Riviera – Laiterie Chalifoux
Mi-industrielle
Sorel (Montérégie)

CROÛTE	Sans croûte
PÂTE	Ivoire (plus foncée pour le Chaliberg Sélection), ferme, lisse, élastique, parsemée d'yeux irréguliers
ODEUR	Douce; notes d'amande
SAVEUR	Douce, légère amertume typique du suisse, lactique (beurre) et légèrement fruitée; notes de noisette s'amplifiant avec la maturation (Chaliberg Sélection)
LAIT	De vache, entier ou écrémé, pasteurisé, ramassage collectif
AFFINAGE	1 mois et 1 an (Chaliberg Sélection)
CHOISIR	Dans son emballage sous vide, la pâte ferme et souple, à l'odeur fraîche et agréable
CONSERVER	3 mois, emballé dans un papier ciré doublé d'une feuille d'aluminium, entre 2 et 4 °C
OÙ TROUVER	À la fromagerie, dans les boutiques et fromageries spécialisées, ainsi que dans les supermarchés

Pâte ferme pressée, cuite; caillé présure; affiné dans la masse, avec ouvertures, sans lactose

 Bloc précoupée, sous vide

 M.G. 27 % et 17 % (léger)
HUM. 40 % et 49 % (léger)

Fromagerie 1860 DuVillage inc. – Saputo
Mi-industrielle
Warwick (Bois-Francs)

COGRUET

Pâte ferme pressée, cuite; caillé présure; affiné dans la masse, avec ouvertures fermentaires

  Bloc de 12,5 kg, à la coupe

  M.G.   26%
       HUM.   45%

CROÛTE	Sans croûte
PÂTE	Ivoire, ferme, lisse, luisante et élastique, ouvertures bien rondes réparties dans la masse
ODEUR	Douce
SAVEUR	Douce, fruitée, piquante quelque peu sucrée, goût d'amande se développant en bouche; plus relevé avec l'affinage
LAIT	De vache, entier, pasteurisé, ramassage collectif
AFFINAGE	4 à 8 semaines au moins, jusqu'à 9 mois
NOTE	Le Cogruet est le premier fromage suisse à avoir été fait au Québec (1984). Il s'est classé deuxième dans la catégorie Fromage suisse au British Empire Cheese Show 2004 et a obtenu la deuxième place en 2006.

Fromagerie L'Ancêtre
Certifié biologique par Québec Vrai · Artisanale
Bécancour (Centre-du-Québec)

EMMENTAL BIOLOGIQUE
L'ANCÊTRE

Pâte ferme pressée, cuite; caillé présure; affiné dans la masse, avec ouvertures

  Meules de 200 g et 19 kg, à la coupe

  M.G.   27%
       HUM.   41%

CROÛTE	Sans croûte
PÂTE	Jaune crème, souple, lisse, fondante et élastique, parsemée de petits et moyens yeux répartis dans la masse
ODEUR	Légèrement marquée; notes de beurre et d'amande rappelant l'emmental
SAVEUR	Douce, bon goût caractéristique de l'emmental; notes de noix ou d'amande
LAIT	De vache, entier, thermisé, d'un seul élevage
AFFINAGE	60 jours
CHOISIR	Dans son emballage sous vide, la pâte ferme et souple, à l'odeur agréable
CONSERVER	1 à 2 mois, emballé dans un papier ciré doublé d'une feuille d'aluminium, entre 2 et 4 °C
NOTE	L'emmental L'Ancêtre est élaboré sans présure animale.

Suisse

267

FRÈRE JACQUES

Abbaye de Saint-Benoît-du-Lac
Artisanale
Saint-Benoît-du-Lac (Cantons-de-l'Est)

Pâte ferme pressée, cuite ; caillé présure ;
affiné dans la masse, avec ouvertures

 Meule de 2 kg, à la coupe

 M.G. 29 %
HUM. 42 %

CROÛTE	Jaune orangé, naturelle
PÂTE	Crème à beige clair, ferme, légèrement élastique, lisse et tendre, s'asséchant avec la maturation, parsemée d'yeux plutôt grands
ODEUR	Douce, légèrement acide
SAVEUR	Typée, goût de noisette
LAIT	De vache, entier, pasteurisé, élevage de l'abbaye et ramassage collectif
AFFINAGE	30 jours ou plus
CHOISIR	La pâte souple et l'odeur fraîche
CONSERVER	1 à 2 mois, emballé dans un papier ciré doublé d'une feuille d'aluminium perforée, entre 2 et 4 °C

GRAVIERA

Le Troupeau bénit
Fermière et artisanale
Chatham (Basses-Laurentides)

Pâte ferme pressée, cuite ; caillé présure ; affiné
dans la masse

 Meule de 1 kg, à la coupe

 M.G. 33 % et 36 % (brebis)
HUM. 36 %

CROÛTE	Sans croûte
PÂTE	Ivoire, luisante et ferme, parsemée de petits yeux irréguliers, granuleuse
ODEUR	Douce et subtile, parfum floral (alpages), délicate de gruyère
SAVEUR	Douce, légèrement salée et fruitée de brebis, de beurre et de noisette en finale
LAIT	De brebis, de chèvre ou brebis-chèvre (mixte), entier, pasteurisé, élevage de la ferme
AFFINAGE	4 à 6 mois, recouvert de cire claire
NOTE	C'est un fromage de type gruyère fabriqué en Grèce. Il bénéficie d'une appellation d'origine protégée (AOP) européenne. Les meules sont de tailles variées et ont habituellement une croûte naturelle. Il pourra possiblement être aussi fait de lait de vache dans un avenir rapproché.

Agropur
Industrielle
Oka (Basses-Laurentides)

GRUBEC et GRUBEC LÉGER

Pâte ferme pressée cuire; caillé présure;
affiné dans la masse, avec ouvertures

 Bloc de 2,8 kg, à la coupe

 M.G.   27 % et 17 % (Grubec léger)
HUM.   40 % et 49 % (Grubec léger)

CROÛTE	Sans croûte
PÂTE	Crème à ivoire, ferme, lisse et élastique, parsemée d'ouvertures rondes et régulières
ODEUR	Douce
SAVEUR	À peine sucrée; notes délicates d'amande
LAIT	De vache, pasteurisé, ramassage collectif
AFFINAGE	1 à 2 semaines
CHOISIR	Sous vide, la pâte ferme mais souple
CONSERVER	Jusqu'à 10 mois, dans un papier ciré doublé d'une feuille d'aluminium, entre 2 et 4 °C
NOTE	Le Grubec et le Grubec léger sont des fromages sans lactose.

Laiterie Charlevoix
Artisanale
Baie-Saint-Paul (Charlevoix)

HERCULE DE CHARLEVOIX

Pâte ferme pressée, cuite; caillé présure; affiné en
surface, à croûte lavée

 À la coupe

 M.G.   34 %
HUM.   35 %

CROÛTE	Cuivrée à beige, avec traces de moisissure blanche, toilée
PÂTE	Souple, lisse et unie, pâteuse
ODEUR	Marquée, rappelle la raclette, une bonne pointe fermière et lactique (beurre)
SAVEUR	Douce à marquée, légère acidité suivie d'une petite amertume agréable, de grains séchés; notes fermières
LAIT	De vache, entier, cru ou thermisé, d'un seul élevage
AFFINAGE	8 à 18 mois, croûte lavée à la saumure en début d'affinage
CHOISIR	Dans son emballage sous vide
CONSERVER	3 mois ou plus, dans un papier ciré doublé d'une feuille d'aluminium, entre 2 et 4 °C
NOTE	L'Hercule rappelle Jean-Baptiste Grenon, de Baie-Saint-Paul, dont la force physique était prodigieuse. Fait prisonnier par les troupes du général Wolfe à l'été 1759, il est vite relâché par les soldats anglais incapables de le maîtriser.

Suisse

271

Fromagerie 1860 DuVillage inc. – Saputo
Mi-industrielle
Warwick (Bois-Francs)

Pâte ferme pressée ; caillé présure ; affiné
dans la masse, ouvertures fermentaires

 Meule de 12 kg, à la coupe

 M.G.   27 %
HUM. 40 %

CROÛTE	Sans croûte
PÂTE	Jaune crème, ferme, lisse et luisante, ouvertures rondes bien réparties
ODEUR	Douce et légère, de beurre fondu, d'amande et de fermentation
SAVEUR	Équilibrée, légère acidité avec une douce amertume, rappelle l'emmental, d'amande
LAIT	De vache, pasteurisé, ramassage collectif
AFFINAGE	4 à 8 semaines, et de 6 à 9 mois (riche et onctueux), couvert d'une pellicule plastique jaune orangé
CHOISIR	Sous vide, la pâte lisse et ferme
CONSERVER	Jusqu'à 3 mois selon la taille, dans son emballage original, entre 4 et 6 °C
NOTE	Il s'est classé champion des Fromages de type suisse au Grand Prix des fromages canadiens 2004 et premier (Pâte ferme) au British Empire Cheese Show 2006.

Fromagerie Bergeron
Mi-industrielle
Saint-Antoine-de-Tilly (Chaudière-Appalaches)

Pâte ferme pressée, cuite ; caillé présure ;
affiné dans la masse, avec ouvertures

 Meule de 4,2 kg

 M.G.   28 %
HUM. 42 %

CROÛTE	Sans croûte
PÂTE	Crème ; ferme mais souple, luisante, parsemée de grands trous lustrés
ODEUR	Franche, de crème doucement sucrée
SAVEUR	Douce de noisette, légèrement acidulée
LAIT	De vache, partiellement écrémé, pasteurisé, ramassage collectif
AFFINAGE	3 mois, couvert de cire jaune
CHOISIR	La pâte luisante, ferme mais souple, à l'odeur douce et fraîche
CONSERVER	Jusqu'à 6 mois, dans un papier ciré doublé d'une feuille d'aluminium, entre 2 et 4 °C
NOTE	Il est fabriqué selon une recette mise au point à la fromagerie. La pâte est plus ferme que celle du gouda et elle est de type jarlsberg. Issu de ferments différents de ceux du gouda, il est affiné dans une chambre de maturation plus chaude. Les bactéries propioniques ajoutées favorisent la formation d'yeux lustrés durant l'affinage.

Abbaye de Saint-Benoît-du-Lac
Artisanale
Saint-Benoît-du-Lac (Cantons-de-l'Est)

MOINE

CROÛTE	Sans croûte
PÂTE	Jaune blé ou paille, ferme, légèrement élastique et lisse, parsemée d'yeux irréguliers
ODEUR	Douce, légèrement acide de fermentation
SAVEUR	Douce à marquée, goût de noisette
LAIT	De vache, pasteurisé, élevage de l'abbaye et ramassage collectif
AFFINAGE	60 jours
CHOISIR	La pâte ferme mais souple, à l'odeur agréable
CONSERVER	2 à 3 mois, emballé dans un papier ciré doublé d'une feuille d'aluminium, entre 2 et 4 °C

Pâte ferme pressée, cuite ; caillé présure ;
affiné dans la masse, avec ouvertures

 Meule de 2,3 kg, à la coupe

 M.G. 29 %
HUM. 42 %

Fromagerie 1860 DuVillage inc. – Saputo
Mi-industrielle
Warwick (Bois-Francs)

MONT GLEASON

CROÛTE	Teinte caramel, brûlée
PÂTE	Jaune paille, souple, parsemée d'yeux ronds
ODEUR	Marquée, de beurre fondu, de brioche
SAVEUR	Douce d'amande ou de noisette grillée, rappelle un peu l'emmental
LAIT	De vache, entier, pasteurisé, ramassage collectif, substances laitières modifiées
AFFINAGE	3 à 6 semaines (jeune, de noisette), et de 6 à 9 mois en hâloir, dans la tradition des pâtes fermes de montagne
CHOISIR	Croûte de teinte caramel, fraîche ; à l'odeur de noisette, à peine sucrée
CONSERVER	Jusqu'à 3 mois, selon la taille, dans un papier ciré doublé d'une feuille d'aluminium, entre 4 et 6 °C
NOTE	Le Gleason est le premier mont de la chaîne des Appalaches.

Pâte ferme pressée, cuite, caillé présure à
dominance lactique ; affiné dans la masse,
avec ouvertures

 Meule 4,5 kg, à la coupe

 M.G. 27 %
HUM. 40 %

Suisse

MONT SAINT-BENOÎT

Abbaye de Saint-Benoît-du-Lac
Artisanale
Saint-Benoît-du-Lac (Cantons-de-l'Est)

CROÛTE	Sans croûte
PÂTE	Blanc crème, dense, élastique, lisse et luisante, parsemée d'yeux ronds résultant d'une légère fermentation
ODEUR	Délicate de noisette et de beurre
SAVEUR	Douce, légèrement salée, lactique, touche de noisette et de beurre
LAIT	De vache, entier, pasteurisé, élevage de l'abbaye et ramassage collectif
AFFINAGE	12 jours à 1 mois
CHOISIR	Sous vide, la pâte ferme mais souple
CONSERVER	Jusqu'à 2 mois, emballé dans un papier ciré doublé d'une feuille d'aluminium, entre 2 et 4 °C

Pâte ferme pressée, cuite ; caillé présure ;
affiné dans la masse, avec ouvertures

 Meule de 4,5 kg, à la coupe

 M.G. 30 %
HUM. 43 %

SAINT-AUGUSTIN

Abbaye de Saint-Benoît-du-Lac
Type Artisanale
Saint-Benoît-du-Lac (Cantons-de-l'Est)

CROÛTE	Sans croûte
PÂTE	Orangée, ferme, dense et élastique, parsemée d'yeux
ODEUR	Douce d'emmental
SAVEUR	Fine d'amande et de beurre salé
LAIT	De vache, pasteurisé, élevage de l'abbaye et ramassage collectif
AFFINAGE	90 jours, à une température de 10 ou 11 °C
CHOISIR	Dans son emballage sous vide, la pâte ferme et souple
CONSERVER	Jusqu'à 2 mois, emballé dans un papier ciré doublé d'une feuille d'aluminium, entre 2 et 4 °C

Pâte ferme pressée, cuite ; caillé présure ;
affiné dans la masse, avec ouvertures

 Meule carrée de 3 à 5 kg
(25 cm sur 12 cm), à la coupe

 M.G. 29 %
HUM. 40 %

Fromagerie Perron
Mi-industrielle
Saint-Prime (Saguenay–Lac-Saint-Jean)

CROÛTE	Sans croûte
PÂTE	Jaune beurre clair, ferme, lisse et souple
ODEUR	Douce, lactique, de noisette, caractéristique du suisse
SAVEUR	Douce, lactique; notes d'amande, de noix grillée et de miel
LAIT	De vache, entier, pasteurisé, ramassage collectif
AFFINAGE	60 jours, 80 jours (suisse au lait cru)

Pâte molle; caillé présure à dominance lactique,
égouttage lent; affiné en surface, à croûte fleurie;
nature ou assaisonné aux fines herbes ou au poivre

 Bloc de 12 kg, à la coupe   M.G. 27 %
HUM. 40 %

Fromagerie Champêtre – Laiterie Chalifoux
Artisanale et mi-industrielle
Repentigny

CROÛTE	Sans croûte
PÂTE	Crème à ivoire, luisante, lisse et flexible, parsemée d'yeux ronds irréguliers
ODEUR	Douce, notes typiques du suisse, et animales, puis de brioche, de beurre et d'amande
SAVEUR	Douce, d'amande légèrement sucrée et amer; notes de crème sure et de torréfaction
LAIT	De vache entier, pasteurisé, ramassage collectif, substances laitières modifiées
AFFINAGE	1 mois et plus

Pâte ferme pressée cuite; caillé présure; affiné
dans la masse; avec ouvertures

Bloc de 170 g sous-vide   M.G. 27 %
HUM. 40 %

Fromagerie des Basques
Mi-industrielle
Trois-Pistoles (Bas-Saint-Laurent)

CROÛTE	Jaune paille ou rouge caramel, selon le lavage (saumure ou bière), toilée, luisante
PÂTE	Blanche, crème avec l'affinage, ferme, souple et crémeuse, légèrement farineuse, parsemée de petits yeux
ODEUR	Douce, de beurre salé et du terroir, fruitée (suisse lavé)
SAVEUR	Douce, de noix séchée assez relevée, nettement plus fruitée (suisse lavé), agréable
LAIT	De vache, entier, pasteurisé, ramassage collectif
AFFINAGE	1 mois, croûte lavée à la saumure ou à la bière Trois-Pistoles

Pâte ferme pressée, non cuite; caillé présure; affiné
en surface, nature ou à croûte lavée

 Meule, ou bloc de 27,5 cm sur
35 cm, à la coupe, sous vide   M.G. 25 %
HUM. 42 %

SUISSE LEMAIRE

Fromagerie Lemaire
Mi-industrielle
Saint-Cyrille (Centre-du-Québec)

Pâte ferme pressée, cuite; caillé présure;
affiné dans la masse, avec ouvertures

 Bloc de 250 g, sous vide

 M.G. 26%
HUM. 40%

CROÛTE	Sans croûte
PÂTE	Ivoire à jaune pâle, ferme, souple et luisante, parsemée d'yeux bien ronds
ODEUR	Légère de lait, nuances de noisette subtiles, douce et légèrement acide
SAVEUR	Goût rappelant l'emmental, en moins marqué, délicate d'amande à peine sucrée
LAIT	De vache, entier, pasteurisé, ramassage collectif
AFFINAGE	40 jours
CHOISIR	Sous vide, la pâte ferme mais souple
CONSERVER	Jusqu'à 2 mois, entre 2 et 4 °C
NOTE	Le suisse Lemaire a remporté plusieurs prix lors de concours dans l'Ouest canadien, notamment en 2007 au Royal Winter Fair à Toronto, ainsi qu'au Empire Cheese Show.

SUISSE SAINT-FIDÈLE

Fromagerie Saint-Fidèle
Mi-industrielle
La Malbaie (Charlevoix)

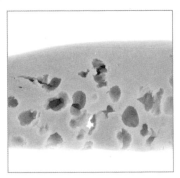

Pâte ferme pressée, cuite; caillé présure;
affiné dans la masse, avec ouvertures

 Bloc de 250 g, sous vide

 M.G. 27%
HUM. 40%

CROÛTE	Sans croûte
PÂTE	Ivoire à jaune pâle, ferme, luisante et souple, ouvertures rondes réparties dans la pâte
ODEUR	Douce; notes lactiques (crème sure), d'amande et propioniques typiques du suisse ou de l'emmental; plus marquée avec la maturation
SAVEUR	Douce; notes lactiques (beurre, crème sure), fruitées (amande sèche et grillée), à peine sucrées, s'accentuant avec la maturation
LAIT	De vache, écrémé, pasteurisé, ramassage collectif
AFFINAGE	6 à 8 semaines, et jusqu'à 2 ans (fromage de garde se bonifiant avec la maturation)
CHOISIR	Sous vide, la pâte ferme mais souple
CONSERVER	Jusqu'à 2 mois, emballé dans un papier ciré doublé d'une feuille d'aluminium, entre 2 et 4 °C

Fromagerie Saint-Guillaume
Artisanale
Saint-Guillaume (Bois-Francs)

SUISSE SAINT-GUILLAUME

Pâte ferme pressée, cuite; caillé présure; affiné dans la masse, avec ouvertures

Bloc de 250 g, sous vide

M.G.   26 %
HUM.   40 %

CROÛTE	Sans croûte
PÂTE	Ivoire à jaune pâle (beurre), ferme, souple et luisante, parsemée d'yeux bien ronds petits et gros
ODEUR	Douce et légère de beurre, nuances de noisette; notes typiques d'emmental légèrement acides (acide propionique)
SAVEUR	Douce et légèrement acide, d'amande délicate à peine sucrée, de beurre; notes d'emmental, en moins marqué
LAIT	De vache, entier, pasteurisé, ramassage collectif, peut contenir des substances laitières modifiées
AFFINAGE	30 jours
CHOISIR	Sous vide, la pâte ferme mais souple
CONSERVER	Jusqu'à 2 mois, 2 et 4 °C

Fromagerie St-Laurent
Mi-industrielle
Saint-Bruno (Saguenay–Lac-Saint-Jean)

SUISSE ST-LAURENT

Pâte ferme pressée, cuite; caillé présure; affiné dans la masse, avec ouvertures

Bloc de 250 g environ emballé sous vide

M.G.   30 %
HUM.   45 %

CROÛTE	Sans croûte
PÂTE	Ivoire, ferme, lisse et brillante, parsemée d'yeux ronds irréguliers
ODEUR	Douce; notes d'amande
SAVEUR	Fraîche et lactique, légèrement acidulée
LAIT	De vache, entier, pasteurisé, ramassage collectif
AFFINAGE	1 mois ou plus
CHOISIR	Sous vide, la pâte ferme mais souple
CONSERVER	Jusqu'à 2 mois, emballé dans un papier ciré doublé d'une feuille d'aluminium, entre 2 et 4 °C

La tome (ou tomme)

Le terme « tome » s'applique à divers fromages de forme cylindrique, mais évoque plus particulièrement la Savoie. Sa tome est la plus représentative de celles qui sont élaborées au Québec.

Ce sont des meules hautes à croûte lavée et à pâte semi-ferme obtenue par pression. En règle générale, le caillé ne subit aucune cuisson : c'est donc un fromage à pâte semi-ferme pressée non cuite. Les types tomes sont légion ; plusieurs fromageries (surtout caprines) les fabriquent, et leur originalité est l'affaire du fromager. Ils sont faits au lait de vache cru, thermisé ou pasteurisé.

TOMES FABRIQUÉES AU QUÉBEC

Tome au lait cru (La Suisse Normande), Tomme de brebis 1 an (Fromagerie Couland), Tomme de chèvre (Damafro), Tomme de chèvre 1 an (Fromagerie Couland), Tomme de Grosse-Île (Fromagerie de l'Île-aux-Grues), Tomme de Monsieur Séguin (Fritz Kaiser), Tomme de vache 1 an (Fromagerie Couland), Tomme des Demoiselles (Fromagerie du Pied-de-Vent), Tomme des Joyeux Fromagers (Chèvrerie Fruit d'une Passion), Tomme du Haut-Richelieu (Fritz Kaiser), Tomme du Kamouraska (Fromagerie Le Mouton blanc), La Tour Saint-François (Fromagerie du Vieux Saint-François)

CROÛTE	Jaune paille à orangé, d'un bel orange rosé après 40 jours d'affinage
PÂTE	Blanche, souple et onctueuse
ODEUR	Bouquetée, riche, lactique et caprine
SAVEUR	Douce, acidité et astringence légères; notes de noisette
LAIT	De chèvre, entier, pasteurisé, d'un seul élevage
AFFINAGE	30 à 40 jours ou plus, croûte lavée au vin blanc
CHOISIR	Croûte légèrement humide, la pâte souple
CONSERVER	Jusqu'à 2 mois, emballé dans un papier ciré doublé d'une feuille d'aluminium, entre 2 et 4 °C

Pâte semi-ferme pressée, cuite; caillé présure; affiné en surface, à croûte lavée

 Meule de 2 kg, à la coupe

 M.G.   26 à 29 %
HUM. 55 %

La Suisse Normande
Fermière et artisanale
Saint-Roch-de-l'Achigan (Lanaudière)

CROÛTE	Orangée, épaisse et tendre, couverte d'un léger duvet blanc
PÂTE	Blanc crème, crémeuse et fondante
ODEUR	Arômes de lait frais et de champignon
SAVEUR	Douce et discrète à marquée, complexe et harmonieuse
LAIT	De vache, entier, cru, élevage de la ferme
AFFINAGE	De 4 à 5 mois, croûte lavée à la saumure
CHOISIR	La croûte et la pâte souples, à l'odeur douce
CONSERVER	Jusqu'à 2 mois, emballé dans un papier ciré doublé d'une feuille d'aluminium, entre 2 et 4 °C

Pâte semi-ferme pressée, non cuite; caillé présure; affiné en surface, à croûte lavée

 Meule de 2 kg, à la coupe

 M.G.   27 %
HUM. 48 %

Fromagerie Couland
Artisanale
Joliette (Lanaudière)

TOMME DE BREBIS COULAND
(1 an)

Pâte ferme pressée, non cuite ; caillé
présure ; affiné en surface, à croûte lavée

 Meule de 2,1 kg

 M.G. 34 %
HUM. 35 a 45 %

CROÛTE	Couverte d'une mousse rase, stries brunâtres ; épaisse
PÂTE	Jaune pâle à ivoire, de semi-ferme et onctueuse à ferme, résistante et friable
ODEUR	Marquée, ovine
SAVEUR	Douce à marquée, légèrement saline ; crémeuse, ovine, fruitée (noisette) et boisée
LAIT	De brebis, entier, pasteurisé, élevage de la région
AFFINAGE	1 an, croûte lavée à la saumure en début d'affinage
CHOISIR	La pâte semi-ferme à ferme, éviter les pâtes craquelées, signe de sécheresse
CONSERVER	2 à 3 mois, dans un papier d'aluminium, entre 2 et 4 °C

Damafro – Fromagerie Clément
Type Mi-industrielle
Saint-Damase (Montérégie)

TOMME DE CHÈVRE

Pâte semi-ferme, pressée, non cuite ; caillé
présure ; affiné en surface, a croûte lavée

 Meule de 2,2 kg (20 cm sur 6 cm)

 M.G. 25 %
HUM. 50 %

CROÛTE	Orangée, solide
PÂTE	Crème à jaune clair, souple et dense
ODEUR	Marquée, légèrement caprine et lactique
SAVEUR	Douce à marquée, saline, goût de beurre, caprine et lactique
LAIT	De chèvre, entier, pasteurisé, ramassage collectif
AFFINAGE	1 mois, croûte lavée à la saumure
CHOISIR	Sous vide, croûte et pâte souples
CONSERVER	Jusqu'à 2 mois, emballé dans un papier ciré doublé d'une feuille d'aluminium, entre 2 et 4 °C

TOMME DE GROSSE-ÎLE

Fromagerie de l'Île-aux-Grues
Mi-industrielle
Île aux Grues (Bas-Saint-Laurent)

Pâte semi-ferme pressée, non cuite; caillé présure; affiné en surface, à croûte brossée

Meule de 2 kg, à la coupe

M.G. 30%
HUM. 45%

CROÛTE	Brun jaunâtre, stries couvertes de mousse blanche; sableuse
PÂTE	Jaune beurre, parsemée de petits trous dans l'ensemble, friable à crémeuse, plutôt humide, fondante en bouche
ODEUR	Douce de foin, de cave ou de sous-bois, de crème, de beurre et de fruit acide
SAVEUR	Douce, salée et acidulée; lactique, herbacée et fruitée (agrume)
LAIT	De vache, entier, thermisé, élevages de l'île
AFFINAGE	60 jours
CHOISIR	La pâte crémeuse et souple, à l'odeur fraîche
CONSERVER	1 mois, emballé dans un papier ciré doublé d'une feuille d'aluminium, à 4 °C
NOTE	Son nom évoque la Grosse-Île, lieu historique national qui fait partie de l'archipel de l'Île-aux-Grues.

TOMME DE MONSIEUR SÉGUIN

Fritz Kaiser
Mi-industrielle
Noyan (Montérégie)

Pâte semi-ferme pressée, non cuite; caillé présure; affiné en surface, à croûte lavée

Meule de 2 kg (18 cm sur 6,5 cm), à la coupe

M.G. 25%
HUM. 50%

CROÛTE	Orangé brun, lavée, souple, peut être légèrement humide
PÂTE	Blanc crème, semi-ferme, souple et onctueuse
ODEUR	Franche et marquée; notes caprines douces
SAVEUR	Douce et fraîche à marquée; typique de la tomme
LAIT	Moitié vache, moitié chèvre, entier, pasteurisé, élevages de la région
AFFINAGE	6 semaines, croûte lavée à la saumure
CHOISIR	Croûte et pâte souple, à l'odeur douce
CONSERVER	Jusqu'à 2 mois, dans un papier ciré doublé d'une feuille d'aluminium, entre 2 et 4 °C

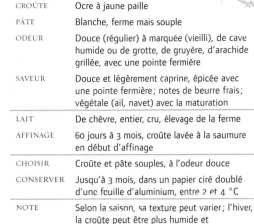

TOMME DES JOYEUX FROMAGERS

CROÛTE	Ocre à jaune paille
PÂTE	Blanche, ferme mais souple
ODEUR	Douce (régulier) à marquée (vieilli), de cave humide ou de grotte, de gruyère, d'arachide grillée, avec une pointe fermière
SAVEUR	Douce et légèrement caprine, épicée avec une pointe fermière; notes de beurre frais; végétale (ail, navet) avec la maturation
LAIT	De chèvre, entier, cru, élevage de la ferme
AFFINAGE	60 jours à 3 mois, croûte lavée à la saumure en début d'affinage
CHOISIR	Croûte et pâte souples, à l'odeur douce
CONSERVER	Jusqu'à 3 mois, dans un papier ciré doublé d'une feuille d'aluminium, entre 2 et 4 °C
NOTE	Selon la saison, sa texture peut varier; l'hiver, la croûte peut être plus humide et la pâte moins ferme.

Pâte ferme pressée, non cuite; caillé présure; affiné en surface, à croûte lavée

 Meules de 1,2 à 2 kg, à la coupe

 M.G. 27%
HUM. 43%

TOMME DE VACHE COULAND (1 an)

CROÛTE	Cuivrée, partiellement couverte de mousse rase et blanche
PÂTE	Paille, semi-ferme à ferme, lisse et onctueuse à friable
ODEUR	Marquée, de beurre fondu, de cave; notes rapellant le parmesan
SAVEUR	Assez équilibrée, salinité et acidité agréables; de beurre, de champignon, de foin; notes légères de fruit acidulé
LAIT	De vache, entier, pasteurisé
AFFINAGE	1 an, croûte lavée à la saumure en début d'affinage
CHOISIR	La pâte ferme, sans être humide ni sèche, sans craquelures
CONSERVER	1 mois ou plus, entre 2 et 4 °C

Pâte ferme pressée, non cuite; caillé présure; affiné en surface, à croûte lavée

 2 kg, à la coupe

 M.G. 28%
HUM. 35 à 45%

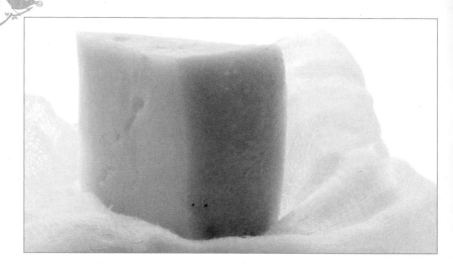

CROÛTE	Jaune brunâtre, lavée à la saumure additionnée de ferments lactiques
PÂTE	Jaune paille clair, ferme, lisse, devient friable, se défait en granules qui fondent lentement
ODEUR	Marquée, agréable des familles lactiques, fruitée à torréfiée; de beurre fondu ou acidifié, d'amande grillée; notes rappelant le parmesan
SAVEUR	Douce, salée avec une légère pointe sucrée, de noix et de crème; notes végétales
LAIT	De brebis, entier, cru, élevage de la ferme
AFFINAGE	120 jours dans une cave souterraine, croûte lavée et brossée avec une saumure additionnée de ferments d'affinage
CHOISIR	La pâte ferme et non collante, à l'odeur douce
CONSERVER	1 mois ou plus, emballé dans un papier ciré doublé d'une feuille d'aluminium, entre 2 et 4 °C
OÙ TROUVER	À la fromagerie, dans les boutiques et fromageries spécialisées
NOTE	La Tomme du Kamouraska se fabrique à la façon du ossau-iraty, un fromage de brebis du Béarn et du Pays basque, vaste zone couvrant les Pyrénées-Atlantiques et une partie des Hautes-Pyrénées. L'ossau-iraty a obtenu son appellation d'origine contrôlée (AOC) en 1980. C'est un fromage au lait de brebis à pâte ferme, dite «pressée non cuite» parce que le caillé n'est pas chauffé. Sa croûte se forme naturellement durant l'affinage en cave, qui dure de trois à quatre mois. La taille des meules varie de 2 à 7 kg. La France compte plus de 150 fabricants de ce fromage, dont 9 fabricants industriels, regroupés en coopérative ou privés.

Pâte ferme pressée, non cuite; caillé présure;
affiné en surface, à croûte lavée

 Meules de 600 g, 2,3 kg et
4,5 kg, à la coupe

 M.G.   30 %
HUM.   43 %

CROÛTE	Orangé-brun, toilée, souple avec des traces de mousse bleue
PÂTE	Blanche ivoire, souple voire onctueuse, jaunissant avec l'affinage
ODEUR	Douce de beurre, de noisette ou de châtaigne, mélange de terre et de champignon
SAVEUR	De beurre, de noisette et de châtaigne
LAIT	De chèvre, entier, cru, élevage de la ferme
AFFINAGE	3 mois, formation progressive de la croûte par les ferments du lait et la propagation des moisissures naturelles en chambre de maturation pouvant durer jusqu'à 9 mois
CHOISIR	La croûte et la pâte bien souples
CONSERVER	Jusqu'à 2 mois, emballé dans un papier ciré doublé d'une feuille d'aluminium, entre 2 et 4 °C
OÙ TROUVER	À la ferme, entre 9 h et 17 h (téléphoner au préalable), ainsi qu'à Buckland, à l'épicerie Jules Boutin ; à Montréal, à la fromagerie Qui lait cru (Marché Jean-Talon), à Saint-Lambert, à L'Échoppe des fromages , à Québec, à la Fromagère du Vieux-Port ; à Lévis, chez Les Petits Oignons. D'avril à décembre, la Chèvrerie a un comptoir au marché Jean-Talon, du vendredi au dimanche.
NOTE	La Tomme du Maréchal est un véritable fromage fermier fabriqué sans ajout de ferments aromatiques ou d'affinage.

Pâte semi-ferme pressée, non cuite ;
caillé présure ; affiné en surface, à
croûte naturelle

 Meule de 1,2 kg, à la coupe

 M.G. 27 %
HUM. 48 %

Fritz Kaiser
Mi-industrielle
Noyan (Montérégie)

Pâte semi-ferme pressée, non cuite ; caillé
présure ; affiné en surface, à croûte lavée

 Meule de 2 kg (20 cm sur
6,5 cm), à la coupe

 M.G. 24 %
HUM. 48 %

CROÛTE	Brunâtre, lavée, légèrement humide
PÂTE	Blanche, souple
ODEUR	Douce et fraîche à marquée
SAVEUR	Douce à marquée ; notes de lait frais
LAIT	De chèvre, entier, pasteurisé, élevages de la région
AFFINAGE	5 à 6 semaines, croûte lavée à la saumure
CHOISIR	La croûte légèrement humide, la pâte souple et non collante
CONSERVER	Jusqu'à 2 mois, emballé dans un papier ciré doublé d'une feuille d'aluminium, entre 2 et 4 °C

Fromagerie du Vieux Saint-François
Artisanale
Laval (Montréal-Laval)

Pâte semi-ferme pressée, non cuite ; caillé
présure ; affiné en surface, à croûte lavée

 Meule de 160 g

 M.G. 28 %
HUM. 43 %

CROÛTE	Orange clair à foncé, toilée et rugueuse
PÂTE	Blanc crème, semi-ferme, souple et onctueuse en bouche, parsemée de petites ouvertures
ODEUR	Douce à marquée de beurre, légèrement caprine et herbacée
SAVEUR	Relevée sans être accentuée, légèrement âcre et piquante ; notes caprines
LAIT	De chèvre, entier, cru, un seul élevage
AFFINAGE	60 jours à 3 mois, croûte lavée
CHOISIR	La croûte et la pâte bien souples
CONSERVER	Jusqu'à 2 mois, emballé dans un papier ciré doublé d'une feuille d'aluminium, entre 2 et 4 °C

Tome

Maison Alexis-de-Portneuf – Saputo
Industrielle
Saint-Raymond-de-Portneuf (Québec)

TILSIT

CROÛTE	Sans croûte
PÂTE	Jaune beige à amande foncé, dense et souple avec quelques petites ouvertures
ODEUR	Douce de beurre et de noisette, rappelle le cheddar frais
SAVEUR	Douce, salée et acidulée
LAIT	De vache, entier, pasteurisé, ramassage collectif, substances laitières modifiées
AFFINAGE	30 jours (jeune, frais) et 50 jours (saveur optimale)

Pâte semi-ferme non cuite; caillé présure; affiné dans la masse, présence de quelques ouvertures

 Meules de 200 g, 400 g et 800 g, à la coupe

M.G. 25%
HUM. 45%

Fromagerie des Basques
Mi-industrielle
Trois-Pistoles (Bas-Saint-Laurent)

TROIS PISTOLES

CROÛTE	Brun clair, mat; sableuse, souple et assez friable
PÂTE	Jaune crème à jaune beurre; souple, parsemée de petites ouvertures irrégulières
ODEUR	Douce et lactique, de crème acidifiée, de beurre; notes végétales et fruitées
SAVEUR	Douce de crème
LAIT	De vache, entier, pasteurisé, élevages de la région
AFFINAGE	60 à 90 jours et 120 jours, croûte lavée à la bière Trois-Pistoles

Pâte semi-ferme pressée, non cuite; caillé présure; affiné en surface, à croûte lavée à la bière

 Meule de 2,5 à 3 kg, à la coupe

 M.G. 28%
HUM. 45%

Les Fromages Riviera – Laiterie Chalifoux
Mi-industrielle
Sorel (Montérégie)

VENT DES ÎLES

CROÛTE	Sans croûte
PÂTE	Jaune pâle, lisse, souple, luisante, parsemée de très petits trous
ODEUR	Légère de beurre et de noisette
SAVEUR	Douce de beurre noisette et légèrement salée
LAIT	De vache, partiellement écrémé, pasteurisé, ramassage collectif, substances laitières modifiées
AFFINAGE	3 semaines

Pâte ferme pressée, non cuite; caillé présure; affiné dans la masse, sans ouverture

 300 g, sous vide

 M.G. 22%
HUM. 46%

VACHERIN CHAPUT

Fromages Chaput
Artisanale
Châteauguay (Montérégie)

CROÛTE	Jaune à orangée, striée et vallonnée, rustique, entourée d'une sangle d'épicéa
PÂTE	Ivoire, fine, lisse, tendre, crémeuse et onctueuse ; légèrement humide
ODEUR	Marquée, de foin, de beurre fondu et de terroir
SAVEUR	Marquée, fruitée et herbacée, avec une pointe torréfiée, léger goût boisé apporté par l'épicéa
LAIT	De vache, entier, cru, élevage sélectionné
AFFINAGE	100 à 110 jours, croûte lavée à la saumure en début d'affinage
CHOISIR	Tôt après sa fabrication, la croûte et la pâte souples
CONSERVER	2 à 3 semaines, emballé dans un papier ciré doublé d'une feuille d'aluminium, entre 2 et 4 °C
OÙ TROUVER	Dans les boutiques et fromageries spécialisées
NOTE	Le Vacherin Chaput se fabrique en automne et en hiver. L'épicéa est un arbre voisin du sapin qui croît dans les montagnes du Jura.

Pâte molle ; caillé présure à dominance
lactique, égouttage lent ; affiné en surface, à
croûte lavée, entourée d'une sangle d'épicéa

 Meule de 500 g

M.G. 26 %
HUM. 50 %

Fromagerie 1860 DuVillage inc. – Saputo
Mi-industrielle
Warwick (Bois-Francs)

VACHERIN DUVILLAGE

Pâte semi-ferme non cuite; caillé présure;
affiné en surface, à croûte lavée

 Meule de 7 kg, à la coupe

 M.G. 28%
HUM. 40%

CROÛTE	Marron, unie, assez épaisse
PÂTE	Jaune paille, tendre, onctueuse et fondante
ODEUR	Douce et fruitée, devenant forte, voire marquée, avec l'affinage
SAVEUR	Douce à marquée, de beurre, de lait cuit, pointe de noisette et de pomme fraîche au début, légèrement acidulée, se corsant avec la maturation, légère amertume; notes de cuir, de torréfaction
LAIT	De vache, entier, pasteurisé, ramassage collectif
AFFINAGE	120 jours (fruité), 6 mois et plus (goût relevé); croûte lavée à la saumure en début d'affinage
CHOISIR	À la coupe ou précoupé en pointes, la pâte ferme mais souple, à l'odeur franche et relevée
CONSERVER	Jusqu'à 2 mois, selon la taille, emballé dans un papier ciré doublé d'une feuille d'aluminium, à 4°C

Fritz Kaiser
Mi-industrielle
Noyan (Montérégie)

VACHERIN FRI-CHARCO

Pâte semi-ferme pressée, non cuite; caillé
présure; affiné dans la masse, à croûte lavée

 Meules de 3,5 kg et de 6 kg, à la coupe

 M.G. 24%
HUM. 44%

CROÛTE	Orangé brun, toilée et unie
PÂTE	Jaune crème, semi-ferme, souple et onctueuse
ODEUR	Marquée, lactique et fruitée
SAVEUR	Marquée, fruitée; notes de noisette et de beurre salé
LAIT	De vache, entier, pasteurisé, élevages de la région
AFFINAGE	2 mois, croûte lavée à la saumure
CHOISIR	La pâte souple et crémeuse
CONSERVER	1 à 2 mois, emballé dans un papier ciré doublé d'une feuille d'aluminium, entre 2 et 4 °C

VALBERT

Fromagerie Lehmann
Fermière
Hébertville (Saguenay–Lac-Saint-Jean)

CROÛTE	Orange rouge, toilée et légèrement rugueuse, épaisse mais souple, s'asséchant avec la maturation
PÂTE	Jaune beurre, souple, parfois parsemée de petits yeux
ODEUR	Bien présente, marquée du terroir, lactique ; notes d'herbes fraîches et de noix
SAVEUR	Douce à marquée, agréable ; notes de beurre, de noisette grillée et de caramel s'intensifiant et dominant avec la maturation
LAIT	De vache, entier, cru, élevage de la ferme
AFFINAGE	90 à 120 jours, croûte lavée et brossée à la saumure
CHOISIR	La croûte et la pâte assez fermes mais souples
CONSERVER	Jusqu'à 2 mois, emballé dans un papier ciré doublé d'une feuille d'aluminium, entre 2 et 4 °C
OÙ TROUVER	À la fromagerie et distribué par Plaisir Gourmet dans les boutiques spécialisées
NOTE	Le Valbert est le nom d'un hameau du Jura suisse où trois générations de Lehmann ont vécu. Installés au Québec depuis 1983, les Lehmann fabriquent ce fromage d'après une recette mise au point par leur arrière-grand-mère. En 2003 et 2004, Le Valbert a été classé grand champion toutes catégories au Concours des fromages fins du Québec (Sélection Caseus d'or), au Sélection Caseus d'argent en 2005 et 2006, et au Sélection Caseus Émérite en 2006. Il s'est aussi classé champion dans la catégorie Fromage fermier au Grand Prix des fromages canadiens 2004.

Pâte ferme pressée, non cuite ; caillé présure ; affiné en surface, à croûte lavée

 Meule de 6 kg (31 cm sur 8 cm), à la coupe

 M.G. 32 %
HUM. 43 %

CROÛTE	Rose cuivré, lavée à la saumure
PÂTE	Blanc crème, souple, crémeuse et fondante
ODEUR	Fine, fraîche et lactique avec des notes de beurre, devenant plus bouquetée et herbacée (foin sec) avec la maturation
SAVEUR	Marquée, légèrement lactique, douce acidité fruitée, fondante et longue en bouche, une pointe rustique
LAIT	De vache, entier, cru, un seul élevage
AFFINAGE	Classique : 75 à 90 jours ; de réserve : 100 à 150 jours ; croûte lavée à la saumure
CHOISIR	La croûte et la pâte souples
CONSERVER	Jusqu'à 2 mois, emballé dans un papier ciré doublé d'une feuille d'aluminium, entre 2 et 4 °C
OÙ TROUVER	À la fromagerie, dans les boutiques et fromageries spécialisées
NOTE	Le Victor et Berthold tient sa fermeté du pressage. La pâte est non cuite : elle ne subit aucun chauffage après pressurage ou obtention du caillé. Le lait cru garde toutes ses propriétés, tandis que les caractéristiques de goût et de saveur se développent naturellement. Son nom est un hommage aux générations de Guilbault qui se sont succédé sur cette terre. L'étiquette, une reproduction d'une photo des années 1930, représente Victor, le grand-père de Martin, et Berthold, son oncle.

Pâte semi-ferme pressée, non cuite ;
caillé présure à dominance lactique ;
affiné en surface, à croûte lavée

 Meule de 2,8 kg, à la coupe

 M.G. 28 %
HUM. 48 %

291

WABASSEE

Fromagerie Le P'tit Train du Nord
Artisanale
Mont-Laurier (Hautes-Laurentides)

Pâte semi-ferme pressée, non cuite ; caillé
présure ; affiné en surface, à croûte lavée

Meule de 1,8 kg (20 cm sur 5 cm),
en pointes précoupées et emballées sous vide, ou à la coupe

M.G.   25 %
HUM.   40 %

CROÛTE	Orangée, souple et légèrement humide
PÂTE	Paille, semi-ferme, lisse, serrée et souple, onctueuse et fondante
ODEUR	Marquée de cave, de terre ; lactique avec notes de miel rustique (sarrasin) et relevée d'une pointe d'amertume rappelant le gruyère
SAVEUR	Douce à marquée ; notes végétales de champignon, de feuille morte avec pointe de fruit acide
LAIT	De vache, entier, thermisé, d'un élevage de Ferme-Neuve
AFFINAGE	60 jours, croûte lavée à la bière La Brune au Miel
NOTE	Le caillé est chauffé, favorisant l'extraction du lactosérum et facilitant l'agglutination des grains. La pâte ainsi obtenue est ferme. Son nom, en langue montagnaise, signifie lièvre, nom que porte la rivière qui coule à proximité de la fromagerie.

WINDIGO

Fromagerie Le P'tit Train du Nord
Artisanale
Mont-Laurier (Hautes-Laurentides)

Emmental, pâte ferme pressée cuite, caillé
présure, affiné dans la masse avec ouvertures, à
croûte lavée

Meules de 2,5 kg (22 cm sur 7,5
cm) et 8 kg, en pointe sous vid

M.G.   29 %
HUM.   40 %

CROÛTE	Blé foncé, épaisse et tendre
PÂTE	Paille claire, lisse et caoutchoutée mais souple, petits trous épars et irréguliers
ODEUR	Marquée, fruitée, notes subtiles d'hydromel
SAVEUR	De douce à prononcée, léger goût fruité de l'hydromel, goût rappelant l'emmental
LAIT	De vache entier, thermisé, un élevage à Mont-Laurier
AFFINAGE	90 jours, croûte lavée à l'hydromel pendant 60 jours
CONSERVER	De 2 à 4 mois jusqu'à 1 an, dans un papier ciré doublé d'une feuille d'aluminium , entre 2 et 4 °C
NOTE	Son appellation provient d'une légende amérindienne évoquant la montagne du Diable et selon laquelle le Windigo serait un monstre cannibale qui habite les chutes du Windigo. La fromagerie favorise l'agriculture biologique : les vaches se nourrissent de foin sec et de céréales. L'hydromel L'Envolée est un produit de Ferme-Neuve

Pâte ferme pressée, non cuite; caillé
présure; affiné en surface, à croûte lavée

 Meule de 2,5 kg

 M.G. 35%
HUM. 35%

CROÛTE	Brunâtre, mince et lisse (Zéphyr); rouge violacé foncé (Vinifié)
PÂTE	Beige doré, de ferme à dure et friable; trace de cristaux
ODEUR	Douce à marquée, de cave, une pointe rustique; le Zéphyr vinifié est imprégné de l'odeur du vin rouge
SAVEUR	Douce, de fruits et de noisette; de vin (Vinifié)
LAIT	De vache, entier, cru, d'un seul élevage
AFFINAGE	120 à 180 jours, croûte lavée à la saumure ou macéré dans le vin rouge
CHOISIR	La pâte ferme ou dure, légèrement humide
CONSERVER	3 mois ou plus
NOTE	Pour faire honneur à sa région, la fromagerie propose le Zéphyr vinifié, macéré dans un vin rouge de la région.

Pâte semi-ferme pressée, non cuite; caillé
présure; affiné en surface, à croûte lavée
(type Noyan, mais en moins gras)

 Meule de 2 kg (20 cm sur
6,5 cm), à la coupe

 M.G. 15%
HUM. 47%

CROÛTE	De blanc rosé à orange cuivré, couverte en partie d'un duvet blanc léger
PÂTE	De crème à ivoire, semi-ferme à ferme, souple et moelleuse, avec quelques petits yeux répartis dans la masse
ODEUR	De douce à marquée, lactique et légèrement acide
SAVEUR	De douce à prononcée, notes de beurre salé
LAIT	De vache, partiellement écrémé, pasteurisé, élevages de la région
AFFINAGE	6 à 8 semaines, croûte lavée à la saumure
CHOISIR	La croûte et la pâte souples, l'odeur fraîche
CONSERVER	Jusqu'à 2 mois, dans un papier ciré doublé d'un papier d'aluminium, entre 2 et 4 °C

RÉPERTOIRE DES PRODUCTEURS

FROMAGERIE FERMIÈRE

La fromagerie fermière est située à la ferme. Le lait traité provient de son élevage. La manipulation du lait se fait manuellement de façon artisanale. L'affinage peut se faire à l'extérieur de la ferme. Les fromages issus de la fromagerie portent l'appellation « fermier » s'ils sont pasteurisés ou thermisés, et « cru fermier » s'ils sont fabriqués avec le lait cru de la ferme.

FROMAGERIE ARTISANALE

Le lait d'un ou de plusieurs élevages est transporté à la fromagerie, située à l'extérieur de la ou des fermes. Le traitement du lait se fait principalement à la main.

FROMAGERIE SEMI-INDUSTRIELLE

C'est une fromagerie qui transforme une grande quantité de lait. Il peut provenir d'un ou de plusieurs élevages et il est travaillé de façon industrielle, mais comporte une part importante de travail manuel.

FROMAGERIE INDUSTRIELLE

Ce type de fromagerie utilise des méthodes de fabrication hautement mécanisées afin d'obtenir une qualité uniformisée et standardisée pouvant plaire au plus grand nombre de consommateurs. Le lait provient de plusieurs élevages, souvent de régions éloignées.

MAISON D'AFFINAGE

Commerce spécialisé dans l'affinage des fromages.

ABBAYE DE SAINT-BENOÎT-DU-LAC

Saint-Benoît-du-Lac (Québec) J0B 2M0
Tél.: 819 843-4336 ou 1 877 343-4336
Dom Yvon Giguère
Fromager: Sylvain Pruneau
Région: Cantons-de-l'Est
Type de fromagerie: artisanale, monastique

Au cœur des Cantons-de-l'Est, sur les rives du bucolique lac Memphrémagog, l'abbaye de Saint-Benoît-du-Lac, fondée en 1912, compte une cinquantaine de moines qui vivent selon la règle monastique rédigée par saint Benoît, d'où leur nom de bénédictins. Saint Benoît professe que pour être «vraiment moine», il faut vivre du travail de ses mains. La corvée quotidienne du moine est donc un moyen de subvenir aux besoins du monastère. Les moines de Saint-Benoît-du-Lac assurent leur subsistance surtout grâce à une fromagerie, un verger, une cidrerie, une ferme et un magasin où sont vendus leurs produits.

Les moines fabriquent depuis 1943 le bleu Ermite, d'abord pour leur consommation personnelle, sa popularité s'accentua au début des années 1970. La mise en marché du Mont Saint-Benoît, fromage de type gruyère, correspond à une demande croissante de la clientèle. Ces deux fromages sont des vrais symboles, dans la

region et ont su conquérir bien des amateurs. Par la suite, plusieurs autres fromages se sont ajoutés à la gamme existante, des types gruyère, des bleus ainsi que de la ricotta.

La boutique de l'abbaye est ouverte du lundi au samedi de 9 h à 11 h et de 12 h à 17 h, fermée le dimanche. Les fromages sont distribués par Le Choix de l'Artisan dans les supermarchés IGA et Metro, ainsi que dans la plupart des boutiques et fromageries spécialisées dans toutes les régions du Québec.

AGROPUR – DIVISION FROMAGES FINS

4700, rue Armand-Frappier
Saint-Hubert (Québec) J3Z 1G5
Tél.: 1 800 361-3868
Hélène Rivard
Régions: Basses-Laurentides, Montérégie
Type de fromagerie: industrielle

Agropur Division des fromages fins a vu le jour en 1938. Elle est née de ce vaste mouvement de coopération créé en réaction à la crise économique et aux conditions du marché de l'époque. Nommée Société coopérative agricole du canton de Granby, elle regroupait alors 86 producteurs laitiers des environs. L'entreprise, au début modeste, est l'une des plus vastes industries fromagères au Québec. Aujourd'hui, Agropur regroupe plus de 4 000 producteurs laitiers et transforme près de 2 milliards de litres de lait dans ses usines réparties au Québec, aux États-Unis et au Canada (en Ontario, en Alberta et en Colombie-Britannique). Agropur offre un choix complet de produits laitiers dont quatre groupes se partagent la responsabilité: Natrel, Fromages fins, Fromages et Produits fonctionnels et Aliments Ultima. On retrouve ses fromages sous les marques Allégro 4%, Allégro Probio, Anco, Danesborg, Grubec ou Prestigio. La division des fromages fins, c'est la marque ombrelle Agropur Signature, et sous la marque Agropur

Import Collection, on retrouve les meilleures marques importées telles : Roquefort Société, Jarlsberg, Claudel, Le Rustique, Le Roy et Chèvretine. Les usines québécoises ont chacune leur spécialité. Les principaux produits sont les bries et camemberts, des fétas, des havartis, des fromages à tartiner et les okas. Ces fromages sont nature ou assaisonnés. Agropur fabrique aussi le réputé cheddar Britannia, maintenant appelé Grand Cheddar, plusieurs fois médaillé. Les produits d'Agropur sont proposés dans la plupart des supermarchés du Québec.

FROMAGERIE DE CORNEVILLE

995, rue Johnson
Saint-Hyacinthe (Québec) J2S 7V6
Tél. : 450 467-6752
Mario Labonte

FROMAGERIE D'OKA

1400, chemin Oka
Oka (Québec) J0N 1E0
Tél. : 450 479-6396
Murielle Lefebvre

Allegro 4 % (PM, nature, herbes et épices ou jalapeño), p. 55
Allégro Probio (PM, additionné de bactéries probiotiques)
Brie Chevalier, Brie double-crème Chevalier, Brie triple-crème Chevalier nature ou assaisonnés, p. 76, p. 91
Brie double-crème Anco
Brie L'Extra, p. 77
Brie Notre-Dame, p. 78
Brie Vaudreuil, p. 78
Camembert Gourmet
Champfleury (PM à cr. lavée)
Chevrita (P fraîche, à la crème)
Délicrème (P fraîche, à la crème, assaisonnée)
Doucerel
Emmental Anco
Féta Danesborg
Fontina (P filée). p. 175
Grand Cheddar, p. 115
Havarti double-crème, léger, assaisonné
Extra chèvre (PM à cr. fleurie)
Oka (PS-F à cr. lavée), p. 228
Oka avec champignons (PS-F à cr. lavée), p. 229
Oka L'Artisan (PS-F à cr. lavée), p. 228
Providence d'Oka (PM à cr. lavée)
Raclette Anco

Raclette d'Oka, p. 246
Ricotta Prestigio régulière et légère
Rondoux Chèvre (PM à cr. fleurie), p. 252
Rondoux double-crème et Rondoux triple-crème (PM à cr. fleurie), p. 94
Saint-Paulin Anco, p.258
Brie Vaudreuil, 78
Vaudreuil Grand Camembert (PM à cr. fleurie), p. 88

BERGERIES DU FJORD (LES)

2992, chemin du Plateau
La Baie (Québec)
Tél. : 418-543-9860
Josée Gauthier, Claude et Martin Gilbert
Région : Saguenay
Type de fromagerie : fermière

Lorsqu'ils reprennent la ferme familiale - le 1er janvier 2000 - Claude et Martin Gilbert sont décidés lui à donner un nouveau souffle. Avant leur acquisition, la ferme produisait uniquement de la viande d'agneau. En 2003, on ajoute au cheptel un troupeau de brebis laitières. Le concept d'une fromagerie prend forme et se développera avec l'arrivée de Josée Gauthier, la conjointe de Martin. Le premier fromage voit le jour en 2006. Les Bergeries du Fjord produisent actuellement trois fromages : deux fromages au lait cru de brebis et un autre au lait cru de vache Jersey d'un élevage voisin.

La fromagerie est ouverte aux clients du mercredi au dimanche de 13 h à 17 h. On trouve aussi ses fromages dans les fromageries spécialisées.

Le Berger du Fjord (brebis, PS-F à cr. lavée)
Le Blanche du Fjord (brebis, PM à cr. fleurie)
Le Jersey du Fjord, type Cheshire ou cheddar (brebis, P dure à cr. lavée)

BERGERIE JEANNINE

134, rang 10
Saint-Rémi-de-Tingwick (Québec) J0A 1K0
Tél. : 819 359-2568
Jean-Guy Filion
Région : Cantons-de-l'Est
Type de fromagerie : artisanale

Bergère des Appalaches (PF à cr. brûlée), p. 58
Étoile Bleue de Saint-Rémi-de-Tingwick (Bleu),
   p. 67
Monarque (PF à cr. naturelle), p. 221
Friesian (PF sans cr.), p.172

La bergerie surplombe une large vallée des Bois-Francs que sillonne la rivière Nicolet. Arlene et Jean-Guy Filion ont fondé leur fromagerie dans un décor grandiose. En 1980, ils aménagent la bergerie. À l'époque, les animaux sont élevés pour la viande, puis, vers 1998, ils ajoutent la récolte de lait que se partagent cinq acheteurs. Tout va bien jusqu'au jour où trois d'entre eux se désistent. Vient alors la décision, en 2003, de transformer le lait en association avec Marc-André Saint-Yves, à la fromagerie La Petite Cornue de Berthierville. En 2004, la fromagerie Bergerie Jeannine voit le jour à la ferme de Saint-Rémi-de-Tingwick. Les fromagers poursuivent la production du Monarque, puis celle de l'Étoile bleue de Saint-Rémi. Le lait de brebis est propice à ce type de fromages. Avec lui débute un long apprentissage. Le peu de connaissances au Québec de la fabrication du bleu oblige à apprendre par l'expérience. La réussite est maintenant assurée, les veines de teinte bleue grisâtre de *Penicillium roqueforti* s'étendent de façon irrégulière dans la pâte dense et riche, légèrement friable, au goût doux, beurré et boisé, avec pourtant la nuance piquante épicée.

Ces produits sont vendus à la ferme entre les heures de traite, de 9 h à 17 h. Ils sont distribués dans les magasins d'aliments naturels, les boutiques et fromageries spécialisées, ainsi que dans les magasins Le Végétarien.

BIQUETTERIE (LA)

470, route 315
Chénéville (Québec) J0V 1E0
Tél. : 819 428-3061
Colette Duhaime
Région : Outaouais
Type de fromagerie : artisanale

Colette Duhaime fut journaliste à *La Patrie*, au *Journal de Montréal* et au quotidien *Le Droit*. La belle région de l'Outaouais est devenue sa terre d'adoption. À Chénéville, Colette Duhaime a fait l'acquisition d'une ancienne école de rang construite en 1875. Elle y ouvre une fromagerie le 14 mai 1986. « J'ai troqué la culture pour l'agriculture », se plaît-elle à dire. Pour rendre hommage à sa patrie d'adoption, elle donne à ses fromages le nom de municipalités de la région de la Petite-Nation : le Chénéville (un cheddar frais), le cheddar en grains La Petite Nation, Le Montpellier (fromage frais vendu en faisselle) et Le Petit Vinoy (un fromage à pâte fraîche nature ou assaisonnée).

Le comptoir de la fromagerie ouvre tous les jours de 9 h à 18 h.

Cheddar Petite Nation (grains)
Chénéville (cheddar)
Montpellier (frais de vache), p. 185
Petit Vinoy (chèvre frais)

CAITYA DU CAPRICE CAPRIN
1023, route 210
Sawyerville (Québec) J0B 3A0
Tél. : 819 889-2958
Marie-Pascale Beauregard
Région : Cantons-de-l'Est
Type de fromagerie : fermière

Caitya est un terme bouddhique qui signifie endroit sacré, sanctuaire ou lieu de prière. Marie-Pascale Beauregard et Francis Landry y élèvent une centaine de chèvres nubiennes en suivant autant que possible les règles de l'agriculture biologique. Les chèvres sont nourries au foin sec biologique sans ensilage et profitent des pâturages pastoraux des Cantons tout l'été. On n'utilise pas d'hormones de croissance et les antibiotiques ne sont employés qu'en dernier recours. Le lait des chèvres de race nubienne, plus riche en gras et en protéines, donne un fromage onctueux. Marie-Pascale a mis deux ans pour mettre au point et peaufiner la recette de son chèvre frais que l'on peut se procurer sur place. Il est proposé nature ou assaisonné à la fleur d'ail du Petit Mas, à l'aneth frais ou à la truite fumée de la Ferme piscicole des Bobines.

La ferme se spécialise aussi dans la vente de viande de chevreau ou de chèvre. On y fabrique également quelques charcuteries (saucisses de type italien assaisonnées à la bière de la microbrasserie Lion d'Or).

La fromagerie ouvre du jeudi au dimanche de 12 h à 18 h. On peut se procurer le Cabrita ainsi que des viandes et des charcuteries au Provigo de la Promenade King, à Sherbrooke.

> Bergeronds (type crottin dans l'huile de pépin de raisin et d'olive, nature, herbes de Provence ou 4 poivres)
> Cabrita (chèvre frais)
> Caprices du Fromager, pour le Choix du Fromager (chèvre frais dans l'huile de pépin de raisin, nature ou assaisonné)
> Yogourt de lait de chèvre Le Cabrita

CHÈVRERIE DU BUCKLAND
4416, rue Principale
Buckland (Québec) G0K 1G0
Tél. : 418 789-2760
Maryse Dupont, Marc Bruno et Yohan, Benjamin et Justine
Région : Chaudière-Appalaches
Type de fromagerie : fermière

Buckland est situé dans les Appalaches, au sud de Montmagny, sur les versants du Massif du Sud. Marc Bruno, Maryse Dupont, Yohan, Benjamin et Justine y élèvent un troupeau d'une soixantaine de chèvres laitières de race Alpine, reconnues pour la qualité de leur lait. Des chèvres nourries au foin séché de la ferme cultivé naturellement, sans engrais chimiques ni pesticides. La qualité du lait est essentielle, puisqu'il sert à la réalisation d'un véritable fromage fermier. La Tomme du Maréchal est produite sans ajout ou pulvérisation de ferments aromatiques, de levures ou de moisissures commerciales. La croûte se forme par les ferments et levures naturels présents dans le lait et ensemencés dans la chambre de maturation. La salle souterraine permet un affinage plus naturel, égal en toute saison, et constitue une économie d'énergie considérable. Les fromagers projettent d'utiliser un « pied de cuve » (lactosérum des fabrications précédentes) pour l'obtention du caillé afin d'en arriver à un fromage ayant un caractère authentique du terroir. Cette technique demande beaucoup de doigté. Enfin, la production va au rythme de la nature et s'arrête deux mois au moins durant la saison hivernale.

Pour atteindre Buckland, emprunter la sortie 337 de l'autoroute 20, puis suivre la route 279 en direction sud jusqu'au bout, elle s'arrête à Buckland. La ferme se trouve à 700 mètres de l'église.

On trouve la Tomme du Maréchal à la fromagerie entre les heures de traite (9 h et 17 h). téléphonez avant de vous y rendre. Sinon la tomme est vendue à l'épicerie Jules Boutin, dans le village de Buckland ; à Montréal : à la fromagerie Qui lait cru (Marché Jean-Talon), à Saint-Lambert : à L'Échoppe des Fromages ; à Québec : à la Fromagère du Vieux-Port ; à Lévis : aux Petits Oignons. Du vendredi au dimanche, d'avril à décembre, Marc Bruno a son comptoir au marché Jean-Talon.

> Tomme du maréchal (chèvre), p. 285

CHÈVRERIE FRUIT D'UNE PASSION

673, rang 7
Saint-Ludger (Québec) G0M 1W0
Tél. : 819 548-5705
Isabelle Couturier et Alain Larochelle
Région : Chaudière-Appalaches
Type de fromagerie : fermière

Isabelle Couturier et Alain La Rochelle ont une égale passion pour l'élevage de la chèvre. Les 120 chèvres de races Alpine, Saneën et Lamancha, et quelques croisées, sont élevées selon les normes de l'agriculture biologique et nourries avec le foin récolté à la ferme. La chèvrerie propose la Tomme des Joyeux Fromagers, un fromage de chèvre à pâte ferme et à croûte lavée au lait cru. Isabelle et Alain ont aussi développé de savoureux produits à base de chevreau : saucisses, saucisson sec et peperette de chevreau.

La fromagerie n'a pas de comptoir de vente, mais on rencontre Isabelle et Alain les samedis, durant l'été, au marché public de Lac-Mégantic. La Tomme des Joyeux Fromagers est distribuée dans quelques commerces méganticois (Gueules Fines, boucherie Chez Louis), et dans plusieurs boutiques et fromageries spécialisées : à Montréal et à Saint-Lambert (la fromagerie Hamel, le Marché des Saveurs du Québec et à L'Échoppe des fromages) ; à Québec (à l'Épicerie européenne et chez la Fromagère du Marché du Vieux-Port).

Tomme des Joyeux Fromagers, (chèvre), p. 283

DAMAFRO – FROMAGERIE CLÉMENT

54, rue Principale
Saint-Damase (Québec) J0H 1J0
Tél. : 450 797-3301
Michel Bonnet
Région : Montérégie
Type de fromagerie : mi-industrielle

Claude Bonnet pratique l'art de faire des fromages depuis fort longtemps. Originaire de la Brie, en France, où il possédait une fromagerie, il perpétue en terre québécoise la noble tradition de la fabrication du fromage avec l'aide de son fils Michel et de fromagers d'expérience. Au début des années 1980, il fait l'acquisition de la fromagerie Clément. Cette fromagerie de Mc Masterville fut la première à élaborer (en 1920) un camembert traditionnel en Amérique du Nord. On le retrouve encore aujourd'hui sous l'appellation Madame Clément.

M. Bonnet affirme avec fierté que les fromages fins fabriqués au Québec sont d'une aussi grande qualité que ceux qui sont produits en Europe, en grande partie en raison de la qualité du lait québécois.

La compagnie Damafro fabrique une grande variété de bries et de camemberts légers, normaux, doubles ou triples-crèmes, des fromages à, des fromages de chèvre, des fromages blancs frais, de la ricotta et des yogourts. Damafro produit aussi des bries pour les chaînes d'alimentation ainsi que des bries assaisonnés. Damafro met en marché une gamme de produits biologiques, dont le Petit Saint-Damase bio.

Le comptoir de la fromagerie est ouvert du lundi au vendredi de 8 h à 17 h 30 et le samedi de 8 h 30 à 12 h 30. On trouve les fromages Damafro dans la majorité des supermarchés du Québec.

Aura (PS-F à Ferme, à cr. lavée), p. 58
Brie Connaisseur et Brie Petit Connaisseur, p. 74
Brie Dama 12 léger
Brie Damafro, mini-brie et pointe de brie, p. 76
Brie Petit Champlain, p. 86
Brie Trappeur double-crème, p. 92
Brie Trappeur triple-crème, p. 92
Brie Madame Clément, p. 77
Brie Tour de France, p. 78
Bûchette L'Originale (chèvre, PM à cr. fleurie), p. 99
Bûchette La cendrée (chèvre, PM à cr. cendrée), p. 98
Cabrie Le Rebelle (chèvre, PM à cr. lavée), p. 100
Cabrie Le Sensible (chèvre, PM à cr. fleurie), p. 101
Camembert Connaisseur, p. 79
Camembert Damafro, p. 79
Camembert Madame Clément, p. 80
Chèvre des Alpes (chèvre frais ; nature, Fines herbes, Poivre, Canneberges et Bio nature) (chèvre frais), p. 133
Grand Duc (chèvre frais ; Nature, au Poivre, aux Fines Herbes)
Cottage Damafro
Damablanc et Damablanc allégé (P fraîche), p. 184
Gouda Damafro, p. 190
Gouda de Chèvre, p. 190
Grand Délice (PS-F, à cr. fleurie), p. 194
Bûchette (chèvre frais, nature ou cendré)
Cabrie la Bûche (chèvre frais)
Mascarpone Damafro

DÉPENDANCES DU MANOIR (LES)
3330, 2e Rue
Saint-Hubert (Québec) J3Y 8Y7
Tél. : 450 266-0395 / 1 888 266-4491
Jean-Philippe Gosselin
Région : Montérégie
Type de fromagerie : maison d'affinage

Jean-Philippe Gosselin a œuvré à la fromagerie Caron de Beloeil jusqu'à son acquisition par Saputo, en 1996. En 1999, il lance un projet agrotouristique sur les thèmes de la pomme et du fromage, à Brigham dans les Cantons-de-l'Est. Le relais gourmand propose des fromages frais. En février 2000, Les Dépendances du Manoir met en marché un premier fromage affiné au brandy de pomme. Depuis, en association avec quelques fromageries (les Fromages Chaput et Fritz Kaiser), la maison d'affinage propose une gamme originale de fromages à PM, semi-ferme ou ferme à croûtes lavées, fleuries ou mixtes.

Il n'y a pas de comptoir de vente à la maison d'affinage, mais on trouve tous ces fromages partout au Québec, dans plusieurs supermarchés.

ÉCO-DÉLICES
766, rang 9 Est
Plessisville (Québec) G6L 2Y2
Tél. : 819 362-7472
Richard Dubois
Région : Bois-Francs
Type de fromagerie : artisanale

La fromagerie artisanale et fermière a été fondée au début des années 1990 du désir de ses propriétaires de transformer le lait de la ferme. La famille Dubois pratique l'agriculture biologique depuis deux générations. Richard appartient à la sixième génération de Dubois habitant la ferme familiale. Depuis 1996, il fabrique sous licence le Mamirolle, fromage originaire de Franche-Comté. Fort de cette expérience, il a créé la Raclette des Appalaches, le Louis-Dubois et le Délice des Appalaches. La production laitière de la ferme ne suffisant plus aux besoins de la fromagerie, le lait nécessaire est sélectionné dans les meilleures exploitations de la région, des élevages dont l'alimentation répond aux critères de qualité recherchés. La fromagerie emploie 8 personnes et produit plus de 1 500 kg de fromage par semaine.

La fromagerie ouvre tous les jours de 8 h 30 à 12 h et de 13 h à 16 h 30.

Une baie vitrée permet une vue d'ensemble sur les activités fromagères. Des photos montrent aussi les différentes étapes de la transformation.

Le Mamirolle et la Raclette des Appalaches sont deux fromages distribués par Saputo, tandis que le Délice des Appalaches et le Louis-Dubois sont distribués par Le Choix du Fromager. On trouve ces fromages dans les boutiques et fromageries spécialisées, ainsi que dans les supermarchés dans tout le Québec.

FERME CARON

1091, rue Louis-de-France
Trois-Rivières (Saint-Louis-de-France)
(Québec) G8T 1A5
Tél. : 819 379-1772
Christiane Julien et Gaétan Caron
Région : Mauricie
Type de fromagerie : fermière

Ferme chaleureuse et sympathique, située à deux pas de Cap-de-la-Madeleine. Gaétan Caron a repris la ferme familiale dans les années 1980. Fondée par la famille Caron au milieu du XIXe siècle, elle fut d'abord ferme laitière, puis, à l'époque du père de M. Caron, elle se consacra à l'élevage d'animaux de boucherie. En reprenant la ferme, Gaétan ajoute à la production un élevage de chèvres laitières, et dès 1987 il commercialise le Blanchon, un chèvre frais biologique. Christiane Julien et Gaétan Caron préparent également une féta que l'on peut se procurer à la ferme et à la fromagerie L'Ancêtre, située sur la rive sud du fleuve, près du marché Godefroy. On retrouve les produits dans plusieurs boutiques d'aliments naturels. La fromagerie ouvre de 9 h à 18 h.

Blanchon (chèvre frais)
Blanchon de type féta (PS-F en saumure)

FERME CHIMO

1705, boul. de Douglas (route 132)
Douglastown, Gaspé (Québec) G4X 2W9
Tél. : 418 368-4102
Hélène Morin
Région : Gaspésie
Type de fromagerie : fermière

Chimo, un mot de la langue algonquine, signifie « amitié » ou « nous sommes amis ». À la ferme Chimo, Hélène Morin et Bernard Major fabriquent avec le lait de leur troupeau de chèvres des fromages qui s'imprè-gnent du terroir gaspésien et exhalent des arômes salins et la fraîcheur des pâturages. La fromagerie, située entre Gaspé et Percé, élabore des fromages typés inspirés de la tradition. Chèvre frais, cheddar, féta ou fromage à pâte molle et à croûte fleurie s'y préparent avec le lait du troupeau de la ferme.

Les propriétaires, Hélène Morin et Bernard Major, ont trouvé ici un milieu de vie simple et harmonieux tout à fait respectueux de la nature. L'élevage de la chèvre a débuté au début des années 1980, alors que la fromagerie était déjà en opération. Les chèvres broutent allègrement dans de beaux pâturages bordant la mer, de verdoyants espaces ensemencés de mil, de trèfle et de lotier. Les producteurs, passionnés par leur métier, transforment ce lait quotidiennement, à sa fraîcheur maximale. Voilà les atouts qui contribuent à faire du chèvre fermier un produit aux saveurs authentiques et propres à la région gaspésienne.

La ferme Chimo se situe à Douglastown, sur la route 132, entre Gaspé et Percé. Les visiteurs peuvent s'y arrêter et découvrir l'entreprise tout en profitant d'une visite guidée : tous les jours, de la mi-juin à la fin d'août. En d'autres temps, il est possible de visiter la fromagerie sur rendez-vous. Les visites se terminent par une dégustation des produits de la ferme.

Le comptoir de vente ouvre tous les jours de 8 h 30 à 19 h, à 18 h le dimanche.

Chèvre de Gaspé (frais)
Corsaire (PM à cr. fleurie), p. 148
Salin de Gaspé (féta)
Val-d'Espoir (cheddar de chèvre)
Velours de Chèvre (yogourt)

FERME DIODATI

1329, chemin Saint-Dominique
Les Cèdres (Québec) J7T 1P7
Tél. : 450 452-4249
Maria et Antonio Diodati
Région : Montérégie
Type de fromagerie : artisanale

Maria et Antonio Diodati sont d'origine italienne. De leur Italie, ils ont précieusement conservé leur gastronomie et la recette d'un petit fromage qui se mange frais ou vieilli, nature ou assaisonné aux olives, au pesto, au piment fort, aux noix ou au poivre.

Montefino est le nom d'un village des Abruzzes, en Italie. Le mode de fabrication de ce fromage est semblable à celui qui est utilisé par les bergers qui se regroupent dans les alpages, où ils fabriquent leur fromage. Après pasteurisation et caillage, ces fromages sont moulés dans des herbes, puis descendus au village pour être échangés contre d'autres denrées. Les fromages invendus sont mis à sécher en plein air, puis on les enrobe d'un mélange d'herbes, (*pepinella*) et d'olives écrasées pour être ensuite conservés dans des pots en terre cuite.

Bien intégrés au Québec, le couple et leur fille proposent, outre le Montefino, une féta, un fromage à la crème (en quantité limitée) ainsi qu'un fromage de type parmesan, tous faits de lait de chèvre. À la boutique de la fromagerie sont aussi proposées des charcuteries ainsi que des viandes de chevreau et d'agneau.

La boutique de la fromagerie ouvre tous les jours de 9 h à 17 h 30 (il faut téléphoner au préalable). On trouve des produits dans quelques fromageries spécialisées.

Féta Diodati
Montefino (chèvre frais ou affiné, nature ou assaisonné), p. 223

FLORALPE (FERME)

1700, route 148
Papineauville (Québec) J0V 1R0
Tél.: (819) 427-5700
Éliette Lavoie

Région : Outaouais
Type de fromagerie : fermière

À la Ferme Floralpe, Éliette Lavoie et Bill Cochrane produisent d'excellents fromages. De l'expérience acquise naissent des produits d'une qualité constante. Les chèvres de l'élevage paissent dans les pâturages fleuris et vallonnés de l'Outaouais. À la fromagerie, on élabore un excellent fromage frais, le Micha, un fromage de type féta, deux fromages à pâte molle et à croûte fleurie, la Buchevrette et l'Heidi, un fromage à croûte lavée, le Peter, un fromage au lait de brebis, le Brebiouais, ainsi qu'un fromage de type cheddar, le Montagnard. À l'été 2004, la fromagerie mettra en marché un fromage au lait de vache de type camembert.

Le comptoir de vente ouvre tous les jours de 8 h à 17 h. On peut trouver les fromages Floralpe à Gatineau : la Trappe à Fromages et la Boîte à grains ; à Montréal : les fromageries Hamel et Atwater, Cinq Saisons (av. Bernard), Milano (rue Saint-Laurent) ; Métro Chèvrefils et Maître-Corbeau (rue Laurier), les boulangeries Première Moisson, les magasins Rachel-Bérri et la Maison du rôti (av. du Mont-Royal) ; à Saint-Lambert : l'Échoppe des Fromages ; à Blainville : Octofruits ; à Québec : La Fromagère du Marché (Marché du Vieux-Port) ; pour l'est du Québec les fromages sont distribués par Plaisirs gourmets.

Buchevrette (PM à croûte fleurie)
Féta Floralpe (nature et assaisonné)
Heidi (PM à croûte fleurie)
Micha (chèvre frais)
Le Montagnard (cheddar de chèvre)
Peter (PS-M à croûte lavée)

FERME MES PETITS CAPRICES

4395, rang des Étangs
Saint-Jean-Baptiste (Québec) J0L 2B0
Tél. : 450 467-3991
Diane Choquette et Charles Boulerice
Région : Montérégie
Type de fromagerie : fermière

La ferme Mes Petits Caprices est une oasis champêtre située au pied du mont Saint-Hilaire, sur le rang des Étangs, qui le contourne depuis la municipalité de Saint-Jean-Baptiste.

La proximité avec les villes environnantes et Montréal assure à la ferme une clientèle nombreuse et fidèle. Se rendre à la ferme Mes Petits Caprices constitue une balade intéressante ou une sortie familiale agréable et gourmande. Diane Choquette et Charles Boulerice produisent avec le lait de leurs chèvres une gamme de fromages regroupant un bel ensemble de produits. Le chèvre frais, nature ou assaisonné (Capri...Cieux) a été récipiendaire de trois trophées Caseus.

Le comptoir de la fromagerie est ouvert du mercredi au dimanche de 9 h à 18 h, fermé en janvier et février.

Bûchette et Pyramide Mes Petits Caprices (PM à cr. fleurie), p. 97

Capri… Cieux (chèvre frais, nature, assaisonné en petite meule et en boules marinées dans l'huile d'olive)

Chèvratout (cheddar de chèvre)

Clé des Champs (PS-F à cr. fleurie), p. 137

Féta Mes Petits Caprices (PS-F en saumure)

Hilairemontais (PS-F à cr. lavée au cidre), p. 200

Micherolle (PS-F, cheddar-mozzarella), p. 218

FERME S.M.A.
2222, rue D'Estimauville
Beauport (Québec) G1J 5C8
Tél. : 418 667-0478
Denis Roy et Christian Lavoie
Région : Québec
Type de fromagerie : mi-industrielle

La ferme S.M.A. fut fondée en 1893 par les Sœurs de la Charité de Québec, alors qu'elles avaient la garde et assumaient l'entretien de l'hôpital Saint-Michel-Archange, devenu depuis le Centre hospitalier Robert-Giffard. Aujourd'hui, la ferme est gérée par un organisme à but non lucratif dirigé par Christian Lavoie et Denis Roy. Cette ferme est un centre de réinsertion sociale offrant des projets éducatifs : travaux des champs, soin du troupeau et travail dans les serres de semences et de croissance de plants de jardin et de plantes de la maison. La ferme S.M.A. transforme tous les jours environ 3 000 litres de lait provenant de son propre troupeau de vaches Holstein. Elle produit des cheddars en bloc, en grains et en tortillons salés. La ferme se visite en saison estivale.

Le comptoir de vente ouvre du lundi au mercredi de 8 h à 18 h ; jeudi et vendredi de 8 h à 20 h ; samedi et dimanche de 8 h à 17 h.

Cheddar S. M. A.

FERME TOURILLI
1541, rang Notre-Dame
Saint-Raymond-de-Portneuf (Québec) G3L 1M9
Tél. : 418 337-2876
Éric Proulx
Région : Portneuf-Québec
Type de fromagerie : fermière

La ferme se situe à l'orée de la forêt laurentienne et en bordure de la rivière Tourilli. Éric Proulx y élève une trentaine de chèvres dont le lait s'imprègne des saveurs du fourrage biologique portneuvois. Le jeune agriculteur transforme la totalité du lait de son troupeau dans sa fromagerie artisanale et fermière, située dans l'ancienne cuisine d'été adjacente à la maison. Les fromages sont fabriqués à la main selon les méthodes traditionnelles (caillage du lait, moulage et affinage) et s'inspirent des fromages de chèvre Selles-sur-Cher et Chavignol. On y produit un fromage frais (Tourilli), le Cap Rond à pâte molle à semi-ferme roulé dans la cendre, le Bouquetin de Portneuf de type crottin et le Bastidou, de fabrication semblable à celle du Cap Rond, mais auquel s'ajoute un pesto de basilic frais.

La fromagerie ouvre ses portes de juin à octobre, du mardi au dimanche de 8 h à 12 h et du jeudi au dimanche de 13 h à 16 h; de novembre à mai, du mardi au samedi de 8 h à 12 h; fermé en janvier et février. Ces produits sont distribués par Plaisir Gourmet dans la majorité des boutiques et fromageries spécialisées du Québec.

Barre à Boulard (chèvre, PM à cr. fleurie), p. 60
Bastidou (chèvre, PM à PS-F, strié d'une pâte de basilic), p. 61
Bouquetin de Portneuf (crottin), p. 143
Cap Rond (chèvre, PM à cr. fleurie et cendrée), p. 104
Tourilli (chèvre frais)

FRITZ KAISER

Rang 4e Concession
Noyan (Québec) J0J 1B0
Tél.: 450 294-2207
Fritz Kaiser
Région: Montérégie
Type de fromagerie: mi-industrielle

Le Suisse Fritz Kaiser arrive au Québec en 1981 et s'installe à Noyan, en Montérégie. La vallée du Richelieu est l'une des régions les plus fertiles du Québec et en est la plus chaude. Occupant le lit de l'ancienne mer de Champlain,

les cultures maraîchères et céréalières côtoient vergers, vignes et fermes laitières. Fritz Kaiser a trouvé là une terre propice à l'établissement de sa fromagerie. Ce pionnier de l'industrie fromagère est vite devenu célèbre en élaborant la première raclette de fabrication québécoise. Ce fromage de tradition suisse se fait selon les méthodes apprises dans son pays d'origine. Fritz Kaiser fabrique aujourd'hui une gamme de fameux fromages fins (croûtes lavées à pâtes ferme et semiferme) qui font honneur à l'industrie fromagère québécoise ainsi que le bonheur des amateurs. L'usine de Noyan compte une vingtaine d'employés et dessert le marché québécois, et une partie du Canada et des États-Unis. Les Américains des États de New York et du Vermont viennent s'y approvisionner.

La boutique de la fromagerie ouvre du lundi au samedi de 8 h à 17 h. Les produits sont distribués par le Choix de l'Artisan (CDA) dans les fromageries spécialisées et les supermarchés.

Brie Fritz Kaiser
Chevrochon (chèvre, PS-F à cr. lavée), p. 127
Clos Saint-Ambroise (PS-F à cr. lavée), p. 137
Cristalia (PS-F, assaisonné), p. 148
Douanier (type morbier, PS-F à cr. lavée), p. 154
Empereur et Empereur Allégé (PM à cr. lavée), p. 157
Miranda (PF à cr. lavée), p. 221
Mouton Noir (PS-F), p. 230
Noyan (PS-F à cr. lavée), p. 231
Port-Royal (saint-paulin), p. 240
Raclette du Griffon, p. 246
Raclette Fritz (régulier, moyen, fort), p. 243
Roubine de Noyan, (PM à cr. lavée), p. 87
Saint-Paulin Fritz et Saint-Paulin (léger), p. 259
Sœur-Angèle (lait de chèvre et de vache, PM à cr. fleurie), p. 262
Tomme de Monsieur Séguin (de chèvre et de vache, PS-F)), p. 282
Tomme du Haut-Richelieu (de chèvre), p. 286
Vacherin Fri-Charco (PS-F à cr. lavée), p. 289
Zurigo (PS-F à cr. lavée), p. 293

Affinés par les Dépendances du Manoir
Blanche de Brigham (PS-F à cr. fleurie)
Caillou de Brigham (crottin)
Feuille d'Automne (PM, à cr. lavée), p. 167
Mini Tomme du Manoir (PS-F à cr. lavée), p. 220
Peau Rouge (PS-F à cr. lavée), p. 235
Rougette de Brigham (PS-F à cr. lavée), p. 253
Sorcier de Missisquoi (PS-F à cr. lavée), p. 262

FROMAGE AU VILLAGE (LE)

45, rue Notre-Dame Ouest
Lorrainville (Québec) J0Z 2R0
Tél. : 819 625-2255
Hélène Lessard
Région : Abitibi-Témiscamingue
Type de fromagerie : fermière

Hélène Lessard et Christian Barrette ont ouvert la fromagerie artisanale le Fromage au village en 1996. La production se fait uniquement à partir du lait d'un troupeau voisin et nécessite en moyenne 4 000 litres de lait par semaine. En 1993, le Fromage au village innovait en Abitibi-Témiscamingue en installant une étable-serre. Les jeunes entrepreneurs, à l'affût des dernières innovations, ont également décidé de récupérer le lactosérum, un résidu de la fabrication du fromage. Ils évitent ainsi le gaspillage d'une ressource précieuse, puisque le lactosérum aurait une valeur nutritive semblable à celle de l'orge. En plus du Cru du Clocher, ils fabriquent un cheddar pasteurisé (doux, moyen et fort ou vieux), un cheddar frais en bloc (blanc, jaune ou marbré) et en grains. Le Rouet, un cheddar au lait de brebis, est fabriqué en collaboration avec Lait Brebis du Nord, la ferme de Marjorie Goupil et Tommy Lavoie, de Sainte-Germaine-Boulé, en Abitibi.

La boutique de la fromagerie est ouverte du lundi au vendredi, de 9 h à 17 h ; et 7 jours sur 7 de juin à septembre : de 9 h à 17 h.

Cheddar frais (bloc ou grains)
Cheddar Le Fromage au village (moyen et fort)
Cheddar à la fleur d'ail
Cru du Clocher régulier et Réserve 2 ans (cheddar vieilli), p. 116
Le Rouet (cheddar de brebis), p. 124

FROMAGERIE 1860 DU VILLAGE INC. – SAPUTO

80, rue de l'Hôtel-de-Ville
Warwick (Québec) J0A 1M0
Tél. : 1 800 563-3330
Camille Genesse
Région : Bois-Francs
Type de fromagerie : mi-industrielle

Les Bois-Francs est une des plus belles régions laitières du Québec. Patrie du cheddar et du fromage en grains, on lui doit la création de la très populaire poutine que même les touristes se font un devoir de goûter. En fondant son entreprise, en 1976, Georges Côté ne s'attendait pas à tant de succès. À l'origine, cette humble fabrique se spécialisait dans le cheddar et le fromage en grains. Puis la fromagerie de Kingsey Falls et ensuite celle de Warwick ne cessent de s'épanouir. M. Côté a toujours su s'entourer d'un personnel qualifié, notamment de Stéphane Richoz, un fromager d'expérience. C'est à cet habile artisan que l'on doit le développement des fromages de type emmental, le Cogruet et le Kingsberg.

La Fromagerie 1860 Du Village inc. – Saputo propose, outre son cheddar, un camembert et des bries sous l'appellation Du Village, le Sir Laurier d'Arthabaska (sa réputation d'excellence dépasse nos frontières), des fromages de type suisse, jarlsberg ou morbier, et des fromages spécialement conçus pour la fondue. Fromagerie 1860 Du Village inc. – Saputo est depuis peu une filiale de Fromages Saputo, qui vise à conserver la nature artisanale de la fabrication de ces fromages afin d'en préserver le caractère régional.

Le comptoir de vente, à la fois casse-croûte et boutique, ouvre du lundi au mercredi de 8 h à 21 h ; le jeudi de 7 h 30 à 21 h.

Vente du petit-lait tous les jours à 16 h et du grain chaud à 17 h. Les produits de la fromagerie sont distribués dans les fromageries spécialisées ainsi que dans la majorité des supermarchés du Québec.

FROMAGÈRE MISTOUK (LA)

6341, chemin Saint-François
Alma (Québec) G8E 1A3
Tél. : 418 347-1404
Hélène Martel
Région : Saguenay–Lac-Saint-Jean
Type de fromagerie : fermière, artisanale

Hélène Martel et Mario Larouche sont copropriétaires de la ferme laitière de Saint-Cœur-de-Marie. Malgré les exigences et les obligations de la ferme, Hélène poursuivait en parallèle une carrière politique. Elle fut attachée politique du ministre Jacques Brassard.

De retour à la ferme après sa douzaine d'années consacrées aux affaires de l'État, Hélène Martel fonde la fromagerie et du coup réalise son rêve. Ses recherches en fromagerie l'amènent en Europe. Son intérêt se porte alors sur les oméga-3. Avec l'aide de son consultant, elle développe ce qui deviendra les fromages de la Fromagère Mistouk, naturellement riches en oméga-3. Le lait provient du troupeau, dont l'alimentation est additionnée de lin produit sur la ferme. La Fromagère Mistouk est membre de l'association européenne Bleu Blanc Cœur, qui, dans de nombreux pays, travaille à la promotion d'oméga-3. La fromagerie transforme annuellement près de 500 000 litres de lait.

La fromagère élabore un cheddar frais ou vieilli vendu uniquement à la fromagerie, et des fromages affinés en surface, à croûte lavée ou fleurie, qui sont naturellement riches en oméga-3. Le grain chaud est offert le vendredi à 11 h 45. Le comptoir de la fromagerie est ouvert du lundi au samedi de 9 h à 17 h. Les fromages sont distribués dans les boutiques et fromageries spécialisées.

FROMAGERIE AU GRÉ DES CHAMPS

400, rang Saint-Édouard
Saint-Athanase-d'Iberville (Québec) J2X 4J3
Tél. : 450 346-8732
Suzanne Dufresne et Daniel Gosselin
Région : Montérégie
Type de fromagerie : fermière

L'histoire d'un bon fromage fermier débute « dans le pays de celui qui l'a créé ». À la ferme de Daniel Gosselin, de Suzanne Dufresne, de Marie-Pier et de Virginie, où les fromages sont le fruit d'une rigueur soutenue, une saveur, un arôme et un caractère unique imprègnent chaque délice de l'entreprise. Les fromages ont ici une allure rustique et un petit air de terroir. Ils sont moulés à la main et affinés sur des planches de bois. Les vaches paissent dans des pâturages ensemencés de plantes fleuries et aromatiques certifiées biologiques. On dit que, selon la saison, le fromage développe des arômes fleuris ou herbacés, voire fruités. La qualité du lait dépend directement du fourrage. Le lait cru est une matière vivante, sa nature est changeante, et il doit être traité avec le plus grand soin. Ainsi, lors de la traite et afin d'éviter toute manipulation ou contamination externe, le lait est dirigé directement vers le bassin de transformation grâce à un système de tuyauterie. Il est transformé tous les matins et n'attend jamais plus de 12 heures.

La ferme élabore deux fromages fins : le d'Iberville semi-ferme à croûte lavée et le Gré des Champs à pâte ferme. On y trouve à l'occasion le Monnoir, un fromage à pâte ferme et à croûte naturelle.

La fromagerie ouvre ses portes aux visiteurs sur rendez-vous, le samedi de 10 h à 17 h. Plaisir Gourmet distribue les produits dans les fromageries spécialisées ainsi que dans certains supermarchés du Québec.

FROMAGERIE AU PAYS DES BLEUETS

805, rang Simple Sud
Saint-Félicien (Québec) G8K 2N8
Tél. : 418 679-2058
Lise Bradette et Régis Morency
Région : Saguenay-Lac-Saint-Jean
Type de fromagerie : fermière

La ferme familiale 3J est une entreprise bien implantée à Saint-Félicien. Connue pour ses élevages de vaches et de porcs pour la viande, la ferme a sa propre boucherie. La création de la fromagerie Au Pays des Bleuets est le fruit des efforts du couple Bradette-Morency et de leurs quatre fils. On y élabore, à partir du lait des vaches laitières de race Ayshire, un cheddar frais ou vieilli ainsi que deux fromages fins, le Bouton d'Or et le Desneiges. Le premier rappelle le maroilles par sa forme, le Desneiges, de type camembert, présente une belle croûte fleurie. En ce pays où le bleuet fait emblème, la ferme 3J exploite une bleuetière ainsi qu'un verger de petits fruits.

On trouve les produits à la ferme du mardi au samedi de 10 h à 16 h, et jusqu'à 20 h le vendredi, et dans les fromageries spécialisées. Fromage en grains frais à partir de 16 h.

FROMAGERIE BERGERON

3837, route Marie-Victorin
Saint-Antoine-de-Tilly (Québec) G0S 2C0
Tél. : 418 886-2234
Sylvain Bergeron
Région : Chaudière-Appalaches
Type de fromagerie : mi-industrielle

Cette fromagerie est le fruit de la passion et de l'expérience acquise au fil des ans par trois générations de Bergeron. L'aventure débute en 1940, dans une petite fromagerie du rang 8 Labarre, à Saint-Bruno, au Lac-Saint-Jean. Edmond Bergeron, le grand-père, se lance dans la fabrication du cheddar avec ses enfants. Parmi eux, Raymond, qui achète en 1954 une fromagerie à Saint-Antoine-de-Tilly, où il commercialise le fromage Meuldor. L'entreprise sera vendue en 1978 à la coopérative Agrinove.

Raymond et son épouse, Colombe Ouellet, transmettent leur savoir à leurs enfants, qui choisissent de construire une nouvelle usine et de développer un nouveau créneau. Ils y fabriquent du gouda, car la demande était forte pour ce fromage importé. L'entreprise actuelle produit depuis août 1989 et s'achemine vers les 25 millions de litres de lait transformés annuellement par une équipe de 80 personnes.

La fromagerie Bergeron fabrique les Brins de gouda, qui rappellent le traditionnel fromage cheddar en grains et se conserve fort bien, réfrigéré, de 7 à 9 jours ; le Populaire, obtenu par pressage des Brins de gouda dans un moule et commercialisé frais ; le Gouda extra doux, un bloc de Populaire affiné un mois, et le Six Pourcent, un fromage allégé. S'ajoutent le Gouda classique, le Coureur des bois, le Lotbinière, le P'tit Bonheur et le Seigneur de Tilly enrobés de cire comme le veut la tradition hollandaise. Le Patte Blanche est un type gouda au lait de chèvre et le Fin Renard diffère par sa croûte lavée.

La fromagerie ouvre ses portes tous les jours de 9 h à 18 h. Des panneaux d'information et des photos renseignent le visiteur sur la fabrication du gouda ainsi que sur l'historique de la fromagerie et de la famille Bergeron. On y propose une vaste variété de fromages régionaux et importés. Enfin un restaurant-crêperie, ouvert de la fin de mai à octobre, présente différents menus préparés avec les fromages de la maison : croustillant au Fin Renard, asperges gratinées au Coureur des bois et une variété de crêpes salées ou sucrées.

On trouve les produits de la fromagerie Bergeron dans plusieurs boutiques et fromageries spécialisées ainsi que dans certaines grandes surfaces (IGA, Maxi, Loblaws), distribués par J.L. Freeman.

Brin de gouda (en grains)
Calumet (gouda fumé)
Coureur des Bois (gouda assaisonné), p. 188
Fin Renard (gouda cr. lavée), p. 168
Gouda Classique, p. 189
Gouda Saint-Antoine
Populaire (gouda frais)
Lotbinière (Jalsberg), p. 272
Patte Blanche (gouda de chèvre), p. 192
P'tit Bonheur (gouda)
Seigneur de Tilly (gouda allégé), p. 189
Six Pour Cent (gouda frais allégé)

FROMAGERIE BLACKBURN

4353, chemin Saint-Benoît
Jonquière (Québec) G7X 7V5
Tél. : 418 547-5055
Marie-Josée, Nicolas et Gilles Blackburn
Région : Saguenay–Lac-Saint-Jean
Type de fromagerie : fermière

Le 16 septembre 2006 est sortie de production la première meule de fromage de la nouvelle fromagerie de la ferme Blackburn. La ferme familiale A.B.G. Blackburn réalisait son rêve de transformer le lait du troupeau de vaches Holstein. Le cheptel formé dans les années 1980 a été retenu pour ses qualités laitières. Les dirigeants de l'entreprise exercent un contrôle strict des soins donnés aux animaux. C'est avec dynamisme que l'entreprise s'est lancée dans l'aventure fromagère en se dotant des meilleurs outils de l'industrie, de la presse au système d'ambiance des hâloirs afin d'assurer la stabilité de la qualité de ses produits. De plus, la fromagerie Blackburn innove par la récupération du lactosérum, une unité de transformation en méthane permettant de le transformer en énergie pour chauffer la bâtisse. Cette technologie arrive à point nommé dans une industrie ayant de la difficulté à gérer adéquatement ce déchet issu de la fabrication du fromage.

Les fromages développés à la toute nouvelle fromagerie touchent une clientèle régionale et nationale. Ils ont été créés de façon à plaire à tous les palais, du plus réfractaire au plus entraîné. On propose le cheddar préparé selon une recette ancienne, avec croûte, phénomène qui tend à se développer. Les pâtes semi-fermes ou fermes se développent sous de belles croûtes unies et veloutées, lavées et frottées avec art.

Le comptoir de la fromagerie est ouvert du lundi au vendredi de 10 h à 17 h, samedi de 9 h à 17 h et dimanche de 10 h à 17 h. On trouve les produits dans les fromageries spécialisées.

FROMAGERIE BOIVIN

2152, chemin Saint-Joseph
La Baie (Québec) G7B 3P3
Tél. : 418 544-2622
Pierre Boivin
Région : Saguenay–Lac-Saint-Jean
Type de fromagerie : artisanale

La fromagerie Boivin, située dans un paysage bucolique du Saguenay, a été fondée en 1939 par Marie Bluteau et ses enfants, Bernadette, Noël, Patrick, Antonio et Herman Boivin. La famille Boivin y perpétue la tradition du cheddar frais du jour, offert en grains et en bloc. S'y fabriquent aussi des cheddars médium, fort, extra-fort ou sans sel, ainsi qu'un fromage non affiné (Le Petit Saguenay).

Le comptoir de vente ouvre tous les jours de 8 h 30 à 18 h en période hivernale ; jusqu'à 21 h 30 en période estivale.

> Anobli (fromage à griller, PS-F, non affiné)
> Cheddar Boivin (frais en bloc ou grains, marbré, jaune, médium, fort, extra-fort)
> Monterey Jack
> Petit Crémeux (fromage fondu à tartiner)
> Suisse au porto Boivin

FROMAGERIE CHAMPÊTRE

415, rue des Industries
Repentigny (Québec) J6A 8J4
Tél. : 450 654-1308
Luc Livernoche
Région : Lanaudière
Type de fromagerie : artisanale – mi-industrielle

La Fromagerie Champêtre, établie dans la zone commerciale de Le Gardeur, est un important producteur et distributeur spécialisé dans les fromages et cheddars frais du jour. Elle est reconnue pour son cheddar proposé en grains ou en bloc. Depuis avril 1996, les connaisseurs y accourent pour se procurer leur ration de fromage en grains bien frais. Depuis août 2001, on y fabrique le Presqu'Île, le Grand Chouffe, affiné à la bière belge, ainsi que la Raclette Champêtre.

Il n'y a pas de comptoir à la fromagerie, mais on trouve ces produits dans les épiceries et dépanneurs de la région, dans les boutiques et fromageries spécialisées et quelques supermarchés.

> Cheddar Champêtre (frais, bloc ou grains)
> Grand Chouffe (PS-F à cr. lavée), p. 193
> Presqu'Île (PS-F à cr. lavée), p. 241
> Raclette Champêtre, p. 244
> Suisse Champêtre, p. 275

FROMAGERIE CÔTE-DE-BEAUPRÉ

9430, boul. Sainte-Anne
Sainte-Anne-de-Beaupré (Québec) G0G 3C0
Tél. : 418 827-1771
Ronald Binet
Région : Québec
Type de fromagerie : mi-industrielle

Depuis sa fondation en 1999, la fromagerie a reçu plusieurs prix dont celui d'Entreprise de l'année 2002. On y fabrique chaque jour 4 000 kg de fromage : cheddars frais en grains, en tortillons et en blocs, cheddars vieillis 2 ans ainsi qu'un cheddar au lait cru vendu sous la marque Le Beaupré au lait cru.

On offre également des fromages en saumure, dont le Tortillo, étiré en fils très fins à la façon du tressé méditerranéen ou de la *pasta filata* italienne. Autres spécialités : le cheddar et le brick fumés à l'érable, vendus sous les appellations Fumirolle, Fumignon et Fumeron (mi-fumé). Enfin, on a mis en marché deux nouveaux fromages, l'un aux fines herbes et l'autre aux trois poivres, leur pâte est similaire à celle du brick, mais en plus fondante.

La boutique de la fromagerie ouvre en été tous les jours de 8 h 30 à 21 h ; et hors saison, du samedi au mercredi de 8 h 30 à 19 h et les jeudi et vendredi de 8 h 30 à 21 h. En plus des fromages, la boutique propose des pains, des produits de l'érable, un service de préparation de plateaux de fromages et des paniers cadeaux.

C'est la passion qui a conduit Paul Landry à devenir artisan fromager ; il compte quelque 10 années d'expérience dans ce domaine. Depuis mars 2005, la fromagerie offre des produits mettant en valeur le terroir lanaudois. Les fromages sont faits à partir du lait de vache, de chèvre et de brebis de la région. Le lait entier est pasteurisé à basse température afin de garantir son innocuité et de conserver ses qualités. Les laits ne sont jamais mélangés afin de préserver les propriétés de chacun. Une vingtaine de fromages sont fabriqués : des pâtes molles de type brie ou camembert, des fromages frais et le cheddar frais, en grains ou en bloc, ou vieilli.

La boutique ouvre le vendredi de 12 h à 17 h 30 et le samedi de 12 h à 16 h. On y trouve plusieurs produits élaborés à partir des fromages tels que des tartes au fromage, des charcuteries, du beurre à l'ail et d'autres produits du terroir lanaudois.

Beaupré au lait cru (cheddar)
Brick, nature, aux herbes ou aux trois poivres
Cheddar Beaupré, frais et vieilli 2 ans
Fumeron (brick fumé)
Fumignon (brick mi-fumé)
Fumerolle (cheddar fumé)
Tortillo (tortillon, P filée)

FROMAGERIE COULAND
562c, rue Champlain
Joliette (Québec) J6E 2S3
Tél. : 450 756-0904 ou 450 759-9531
Paul Landry
Région : Lanaudière
Type de fromagerie : artisanale

Marie-Charlotte (brie), p. 85
St-Émile (camembert)
Prés de Kildare (P fraîche), p.185
Cheddar en grains (nature, à la ciboulette, épices tex-mex)
Le Couland (cheddar)
Capri-Corne (chèvre, type brie), p. 103
Petite Chevrette (chèvre, type camembert)
Mon Précieux (chèvre frais)
Les Fridolines (chèvre frais façonné en boules, assaisonnées dans l'huile de canola)
La Galipette (chèvre de type cheddar)
Sainte-Élisabeth (brebis, brie)
Ste-Geneviève (brebis, camembert), p. 263
Agnelle de Bayolle (brebis frais)
Brebiane (cheddar de brebis)
Tomme de brebis Couland (1 an), p. 281
Tomme de chèvre Couland (1 an)
Tomme de vache Couland (1 an), p. 283
La Galipette (chèvre de type cheddar)
Sainte-Élisabeth (brebis, brie)
Ste-Geneviève (brebis, camembert), p. 263
Agnelle de Bayolle (brebis frais)
Brebiane (cheddar de brebis)
Tomme de Brebis Couland (1 an), p. 281
Tomme de chèvre Couland (1 an), p. 281
Tomme de Vache Couland (1 an), p. 283

FROMAGERIE DE L'ÎLE-AUX-GRUES

210, chemin du Roy
Île-aux-Grues (Québec) G0R 1P0
Tél. : 418 248-5842
Gilbert Lavoie
Région : Bas-Saint-Laurent
Type de fromagerie : artisanale

L'histoire de la fromagerie est faite de solidarité. En se regroupant en coopérative, les producteurs de l'île ont ainsi préservé leur agriculture et leur terroir. La fromagerie de l'Île-aux-Grues est exploitée depuis 20 ans par les 10 producteurs laitiers de l'île. Le lait transformé à l'usine vient exclusivement des fermes de l'île. Il provient d'animaux alimentés en partie avec le foin naturel des battures. La fabrication artisanale du cheddar est issue d'une recette ancienne mise au point par les premiers fromagers de l'île, dans les années 1900. Cette expertise dans la fabrication des fromages thermisés destinés au marché de l'Ouest canadien et à celui de la Nouvelle-Angleterre permet maintenant à la coopérative de proposer ses fromages au détail.

Les cheddars frais ou affinés sont réputés et jouissent d'une popularité grandissante auprès des Québécois. La renommée de la fromagerie est maintenant assurée grâce au Riopelle de l'Isle et au Mi-Carême.

Le comptoir de la fromagerie est ouvert du lundi au vendredi, de 8 h à 17 h, le samedi, de 10 h à 16 h et, en été, le dimanche, de 12 h à 16 h.

Cheddar de l'Île-aux-Grues frais (bloc ou grains), vieilli 6 mois ou 2 ans, p. 116
Mi-Carême (PM à cr. mixte), p. 218
Riopelle de l'Isle (triple-crème, PM à cr. fleurie), p. 95
Tomme de Grosse-Île, p. 282

FROMAGERIE DES BASQUES

69, route 132 Ouest
Trois-Pistoles (Québec) G0L 4K0
Tél. : 418 851-2189
Yves et Germain Pettigrew
Région : Bas-Saint-Laurent
Type de fromagerie : mi-industrielle

En 1994, Yves et Germain Pettigrew ouvrent la fromagerie des Basques. Le lait de la ferme est alors entièrement réservé à la fabrication de fromages frais du jour. Outre le cheddar frais, en bloc ou en grains (offert aussi fumé) et des cheddars affinés (2 ans et plus), la fromagerie fabrique deux fromages de type suisse, un en bloc traditionnel, un autre en meule à croûte lavée à la bière Trois-Pistoles. Une innovation : les Pettigrew ont mis au point un fromage s'inspirant du Pays basque. Les Basques venaient autrefois pêcher au large de Trois-Pistoles et séjournaient sur le bien nommée île aux Basques. Ici, ce fromage se fabrique au lait de vache plutôt qu'au lait de brebis. La pâte est semi-ferme, la croûte est lavée à la bière Trois-Pistoles et porte le joli nom de L'Héritage, en raison, dit-on, de la tradition laissée par les Basques. L'écrivain et romancier Victor-Lévy Beaulieu, qui vit à Trois-Pistoles, a d'ailleurs écrit un ouvrage s'en inspirant, *L'Héritage*, qui fut l'objet d'une série télévisée.

La fromagerie ouvre tous les jours de juin à septembre, de 4 h à 22 h ; hors saison, du samedi au mercredi de 8 h à 18 h ; jusqu'à 21 h les jeudi et vendredi. En été la fromagerie est dotée d'un comptoir laitier. On trouve les produits dans les épiceries de la région ainsi que dans quelques fromageries spécialisées à Montréal (Marché Atwater) et ailleurs au Québec.

Cheddar, frais (bloc ou grains, nature ou fumé)
Cheddar vieilli, moyen, fort, extra-fort, 2 ans, 3 ans, 4 ans
Héritage (PS-F à cr. lavée), p. 200
Notre-Dame-des-Neiges (PM à cr. fleurie), p. 85
Suisse et Suisse des Basques à la bière, p. 275
Saint-paulin des Basques
Trois-Pistoles (PS-F à cr. lavée), p. 287
Raclette des Basques (en tranche)
Sieur Rioux (gouda)
Mackenzie (PM à cr. lavée), p. 192
Tortillons des Basques (PF, fraîche, filée, nature, fines herbes et barbecue)

FROMAGERIE DES CANTONS

441, boul. de Normandie Nord
Farnham (Québec) J2N 4W5
Tél. : 450 293-2498
Hugues Ouellet
Région : Montérégie
Type de fromagerie : artisanale

La première meule produite par la fromagerie est sortie en août 2005. La fromagerie a été récipiendaire du prix Nouvelle entreprise de l'année 2007 au gala d'excellence de Brome-Missisquoi. On y fabrique aujourd'hui cinq produits faits avec le lait de la région afin de conserver le caractère typique du terroir. Seul le lait du troupeau de vaches de race Jersey de la ferme de Pierre Janecek, de Dunham, est utilisé. La vache Jersey rappelle également la colonisation de cette partie du Québec par les loyalistes. Le troupeau élevé en respectant une agriculture responsable permet l'obtention d'un lait écologique de qualité et la création de fromages au lait cru.

Hugues Ouellet produit un fromage de type camembert français traditionnel, la Brise des vignerons ; une crème de camembert, le Crémeux des vignerons ; une pâte ferme à croûte lavée, le Zéphyr ; un type morbier, le Sirocco, ainsi qu'une exclusivité québécoise produite avec le vin rouge de la région, le Zéphyr vinifié.

On trouve les fromages à la fromagerie tous les jours de 9 h à 17 h, dans les boutiques spécialisées de la région, à Montréal, en Montérégie, en Estrie et à Québec.

Brise des Vignerons (PM à cr. fleurie), p. 81
Crémeux des Vignerons (crème de camembert)
Sirocco (type morbier, PS-F à cr. lavée)
Zéphyr (PF à cr. lavée), p. 293
Zéphyr vinifié (PF à cr. lavée au vin rouge)

FROMAGERIE DES GRONDINES

274, rang 2 Est
Grondines (Québec)
Tél. : 418 268-4969
Guylaine Rivard, Louis Arsenault et Charles Trottier
Région : Portneuf/Québec
Type de fromagerie : artisanale

Projet longuement mûri, la fromagerie est née de la volonté de ses propriétaires de valoriser leur produit, le lait de vaches suisses brunes. Ce souhait s'est concrétisé en 2004 à la suite d'une association avec le fromager Louis Arsenault et de la rencontre avec le fromager suisse Christian Nanchen, qui agit à titre de consultant. La fromagerie cherche à mettre en valeur le terroir de Portneuf en élaborant des fromages avec du lait cru de vache, de chèvre et, à moyen terme, de brebis. La certification biologique Garantie Bio-Écocert garantie la provenance autant que la qualité des aliments donnés aux animaux. Le foin et le grain sont produits sur la ferme. Les vaches suisses brunes sont élevées pour la qualité de leur lait, qui a une haute teneur en matières grasses et qui renferme des protéines propices à la fabrication des fromages. En outre, les vaches vont obligatoirement au pâturage et le troupeau n'est pas soumis à une production intensive. Les laits de chèvre et de brebis proviennent de la ferme de François-Xavier Masson. Les propriétaires souhaitent ainsi contribuer au développement et à la mise en valeur d'une agriculture de proximité qui rapproche le producteur et le consommateur tout en réduisant les intermédiaires.

Le comptoir de vente est ouvert de 10 h à 16 h le samedi et de 11 h à 13 h le dimanche ; et du 24 juin au 3 septembre, du mardi au vendredi de 12 h à 16 h, et les samedi et dimanche de 10 h à 16 h. Les fromages sont distribués par Plaisir Gourmet dans les boutiques et fromageries spécialisées.

> Grand 2 (vache-chèvre, PF à cr. lavée), p. 193
> Grondines (PF à cr. lavée), p. 195

FROMAGERIE DION

128, route 101
Montbeillard (Québec) J0Z 2X0
Tél. : 819 797-2617
Gilberte Dion
Région : Abitibi-Témiscamingue
Type de fromagerie : fermière

La fromagerie Dion est une petite entreprise artisanale située à Montbeillard, à quelques kilomètres de Rouyn-Noranda. En 1982, les Dion firent l'acquisition de leur première chèvre. Aujourd'hui, l'élevage en compte plus d'une soixantaine. La fromagerie fabrique des chèvres frais (nature ou assaisonné), un type cheddar ainsi qu'une féta traditionnelle. Le Roulé vieilli et séché est vendu émietté sous l'appellation Parmesan Dion.

Visite de la fromagerie tous les jours de 9 h à 17 h. On peut y acheter les fromages, du lait, du yogourt et un savon au lait de chèvre. Ces produits sont distribués dans plusieurs épiceries et boutiques de l'Abitibi et du Témiscamingue.

> Brin de Chèvre (cheddar de chèvre en grains)
> Délice (chèvre frais)
> Montbeil (cheddar de chèvre)
> Parmesan Dion, (PF)
> P'tit Féta, (PS-F)
> Roulé (chèvre frais, nature ou assaisonné)

FROMAGERIE DU DOMAINE FÉODAL

1303, rang Bayonne Sud
Berthier (Québec) J0K 1A0
Tél. : 450 836-7979
Lise Mercier et Guy Dessureault
Région : Lanaudière
Type de fromagerie : artisanale

« La fabrication du fromage exige un travail quotidien, car le fromager doit être attentif au moindre signe que lui donne la croûte. Le bon geste posé au bon moment devient déterminant pour la qualité du produit. Alors ces petits gestes sont effectués avec tout l'amour nécessaire pour faire de ces fromages des séducteurs. » Durant plusieurs années, Guy Dessureault a exploité une ferme laitière à Saint-Narcisse, en Mauricie. Il connaît bien et respecte la matière qu'il transforme : le lait. Depuis ses débuts, le fromager s'est spécialisé dans l'élaboration de fromages à pâte molle et à croûte fleurie. Conscient que l'expertise est importante, il s'est associé à des fromagers d'expérience. Il propose deux fromages à croûte fleurie : le Noble et le Cendré des prés. Ce dernier fromage, de type brie, est strié en son centre d'une couche de cendre d'érable. Une première, puisque cette pratique est habituellement réservée aux fromages à pâte semiferme. La raie de cendre est typique du morbier. Le Cendré des prés est une réussite qui n'a rien à envier aux fromages de même type.

Le comptoir de vente de la fromagerie est ouvert du lundi au samedi de 9 h à 17 h, il est préférable de téléphoner avant de s'y rendre. Les fromages du Domaine Féodal sont distribués par Le Choix de l'Artisan dans la majorité des boutiques et fromageries spécialisées dans tout le Québec.

> Cendré des Prés (PM à cr. fleurie), p. 105
> Noble (PM à cr. fleurie), p. 84
> Guillaume Tell (PM à cr. lavée au cidre de glace)

FROMAGERIE DU CHAMP À LA MEULE

3601, rue Principale
Notre-Dame-de-Lourdes (Québec) J0K 1K0
Tél. : 450 753-9217
Martin Guilbault
Région : Lanaudière
Type de fromagerie : artisanale

À Notre-Dame-de-Lourdes, les champs s'étendent dans la plaine et sont délimités par les cours d'eau ou le trécarré des rangs. C'est le royaume des fermes laitières, patrimoine transmis depuis des générations. À la ferme qui a vu grandir son père et son grand-père, Martin Guilbault a construit sa fromagerie. Elle est vite devenue l'un des fleurons de l'industrie fromagère au Québec. Martin a été l'un des premiers à offrir aux Québécois d'authentiques fromages artisanaux. Parmi eux : le Fêtard macéré à la bière (classique et de réserve), le Victor et Berthold (classique et de réserve) et le Laracam, des fromages qui exhalent tous les arômes du terroir. Ils sont fabriqués à partir du lait du troupeau de vaches d'une ferme voisine. Les pâturages de Notre-Dame-de-Lourdes confèrent au lait un caractère unique.

La fromagerie ouvre du mardi au jeudi de 9 h à 15 h 30 ; les vendredi et samedi jusqu'à 17 h. Ces produits sont aussi vendus dans plusieurs boutiques et fromageries spécialisées du Québec : Fromagerie Hamel (Montréal), Marché des Saveurs du Québec (marché Jean-Talon, Montréal) et Maison de l'UPA (Longueuil), Fromagerie Atwater (Montréal), La Fromagère (Marché du Vieux-Port, Québec).

Fêtard Classique et Fêtard de Réserve (PS-F à cr. lavée), p. 166
Laracam (PM à cr. lavée), p. 202
Victor et Berthold Classique, Victor et Berthold Réserve (PS-F à cr. lavée), p. 291

FROMAGERIE DU COIN
930, rue King Est
Sherbrooke (Québec) J1G 1E2
Tél. : 819 346-0416
Denis Lacharité
Région : Cantons-de-l'Est
Type de fromagerie : artisanale

La Fromagerie du Coin produit depuis 1988. Denis Lacharité est un homme vrai, comme ses fromages, qu'il veut d'une qualité constante et irréprochable. Ils sont fabriqués avec le lait pur provenant de troupeaux de la région. Les produits offerts représentent chacun une étape de la fabrication. Par ordre chronologique : fromage de petit lait, « slab » non salé, fromage en grains, cheddar en bloc, puis suisse et tortillon. Le tortillon est un caillé égoutté, chauffé, puis étiré dans l'eau. Certains cheddars affinés ont un an et demi, d'autres sont assaisonnés au piment ou au poivre.

Le comptoir de la fromagerie est ouvert du samedi au mercredi, de 7 h à 17 h 30 ; les jeudi et vendredi, jusqu'à 19 h 30.

Visite possible de la fromagerie : en réservant on peut assister à chaque étape de la transformation.

Cheddar frais, nature ou assaisonné
Mozzarella et Mozzarella écrémée
Suisse
Tortillon
Vieux Cheddar

FROMAGERIE DU LITTORAL
200, route 132
Baie-des-Sables (Québec) G0J 1C0
Tél. : 418 772-1314
Carole Castonguay et Christian Beaulieu
Région : Gaspésie
Type de fromagerie : fermière

Carole Castonguay et Christain Beaulieu ont repris la ferme familiale, une des rares fromageries fermières en Gaspésie. Les vaches de race Holstein sont élevées avec respect et un contrôle rigoureux de l'alimentation. « Un lait unique pour un fromage unique », affirme Carole Castonguay. En 2007, la Ferme du Littoral a remporté un prix pour son implication dans la préservation de l'environnement en milieu agricole. La fromagerie fabrique un cheddar frais et vieilli (L'Épave) ainsi qu'un fromage de type camembert, la Perle du Littoral.

La fromagerie, située devant à une halte routière, ouvre du lundi au samedi de 9 h à 17 h.

Épave (cheddar, frais ou vieilli)
Perle du Littoral (PM à cr. fleurie)

FROMAGERIE DU PIED-DE-VENT
189, chemin de la Pointe-Basse
Havre-aux-Maisons (Québec) G0B 1K0
Tél. : 418 969-9292
Vincent Lalonde
Région : Îles-de-la-Madeleine
Type de fromagerie : artisanale

L'expression « pied de vent » utilisée par les Madelinots désigne les percées dans les nuages, à travers lesquelles les rayons du soleil se profilent jusqu'au sol. Après l'orage, il est annonciateur de grand vent. Aux îles plus qu'ailleurs, il faut souligner l'importance du terroir et de la qualité des pâturages de prés salés, et leur influence sur la saveur du lait.

La crème au lait cru des Îles-de-la-Madeleine est à la base de l'implantation du projet conjoint d'une ferme laitière et de la fromagerie du Pied-de-Vent. En effet, la crème des îles met bien en évidence la grande qualité du terroir madelinien. Comme il était impossible de la commercialiser légalement, la création d'un fromage au lait cru apparut comme une solution logique. Après quelques années de labeur, la fromagerie transforme désormais quotidiennement de 700 à 900 litres de lait. La fromagerie est le pivot de la revitalisation de l'agriculture madelinienne.

La fromagerie ouvre ses portes du lundi au samedi, de 8 h à 17 h. Plaisir Gourmet distribue le Pied-de-Vent et le Jeune-Cœur dans les boutiques et fromageries spécialisées ainsi que dans plusieurs supermarchés au Québec.

Pied-de-Vent (PM à cr. lavée), p. 237
Tomme des Demoiselles

FROMAGERIE DU PRESBYTÈRE
222, rue Principale
Sainte-Élisabeth (Québec) J0A 1M0
Tél. : 819 358-6555 (fromagerie) / 819 358-6362 ou 819 358-2433 (ferme Louis d'Or)
Région : Centre-du-Québec / Bois-Francs
Type de fromagerie : artisanale

La ferme Louis d'Or a pris possession du presbytère du village afin de lui redonner vie. Ce bâtiment patrimonial datant de 1936, sauvé de l'abandon, abrite la fromagerie depuis octobre 2006. Gérée par la famille Morin depuis quatre générations, la ferme a pris le virage bio au milieu des années 1980, malgré les défis qu'une telle transition impose. La force d'y croire aura été sa plus grande alliée. La ferme est reconnue biologique par le certificateur Québec Vrai. Le troupeau de vaches Holstein et Jersey paît dans les champs de trèfle, de fléole, de pâturin et autres graminées biologiques et reçoit une ration quotidienne de foin sec et de pâturage. Par temps froid, les bêtes profitent d'une stabulation libre. La ferme Louis d'Or tire son nom du deuxième Morin à en avoir pris soin. Il ajouta « d'Or » à son prénom en l'honneur de la monnaie française créée sous le règne de Louis XIII, le louis d'or. La fromagerie élabore le Champayeur et le Bleu d'Élisabeth.

Les fromages sont distribués par Plaisir Gourmet dans les boutiques et fromageries spécialisées.

FROMAGERIE DU TERROIR DE BELLECHASSE

585, route Saint-Vallier
Saint-Vallier (Québec) G0R 4J0
Tél. : 418 884-4027
Anne-Marie Girard
Région : Chaudière-Appalaches
Type de fromagerie : artisanale

Située aux abords du fleuve, la fromagerie du Terroir de Bellechasse a vu le jour en 1994, grâce au regroupement d'une trentaine de producteurs laitiers de la région. À l'époque, on s'y consacrait à la fabrication du cheddar frais en bloc ou en grains. En 2001, M. Raymond Girard, un des actionnaires, reprend la fromagerie. Avec l'aide de son épouse, Hélène Guillemette, et de leur fille Anne-Marie, ils mettent au point une gamme de produits qui veulent refléter le terroir régional. Le cheddar est ici offert fumé au bois d'érable ou macéré dans une boisson alcoolisée à base de petits fruits, le Portageur. On le trouve affiné de un, deux ou trois ans. La fromagerie innove avec le Fleur Saint-Michel, un fromage à griller (de type méditerranéen, le haloumi) offert nature ou aromatisé à la fleur d'ail, produit par l'entreprise Le Petit Mas, en Estrie.

Le comptoir de la fromagerie est ouvert de 9 h à 17 h, et jusqu'à 21 h du 15 juin au 15 septembre. On trouve tous ces produits dans quelques fromageries spécialisées dont la Fromagerie du Deuxième (Marché Atwater) et Qui lait cru (Marché Jean-Talon).

Cheddar au Portageur (macéré dans une boisson alcoolisée à base de fruit)
Cheddar (en bloc ou en grains, ou affiné, moyen (1 an), fort (2 ans), extra-fort (3 ans)
Cheddar fumé au bois d'érable
Fleur Saint-Michel (type méditerranéen, aromatisé à la fleur d'ail)
Saint-Vallier (type méditerranéen, nature)

FROMAGERIE DU VIEUX SAINT-FRANÇOIS

4740, boul. des Mille-Îles
Laval (Québec) H7L 1A1
Tél. : 450 666-6810
Suzanne Latour-Ouimet
Région : Montréal-Laval
Type de fromagerie : artisanale

Depuis 1982, Suzanne Latour œuvre dans la production laitière en récoltant le lait de son troupeau de chèvres. La fromagerie du Vieux Saint-François, rare îlot agricole encore intact à Laval, semble résister aux pelles des promoteurs immobiliers. Les pylônes d'hydroélectricité polluent déjà l'environnement visuel de ce qui fut l'une des belles campagnes du Québec. La fromagerie attire une foule de gourmets qui apprécient les délices de l'endroit que le temps et l'expérience n'ont cessé de bonifier.

À la fromagerie du Vieux Saint-François, le lait n'attend jamais plus de 60 heures avant d'être traité : 18 heures pour la fabrication d'un fromage au lait cru. Les fromages au lait de chèvre suscitent des réactions diverses auprès des consommateurs. Si certains fromages de chèvre dévoilent une saveur amère à odeur prononcée, c'est que le lait a subi trop de manipulations. Les bulles de graisse qu'il contient éclatent et laissent échapper leur matière tout d'un coup au lieu de la libérer progressivement. Toute la différence est là. Le fromage dévoile ainsi un goût herbacé délicieux et subtil.

Suzanne Latour élève plus de 60 chèvres Saanen à la ferme Au Clair de Lune, toutes nourries de manière écologique. Depuis 1996, elle transforme le lait des chèvres à sa fromagerie. On y fabrique des chèvres frais et affinés ainsi que du yogourt (Avalanche).

Il y a visite de la ferme et de la fromagerie sur réservation. Sur place, on peut observer la transformation du lait en fromage à travers une grande vitre.

La fromagerie ouvre les mardi et mercredi de 10 h à 18 h ; les jeudi et vendredi jusqu'à 20 h ; les samedi et dimanche jusqu'à 17 h. Les produits sont distribués par Horizon Nature dans les boutiques d'aliments naturels et par Plaisir Gourmet dans les boutiques et fromageries spécialisées.

> Fleur de Neige (féta)
> Avalanche (yogourt)
> Lavallois (PM à cr. fleurie), p. 203
> Petit Prince (chèvre frais)
> Pré des Mille-Îles (PS-F à cr. lavée)
> Samuel et Jérémie (cheddar de chèvre)
> Sieur Colomban (cheddar de chèvre), p. 122
> Ti-Lou (crottin), p. 146
> Tour Saint-François (tomme) p. 286

FROMAGERIE ET CRÈMERIE SAINT-JACQUES INTERNATIONALE

220, rue Saint-Jacques
Saint-Jacques-de-Montcalm (Québec) JOK 2R0
Tél. : 450 839-2729
René Roy
Région : Lanaudière
Type de fromagerie : artisanale

Saint-Jacques-de-Montcalm, région de longue tradition agricole, a vu naître l'ex-premier ministre du Québec Bernard Landry. La famille Roy gère la fromagerie de Saint-Jacques depuis quatre générations, et René en est le propriétaire actuel. L'ancienne beurrerie était devenue une fromagerie où l'on élaborait, à une certaine époque, un fromage de type mozzarella. Aujourd'hui, il s'y fabrique une féta distribuée dans plusieurs épiceries grecques et fromageries du Québec, sous la marque de commerce Fantis.

> Féta Fantis

FROMAGERIES F. X. PICHET

400, rue de Lanaudière
Sainte-Anne-de-la-Pérade (Québec) G0X 2J0
Tél. : 418 325-3536
Marie-Claude Harvey et Michel Pichet
Région : Mauricie
Type de fromagerie : fermière

Michel Pichet et Marie-Claude Harvey ont repris la maison d'affinage Les Fromageries Jonathan. Juste retour des choses, car la maison affinait déjà les meules blanches que M. Pichet apportait les jours de production. Michel Pichet est un agriculteur biologique dans l'âme. La ferme familiale a été accréditée biologique par le certificateur Québec Vrai. Leur leitmotiv est le respect de la nature et des animaux avant tout. Les vaches broutent dans de beaux pâturages et prés balayés par les vents. L'été, l'air est bon. En période de stabulation, les vaches sont nourries uniquement de foin sec et de grain. D'une belle richesse, le lait se traite avec le plus grand respect et s'imprègne des saveurs du terroir. C'est pourquoi les fromages sont ici fabriqués uniquement avec le lait thermisé. Le Baluchon vieillit à la maison d'affinage de Sainte-Anne-de-la-Pérade. On doit à André Fouillet, conseillé en fromagerie, l'idée de la production de meules blanches dans la plus pure tradition artisanale. Il se fabrique sensiblement de la même façon que l'oka, il est de la même catégorie que le Migneron de Charlevoix, de Saint-Basile-de-Portneuf (fabriqué par Luc Mailloux, pour ceux qui s'en souviennent), ou le Victor et Berthold de la fromagerie du Champs à la meule. Le Baluchon évoque le voyage et on le trouve désormais en Ontario. Ses promoteurs visent le marché de la Colombie-Britannique, où une clientèle d'amateurs se profile.

On trouve les fromages à la maison d'affinage et dans les boutiques et fromageries spécialisées.

> Baluchon et Réserve (PS-F à cr. lavée), p. 59
> Cru de Champlain (PM à cr. lavée), p. 149
> Fondu du chef (mélange au lait cru bio pour
>   fondue à fromage, format de 400g prêt à
>   l'emploi)

FROMAGERIE FERME DES CHUTES

2350, rang Saint-Eusèbe
Saint-Félicien (Québec) G8K 2N9
Tél. : 418 679-5609
Rodrigue Bouchard
Région : Saguenay–Lac-Saint-Jean
Type de fromagerie : artisanale, fermière

La ferme des Chutes se double d'une fromagerie artisanale et fermière qui fabrique, à partir du lait de son propre élevage, un fromage cheddar frais en grains ou en bloc pouvant être vieilli, soit le Saint-Félicien-Lac-Saint-Jean. Toutes les normes d'accréditation biologique sont respectées quant à la culture des sols et à la production du fourrage et des céréales servant à alimenter le troupeau de vaches laitières. La fromagerie existe depuis 1993

À la ferme, le comptoir de vente est ouvert de 9 h à 17 h.

> Cheddar Bio (frais, bloc ou grains)
> Saint-Félicien–Lac-Saint-Jean (PS-F), p. 256

FROMAGERIE GILBERT

263, route Kennedy
Saint-Joseph-de-Beauce (Québec) G0S 2V0
Tél. : 418 397-5622
Jean-Guy Marcoux
Région : Chaudière-Appalaches
Type de fromagerie : artisanale

En 1921, les producteurs de la région se sont regroupés en coopérative. Ils ont aussitôt fondé cette fromagerie, le Syndicat Gilbert. En 1986, six associés acquièrent l'entreprise, qu'ils renomment Fromagerie Gilbert. Outre le traditionnel cheddar en grains ou en bloc, on y fabrique des cheddars faibles en gras (6 % à 12 % de matières grasses), des tortillons en saumure (Torti-Beauceron) ainsi que la Cuvée du Maître, un fromage à 27 % de matières grasses qui se situe entre le gouda et la mozzarella avec une texture crémeuse plus humide que celle du cheddar.

La boutique de la fromagerie ouvre du lundi au samedi de 6 h à 18 h, et le dimanche de 9 h à 18 h.

> Beauceron léger 6 % et 12 % (cheddar)
> Cheddar Gilbert (frais, bloc ou grains)
> Cuvée du Maître (PS-F, entre gouda et mozzarella)
> Torti-Beauceron (tortillon)

FROMAGERIE L'ANCÊTRE

1615, boul. Port-Royal
Bécancour (Québec) G9H 1X7
Tél. : 819 233-9157
Germain Desilets
Région : Centre-du-Québec
Type de fromagerie : artisanale

La Fromagerie L'Ancêtre a vu le jour en 1993 grâce à un groupe de 10 producteurs laitiers ayant une vision différente de celle de l'agriculture conventionnelle. Désireux de revenir aux méthodes traditionnelles respectueuses de la nature et de l'environnement, ces producteurs pratiquent l'agriculture sans utiliser d'engrais chimiques, d'herbicides ou de pesticides, afin d'offrir aux consommateurs un produit laitier certifié biologique (Québec Vrai). Le choix des actionnaires se limita d'abord à la fabrication d'un cheddar biologique au lait cru. D'abord fabriqué à forfait dans une fromagerie de la région, l'entreprise procéda à son expansion par la construction de sa propre usine en 1995. À ses débuts, la Fromagerie L'Ancêtre commercialisait au Québec seulement. Par la suite, ses produits ont été distribués dans l'Ouest canadien, puis en Ontario et dans les Maritimes. L'entreprise est considérée comme un chef de file dans son domaine.

En plus du cheddar frais du jour, la fromagerie propose le cheddar L'Ancêtre vieux au lait cru biologique, affiné durant deux ans, ainsi qu'un fromage de type parmesan, également au lait cru biologique mais partiellement écrémé. Parmi les autres produits, citons la mozzarella, la ricotta, l'emmental, la féta, le cheddar au porto et le beurre fermier, salé ou non.

Le comptoir de la fromagerie ainsi que la boutique et le casse-croûte sont ouverts 7 jours sur 7 de 9 h à 17 h ; jusqu'à 20 h de mai à septembre. On y trouve tous les produits de la fromagerie, une vaste gamme de fromages québécois et importés, ainsi que des produits régionaux. Les produits L'Ancêtre sont distribués dans les boutiques d'aliments naturels et fromageries spécialisées, ainsi que dans les supermarchés IGA, Metro et Provigo.

> Cheddar frais en bloc ou en grains, allégé ou vieilli
> Emmental biologique l'Ancêtre
> Féta
> Mozzarella
> Parmesan, p.234
> Ricotta

FROMAGERIE L'AUTRE VERSANT

901, rang 3
Hébertville (Québec) G8N 1M6
Tél. : 418 344-1975
Chantal Lalancette et Stéphane Tremblay
Région : Saguenay–Lac-Saint-Jean
Type de fromagerie : fermière

Chantal Lalancette et Stéphane Tremblay prirent possession de leur ferme en décembre 2000. Cinq générations les séparent de l'arrivée du premier Tremblay, celui qui a défriché la terre. La fromagerie est, comme pour plusieurs jeunes agriculteurs, la réalisation d'un rêve. Le troupeau de vaches de race Ayshire est traité avec le plus grand soin, bénéficiant d'une expertise acquise depuis un siècle par la famille Tremblay. L'alimentation demeure de la plus haute importance et se constitue d'herbes fraîches et de foin sec naturel. Chantal Lalancette fut nommée « jeune agricultrice 2007 » lors du gala Saturne de la Fédération des agricultrices du Québec, pour son dynamisme, sa passion et ses réalisations.

Le comptoir de la fromagerie est ouvert du vendredi au dimanche de 13 h à 17 h, également le jeudi du 1er juillet au 30 septembre ; fromage en grains le vendredi à 13 h. Lait entier fermier en vente à la fromagerie. On trouve les produits dans les fromageries spécialisées.

> Cru du Canton (PF à cr. lavée)
> Curé-Hébert (PS-F à cr. lavée), p. 151
> Cheddar frais en bloc ou en grains à la fromagerie seulement une fois par semaine

FROMAGERIE LA BOURGADE

16, boul. Caouette Nord
Thetford-Mines (Québec) G6G 2B8
Tél. : 418 335-3313
Steve Vallée
Région : Chaudière-Appalaches
Type de fromagerie : artisanale

En activité depuis une dizaine d'années, cette fromagerie artisanale vient de s'adjoindre une salle à manger d'une centaine de places où l'on propose, outre les plats au menu, des dégustations de vins et de fromages. On peut acheter sur place du cheddar (le Bourgadet) en bloc ou en grains, ainsi qu'un fromage à pâte étirée appelé le Twist.

Le comptoir de vente est ouvert du dimanche au mercredi de 8 h à 20 h ; jusqu'à 21 h les jeudi, vendredi et samedi.

> Cheddar Bourgadet
> Twist (tortillon)

FROMAGERIE LA GERMAINE

72, chemin Cardin
Sainte-Edwidge-de-Clifton (Québec) J0B 2R0
Tél. : 819 849-3238
Réjean Théroux
Région : Cantons-de-l'Est
Type de fromagerie : fermière

Réjean Théroux exploite sa ferme selon les normes de l'agriculture biologique. Les champs et les pâturages protégés permettent de développer un produit spécifique à la région. Ce terroir privilégié, au climat tempéré et de nature généreuse, a incité monsieur Duhaime à développer un produit qui témoigne de sa richesse. Les fromages s'élaborent avec le lait encore chaud de la traite du matin. Ce lait – conservé cru – servira à la fabrication des fromages. Durant les deux mois d'affinage, ils vont développer leur caractère fermier. Le lait cru génère un éventail d'arômes subtils. La fromagerie honore la mémoire de Germaine, la mère de Réjean Théroux.

Les fromages de La Germaine sont distribués dans les principales fromageries dans tout le Québec, et plus particulièrement dans la région de production, aux épiceries de Coaticook, Cookshire, Lennoxville, Magog et Sherbrooke, ainsi qu'à Montréal au Marché des Saveurs, aux fromageries Qui lait cru, aux fromageries du marché Atwater; à Québec, au Marché du Vieux-Port et chez Corneau-Quentin. Vente à la ferme, tous les jours de 9 h à 17 h.

Caprice des Cantons (PM à cr. lavée), p. 103
Caprice des Saisons (PM à cr. fleurie), p. 81

début mai à la fin octobre, un bar laitier est ouvert jusqu'à 22 h. Le fromage dans le petit lait est vendu le dimanche à 9 h.

Cheddar (frais, bloc ou grains, nature ou assaisonné au barbecue, ail, oignon, fines herbes, érable, souvlaki, trois poivres, bacon)
Grand Cahill (cheddar au lait cru)
Mozzarella
Twist (tortillon, P filée, non affiné, nature ou assaisonné)

FROMAGERIE LA PÉPITE D'OR

17 520, boul. Lacroix
Saint-Georges (Québec) G5Y 5B8
Tél.: 418 228-2184
Lionel Bisson
Région: Chaudière-Appalaches
Type de fromagerie: artisanale

À La Pépite d'Or, on se procure le cheddar frais ainsi qu'un cheddar au lait cru, le Grand Cahill, ainsi nommé en l'honneur de Michael Cahill (1828-1890), premier hôtelier de Saint-Georges-de-Beauce. Son hôtel fut d'ailleurs pendant longtemps le seul établissement du genre entre Lévis et l'État du Maine. L'influence de Cahill est à l'origine de la construction du chemin de fer et du pont enjambant la rivière Chaudière et reliant les deux rives de Saint-Georges.

Outre ses fromages, la boutique offre un vaste choix d'articles créés par une soixantaine d'artisans beaucerons: produits de l'érable, chocolats, cafés, viandes fumées, farines et mélanges à muffins, gâteaux, cidres, miel, gelée royale, savons et ouvrages artisanaux.

Elle est ouverte les lundi, mercredi et samedi, de 5 h à 18 h; les jeudi et vendredi jusqu'à 21 h; le dimanche, de 8 h à 18 h. Du

---

FROMAGERIE LA STATION

440, chemin Hatley
Compton (Québec) J0B 1L0
Tél.: 819 835-5301
Région: Cantons-de-l'Est
Type de fromagerie: Fermière

Alfred Bolduc prit possession de cette terre au début du siècle dernier. Quatre générations d'agriculteurs plus tard, l'entreprise familiale est en train de se tailler une place enviable dans l'industrie fromagère du Québec. Le changement de cap de la ferme familiale a débuté en 1997. Carole Routhier fabrique des fromages pour son plaisir et celui de sa famille; elle explore ce monde mystérieux que l'apprentissage lui permet de mieux connaître. Cette expérimentation l'amène à préférer travailler les fromages à pâte ferme, qu'elle apprend à faire vieillir ou mûrir dans un réfrigérateur recyclé en mini-salle d'affinage. La glace placée dans les tiroirs sert à maintenir une température constante tout en apportant l'humidité nécessaire. Puis une rencontre avec André Fouillet devient déterminante. On doit à cet artiste, maître passionné des fromages, la naissance de plusieurs fromageries québécoises. Carole approfondit alors ses connaissances grâce aux cours de technique fromagère à l'Institut de technologie agroalimentaire de Saint-Hyacinthe. Encouragée par son mari, Pierre Bolduc, elle fonde la fromagerie avec lui en 2004. Toute la famille s'y met, et l'expertise viendra avec son fils aîné, Simon-Pierre, stagiaire à l'École nationale d'industrie laitière et des biotechnologies (ENILBIO) de Poligny, en France, et Marie-Chantal Houde, consultante aux fromageries artisanales et industrielles, qui est diplômée de la formation en Fromagerie internationale de la même école. Cette bachelière en agronomie a acquis beaucoup de compétence au cours de stages dans les fromageries françaises. Elle est responsable de la fabrication et de la recherche et développement. Les fromages sont le fruit d'une agriculture vivante sans engrais chimique, herbicide, pesticide ou OGM (organisme génétiquement modifié), la ferme détient une accréditation biologique avec Garantie Bio-Ecocert. C'est la qualité du lait et la maîtrise de toutes les étapes de production et de transformation qui permettent d'élaborer un produit fermier typique à la région. Le troupeau de vaches Holstein remonte à quatre décennies, c'est-à-dire qu'il n'y a eu aucune nouvelle bête achetée depuis ce temps. Cette particularité permet d'éviter la vaccination en plus de mettre le terroir en valeur. Outre l'Alfred le Fermier et la Contomme, la fromagerie propose des exclusivités de nouveaux fromages.

La boutique de la fromagerie est ouverte tous les jours, de 9 h à 17 h. On y trouve d'autres produits fins de la région. Les fromages sont distribués par Plaisir Gourmet dans les boutiques et fromageries spécialisées.

Alfred le Fermier (PF à cr. lavée), p. 56
Comtomme (PS-F à cr. lavée), p. 147

FROMAGERIE LA SUISSE NORMANDE

985, rang Rivière Nord
Saint-Roch-de-l'Achigan (Québec) J0K 3H0
Tél. : 450 588-6503
Fabienne Guitel
Région : Lanaudière
Type de fromagerie : fermière

Il est suisse, elle est normande... La Suisse normande est aussi une région qui existe vraiment en Normandie, c'est le bocage normand à l'aspect d'un paysage suisse. Fabienne et Frédéric Guitel ont ouvert la fromagerie en 1995. Ils proposent des fromages au lait cru ou pasteurisé, de vache et de chèvre. Le lait de chèvre provient exclusivement du troupeau de la ferme, ce qui assure un meilleur contrôle sur la qualité de la matière première. L'alimentation et les soins donnés au cheptel laitier sont primordiaux, car ils caractérisent le goût des fromages, spécialement ceux qui sont fabriqués au lait cru. Le lait de vache provient d'un troupeau voisin. Tout comme les Guitel, le fournisseur se préoccupe de produire un lait frais de très grande qualité.

La fromagerie ouvre du mardi au vendredi, de 10 h à 18 h, le samedi de 10 h à 18 h et le dimanche, de la mi-mai au 31 décembre, de 12 h à 17 h. Outre les fromages, on y trouve du pain maison, des saucissons vaudois, des confitures ainsi que de belles céramiques, dont des cloches à fromage. On trouve les produits dans les fromageries spécialisées.

Barbu (crottin), p. 142

Capra (chèvre, PS-F à cr. lavée)

Caprice (chèvre frais, nature ou aux herbes)

Fermier (féta de chèvre, p. 164

Freddo (PS-F à cr. lavée), p. 171

Petit Normand (PM à cr. fleurie), p. 235

Petit Poitou (chèvre, PM à cr. fleurie), p. 236

Pizy (PM à cr. fleurie)

Sabot de Blanchette (chèvre, PM à cr. fleurie), p. 254

Tome au lait Cru (PS-F à cr. lavée), p. 280

FROMAGERIE LA VACHE À MAILLOTTE

604, 2e Rue Est
La Sarre (Québec) J9Z 2S5
Tél. : 819 333-1121
Réal Bérubé
Région : Abitibi-Témiscamingue
Type de fromagerie : artisanale

La Vache à Maillotte fête ses 10 ans. L'Allegretto, son produit vedette, a séduit le palais et le cœur de beaucoup de Québécois. La fromagerie tente aujourd'hui une offensive hors frontières, sur les marchés de Toronto et de Vancouver. En effet, l'Allegretto jouit d'une popularité grandissante, au point que la Fromagerie Hamel le classe parmi ses bons produits à affiner. Sa pâte ferme se prête à une longue maturation et au développement d'arômes riches et d'une complexité remarquable.

La fromagerie transforme 48 000 litres et plus de lait de brebis pour une production de 8 000 kg de fromage en 2006. En 2007, la totalité de son lait représente plus du tiers du lait de brebis produit au Québec. La bergerie de Tommy Lavoie, à Sainte-Germaine-Boulé, compte 400 brebis. Cet élevage unique permet la production d'un fromage au lait thermisé tout en facilitant le contrôle de la qualité. L'excellence des fourrages et les soins donnés au troupeau sont les éléments de base qui permettent d'imprégner les fromages de saveurs particulières. Le climat nordique (nuits froides, journées chaudes) a pour effet de libérer plus de sucre dans les fourrages, donnant ainsi un lait typique à l'Abitibi.

Du lait de vache y est aussi transformé à raison de 3 000 000 de litres pour une production de 328 198 kg de fromage en 2007.

Le comptoir de la fromagerie ouvre du lundi au vendredi de 9 h 30 à 18 h ; samedi, jusqu'à 17 h. Les produits sont distribués par Le Choix du Fromager ; on les trouve dans la plupart des fromageries spécialisées ainsi que dans les supermarchés IGA, Metro et Bonichoix.

FROMAGERIE LA VOIE LACTÉE

2815, route 343
L'Assomption (Québec)
Tél. : 450 588-1080
Marc-André et Mathieu Frégault
Région : Lanaudière
Type de fromagerie : artisanale

Marc-André et Mathieu Frégault ouvrent leur fromagerie en mai 2004. La maison ancestrale qu'ils ont acquise est située à 300 mètres à peine de la première crémerie ayant vu le jour à L'Assomption. Crémerie, beurrerie, puis fromagerie (on y élaborait la Tomme des Laurentides), l'entreprise s'est vite démarquée pour la qualité de son beurre frais. Le beurre Saint-Gérard était renommé. La Fromagerie La Voie lactée prend la relève et propose quatre fromages, dont le Petit Portage. Son nom se veut un hommage à l'ancien nom de la ville, aujourd'hui la municipalité de L'Assomption.

Installée dans l'ancien hangar à grain attenant à la maison ancestrale, la fromagerie La Voie lactée offre aux amateurs de fins fromages artisanaux : l'Apprenti sorcier au lait de brebis, sa croûte fleurie rustique rappelle le brie de Meaux ; le Funambule, un pur chèvre ; le Petit Portage, au lait de vache pasteurisé, vendu uniquement à la fromagerie, et le Grand Manitou. Ce dernier, le plus populaire de la maison, est un petit chef-d'œuvre fait de trois laits ayant une belle harmonie de saveurs et d'arômes. La matière première provient de trois élevages sélectionnés pour la qualité de leur lait. Les soins apportés aux bêtes et l'intérêt des producteurs de cette entreprise permettent de développer des fromages particuliers.

La fromagerie ouvre ses portes du mercredi au dimanche de 12 h à 17 h. On trouve ses produits dans les fromageries spécialisées ainsi que dans les supermarchés.

Apprenti Sorcier (brebis, PM à cr. fleurie), p. 57

Funambule (chèvre)

Petit Portage

Grand Manitou (vache, chèvre, brebis, PM à cr. lavée), p. 194

FROMAGERIE LE DÉTOUR

100, route 185

Notre-Dame-du-Lac (Québec) G0L 1X0

Tél. : 418 899-7000

Mario Quirion et Ginette Bégin

Région : Bas-Saint-Laurent

Type de fromagerie : artisanale

La fromagerie Le Détour tient son appellation du nom original de cette petite ville du Témiscouata, non loin des frontières de l'État du Maine et du Nouveau-Brunswick. Cette route mène aux Maritimes et de nombreux voyageurs y font halte. La fromagerie se spécialise dans la fabrication de cheddar frais, de colby, de monterey jack et de mozzarella. La maison s'est vite acquis une clientèle qui apprécie son cheddar au lait cru. En 2004, Ginette Bégin et Mario Quirion créent le Clandestin, premier fromage à pâte molle du Bas-Saint-Laurent, à croûte lavée et fait de lait de brebis et de vache. Son nom souligne une page d'histoire locale. Au temps de la prohibition américaine (de 1919 à 1931), la région a connu une très forte activité de contrebande d'alcool. À Rivière-Bleue, près de la frontière, un tunnel reliait la ville au Maine.

La fromagerie Le Détour exporte six fromages fins qui mettent en valeur le terroir régional. Le Magie de Madawaska et le Dame du Lac sont issus du lait d'un seul troupeau de vaches ; le Sentinelle, un pur chèvre également d'un seul troupeau ; le Marquis de Témiscouata fait ressortir la richesse du lait des Jersey de la ferme Marquis, située à proximité de la fromagerie.

L'aire de vente de la fromagerie se veut aussi une vitrine pour les produits fins de la région. On y trouve ces fromages, du beurre, de la crème et du babeurre, ainsi qu'une gamme de produits régionaux. Ouvert tous les jours, de 6 h à 18 h. Horaires de la Fête nationale du Québec à la fête du Travail : du lundi au vendredi de 6 h à 19 h, samedi et dimanche, jusqu'à 18 h. On trouve les produits dans les fromageries spécialisées.

Cheddar (frais en bloc ou en grains, nature ou assaisonné ; vieilli)

Cheddar de brebis

Cheddar de chèvre

Clandestin (PM à cr. lavée) f), p. 136

Colby (PS-F)

Dame du Lac (allégé, PM à cr. lavée), p. 152

Filoche (P filée, frais)

Fleur de Brebis (PM à cr. fleurie), p. 168

Fromage en saumure (PF fraîche, filée)

Magie de Madawaska (PS-F allégée), p. 204

Marquis de Témiscouata (PM à cr. fleurie), p. 85

Monterey Jack (PS-F)

Mozzarella (PF, filée)

Sentinelle (chèvre, PM à cr. lavée), p. 260

FROMAGERIE LE MOUTON BLANC

176, route 230 Ouest
La Pocatière (Québec) G0R 1Z0
Tél. : 418 856-6627
Région : Bas-Saint-Laurent
Type de fromagerie : fermière, artisanale

Rachel White et Pascal-André Bisson sont les fondateurs de la bergerie et fromagerie Le Mouton Blanc. C'est en 1997 que Rachel et Pascal acquièrent une ferme inexploitée à La Pocatière, voisine du Kamouraska. Dans ce pays où la plaine et la vallée se confondent surgissent, de Kamouraska à Rimouski, les *monadnocks*, collines de quartzite d'âge cambrien qui façonnent le paysage. La ferme ovine se veut un modèle, plusieurs mesures pour la protection de ce bel environnement ont donc été entreprises, dont le recyclage du fumier en un engrais inodore et le traitement des eaux usées. La construction de caves souterraines, à la façon d'un caveau traditionnel, permet de réduire l'apport mécanique extérieur, les caves bénéficiant de la température du sol. Des haies brise-vent sur la terre ont été implantées afin d'assurer le confort des brebis en plus de prévenir l'érosion du sol. L'énergie solaire est également mise à contribution à la ferme.

Rachel White, diplômée de l'École d'agriculture de La Pocatière, veille au bien-être de ses brebis. Le foin de la région donne toute sa richesse au lait, contribuant ainsi au goût des fromages que Pascal-André façonne avec amour dans sa fromagerie. La Tomme du Kamouraska, un fromage au lait cru de brebis, s'inspire du fromage basque ossau-iraty, un fromage de brebis fabriqué dans le Béarn et au Pays basque. Ici, la Tomme du Kamouraska s'imprègne des saveurs du terroir du Bas-du-Fleuve. On la trouve dans les fromageries spécialisées.

Tomme du Kamouraska (PF pressée non cuite à cr. lavée), p. 284

FROMAGERIE LE P'TIT TRAIN DU NORD

624, boul. A.-Paquette
Mont-Laurier (Québec) J9L 1L4
Tél. : 819 623-2250
Francine Beauséjour ou Christian Pilon
Région : Laurentides
Type de fromagerie : artisanale

La tradition fromagère des Laurentides a vu le jour à la fin du XIXᵉ siècle au monastère des trappistes, à Oka. Au début des années 1950, les moniales bénédictines de Mont-Laurier aménagent une fromagerie pour y transformer le lait de leur troupeau de chèvres, mais elles cessent la fabrication alors que l'industrie fromagère du Québec prend son essor. La fromagerie Le P'tit Train du Nord, fondée en 1998, est rachetée en 2001 par Francine Beauséjour et Christian Pilon. Ils y perpétuent l'art de fabriquer des fromages de qualité qui font la fierté de la région. Les laits de vache, de chèvre et de brebis sont utilisés seuls ou associés à d'autres laits. La fromagerie privilégie l'agriculture biologique. À la ferme J.M.S. Amitiés de Ferme-Neuve, son unique fournisseur, les vaches sont nourries au foin sec et aux céréales. On ajoute à leur ration quotidienne une part de graines de lin, reconnues pour leur apport en oméga-3. Le lait est par conséquent plus riche en gras essentiels, ce qui favorise un fromage plus goûteux. En plus, le lait thermisé permet un affinage prolongé de cinq mois. Les ferments naturels du lait favorisent le développement des arômes.

Le comptoir de la fromagerie ouvre lundi et mardi, de 8 h 30 à 18 h ; jeudi et vendredi, jusqu'à 20 h ; samedi, jusqu'à 17 h ; dimanche de 12 h à 17 h. Les fromages sont distribués par Le Choix de l'Artisan dans les boutiques et fromageries spécialisées, ainsi que dans plusieurs supermarchés.

Barre du jour (chèvre, PS-F, veiné de piment d'espelette, à cr. lavée à la bière El Lapino Brasserie du Lièvre)

Boule de neige (brebis, PM à cr. fleurie)

Boules dans l'huile (chèvre frais)

Cheddar (frais, en grains ou en tortillons «Tortillard», et vieilli – 1 an), nature, au porto ou aromatisés à l'ail et à l'aneth

Chevrier (chèvre à tartiner)

Curé Labelle (PS-F à cr. lavée), p. 149

Duo du Paradis (PS-F à cr. lavée), p. 155

Féta de chèvre

Féta de brebis

Fée des bois (chèvre, PS-F à cr. lavée à la bière)

Petit Soleil (chèvre frais)

Wabassee (PS-F à cr. lavée à la bière), p. 292

Windigo (PF à cr. lavée à l'hydromel), p. 292

FROMAGERIE LEHMANN

291, rang Saint-Isidore
Hébertville (Québec) G8N 1L6
Tél. : 418 344-1414
Marie et Jacob Lehmann
Région : Saguenay–Lac-Saint-Jean
Type de fromagerie : fermière

La ferme Lehmann a vu le jour en 1983 lorsque la famille Lehmann s'est établie à Hébertville, au Lac-Saint-Jean. Sise en bordure du lac Kénogamichiche, près du lac Kénogami, la ferme jouit d'un site bucolique à la fois enchanteur et pastoral. Inspirés par la passion de Jacob et Marie pour le travail de la terre, les enfants, Sem, Isaban et Léa, participent aux travaux dès leur plus jeune âge. Aujourd'hui, qu'il s'agisse des soins aux animaux, de la production du lait, de la fabrication ou de la mise en marché du fromage, chacun met l'épaule à la roue. Les vaches brunes du troupeau, qui se distinguent par leur lait particulièrement riche, paissent dans des pâturages protégés riches en plantes fourragères. Le troupeau se nourrit du fourrage et du grain de la ferme ne contenant ni OGM, ni pesticides, ni engrais chimiques. Jacob Lehmann n'est pas homme à faire des compromis quant à la qualité de ses fromages, même s'ils ne suffisent pas à la demande. « On ne fait pas du fromage pour gagner les concours, on fait du fromage pour l'amour du métier », déclarait-il lors d'une entrevue.

Afin de témoigner de ses origines, la famille Lehmann propose le Valbert, un fromage fermier au lait cru maturé de 90 à 180 jours. Un secret bien gardé et chuchoté de mère en fils et de père en fille. Le Kénogami rend hommage à leur pays d'adoption, il porte le nom de la voie qui reliait autrefois le Saguenay au Lac-Saint-Jean. Les fromages sont distribués par Plaisir Gourmet.

Le comptoir de vente ouvre du 1er juin au 31 octobre, du jeudi au dimanche de 13 h à 17 h ; et du 1er novembre au 31 mai, samedi et dimanche de 13 h à 17 h.

Kénogami (PF à cr. lavée), p. 202
Valbert (PF à cr. lavée), p. 290

FROMAGERIE LEMAIRE

2095, route 122
Saint-Cyrille (Québec) J1Z 1B9
Tél. : 819 478-0601
Yvan Lemaire
Région : Centre-du-Québec
Type de fromagerie : mi-industrielle

La Fromagerie Lemaire a pris son essor dès sa fondation en 1956 par Marcel Lemaire. L'entreprise familiale est aujourd'hui gérée par ses enfants, et on y transforme annuellement 6 000 000 de litres de lait. Ses fromages sont le monterey jack au lait entier ou allégé (Voltigeur 19 %), le suisse ayant reçu plusieurs prix, et le cheddar en grains ou en bloc. Certains cheddars sont assaisonnés à l'ail et aux fines herbes.

Le comptoir de la fromagerie est ouvert du lundi au mercredi, de 7 h 30 à 20 h; du jeudi au dimanche jusqu'à 21 h. Les fromages sont aussi vendus dans des dépanneurs et épiceries de Drummondville, Granby, Sherbrooke et Trois-Rivières. Le dimanche matin, on peut y déguster un fromage de petit-lait chaud (de 11 h à 12 h), du fromage non salé chaud (de 12 h à 13 h) ainsi que du fromage en grains chaud (à partir de 13 h). La fromagerie a un comptoir-restaurant à Saint-Germain-de-Grantham: 182, boul. Industriel, sortie 170 de l'autoroute 20.

> Cheddar Lemaire
> Monterey Jack Lemaire
> Suisse Lemaire, p. 276

FROMAGERIE LES MÉCHINS
133, route Bellevue Ouest
Les Méchins (Québec) G0J 1T0
Tél.: 418 729-3855
Donald Grenier
Région: Gaspésie
Type de fromagerie: artisanale

En 1997, Chantale Sergerie et Donald Grenier construisent leur fromagerie. Le lait est ramassé dans la région et transformé en cheddar frais vendu en grains, en tortillons, en bouchées ou en bloc. De nouveaux produits sont en cours de réalisation. Une histoire à suivre...

> Cheddar (frais, bloc ou grains)
> Gouda
> Saint-paulin

FROMAGERIE LES PETITS BLEUETS
3785, route du Lac
Alma (Québec) G8B 5V2
Tél.: 418 662-1078
Alain Tremblay
Région: Saguenay–Lac-Saint-Jean
Type de fromagerie: fermière

Alain Tremblay s'est installé ici avec sa famille il y a quelques années pour y élevé une quarantaine de chèvres. Cette jeune fromagerie fabrique un chèvre frais ainsi qu'un fromage de type cheddar. Prochainement, le fromager jeannois, avec l'aide d'Ould Baba Ali, directeur de la Société des éleveurs de chèvres du Québec et directeur de recherche et développement chez Tournevent, projette d'élaborer d'autres créations.

Le comptoir de vente est ouvert tous les jours de 12 h à 18 h. Les produits sont distribués par Plaisir Gourmet dans les boutiques et fromageries spécialisées.

> Alma (la Tome), p. 57
> Bouchée de Perle (chèvre frais en boules et mariné dans l'huile et un mélange d'épices)
> Bûchette cendrée (PM, cendrée), p. 98
> Cheddar de chèvre (frais, bloc ou grains)
> Crémeux du Lac (chèvre frais)
> Dorval (type cheddar de chèvre)
> Cheddar de chèvre mariné dans le porto

FROMAGERIE MARIE KADÉ
1921, rue Lionel-Bertrand
Boisbriand (Québec) H7H 1N8
Tél.: 450 419-4477
Fredy Kadé
Région: Laurentides
Type de fromagerie: artisanale

Originaires d'Alep, en Syrie, les Kadé ont entrepris la production de fromages il y a plus de 20 ans. Marie a pris cette initiative, car elle produisait déjà, à la maison, des fromages de son pays pour satisfaire sa gourmandise et celle de ses amis. Enthousiaste, elle a suivi des cours sur la fabrication fromagère à Saint-Hyacinthe avant d'ouvrir, avec Fredy, la première usine de fabrication de fromages arabes au Québec. Aujourd'hui, ils approvisionnent la communauté arabe du Québec et exportent largement dans le reste du Canada et aux États-Unis.

Les fromages élaborés à la fromagerie Marie Kadé sont les mêmes que ceux qui sont consommés dans l'Est méditerranéen, depuis la Grèce jusqu'en Égypte, où ils sont fabriqués au printemps et conservés dans la saumure à la façon de la féta. Ils se présentent ici dans un emballage sous vide ou en saumure, et se conservent pour la plupart sur une longue période. À l'usine de Marie et Fredy Kadé, on fabrique aussi un yogourt (Laban) et un yogourt à boire (l'Ayran).

Le comptoir de la fromagerie ouvre du lundi au vendredi, de 9 h à 17 h. À Montréal, on trouve les produits dans des épiceries et marchés spécialisés : Épicerie du Ruisseau, boul. Laurentien ; Marché Daoust, boul. des Sources ; Intermarché Côte-Vertu ; et à Gatineau à Alimentation Maya.

Akawi (PM)
Baladi (méditerranéen, PM en saumure), p. 212
Domiati (PS-F), p. 213
Féta (PS-F)
Halloom (P filée), p. 214
Istambouli (PS-F)
Labneh (P fraîche), p. 185
Moujadalé (P filée), p. 180
Nabulsi (PS-F), p. 215
Espagnole (PS-F)
Shinglish (méditerranéen, PF), p. 216
Syrien (méditerranéen, PS-F), p. 216
Tressé (PF filée), p. 181
Vachekaval (cheddar, PF)

FROMAGERIE MÉDARD

10, rue Dequin
Saint-Gédéon (Québec)
Tél. : 418 345-2407
Région : Saguenay–Lac-Saint-Jean
Type de fromagerie : fermière, artisanale

La fromagerie est la concrétisation d'un projet longuement mûri par Madeleine Boivin

et Normand Côté, et la réalisation d'un merveilleux rêve, celui de transformer chez eux le lait de leur troupeau. À la fromagerie, on mise sur la qualité du lait, matière première et base de la réussite du produit fini. Aussi, le troupeau laitier de vaches suisses brunes, autrefois encabané et réduit à une diète composée d'ensilage, se rassasie aujourd'hui des pâturages estivaux et de foin sec, en hiver. Cette vache rustique originaire des Alpes et implantée au Québec à la fin du XIXe siècle s'est adaptée sans mal au climat québécois. Elle offre un lait riche, fort en matière protéique et qui réussit admirablement à l'industrie fromagère.

Normand est le cinquième de la famille Côté à occuper la ferme Domaine de la Rivière. Toutefois, sans l'aide de son épouse, Madeleine Boivin, la fromagerie n'aurait sans doute jamais vu le jour. Diplômée en technique fromagère à l'Institut de technologie agroalimentaire de Saint-Hyacinthe, Mme Boivin a mis au point ses propres créations, qui font la fierté de la maison. Elle a choisi d'élaborer des fromages à pâte molle, à croûte lavée ou mixte (lavée, fleurie) à la suite de leur mûrissement rapide. Tout au plus 30 jours d'affinage avant la mise en marché. Le cheddar s'offre vieilli un an ou affiné à l'ancienne : les Petits Vieux se présentent sous une belle croûte brun beige. Le son de la cloche de la fromagerie annonce, comme autrefois la rentrée à l'école du village de Val-Jalbert, que le fromage en grains est enfin prêt.

14 Arpents (PM à cr. lavée), p. 55
Gédéon (cheddar traditionnel vieilli sous-vide)
Petits Vieux (cheddar à l'ancienne), p. 117
Rang des Îles (PM à cr. fleurie), p. 252
Saint-Médard (PS-F à cr. lavée), p. 256

FROMAGERIE MIRABEL 1985 INC.

150, boul. Lachapelle
Saint-Antoine (Québec) J7Z 5T4
Tél. : 450 438-5822
France Descôteaux
Région : Laurentides
Type de fromagerie : artisanale

La fromagerie propose plusieurs fromages d'importation ainsi qu'un cheddar frais en grains et en bloc fait sur place.

Ouverture du lundi au mercredi de 9 h à 18 h, jeudi et vendredi, jusqu'à 21 h; samedi et dimanche, jusqu'à 17 h.

Cheddar Mirabel (frais, bloc ou grains)

FROMAGERIE MONSIEUR JOURDAIN

2400, chemin Ridge
Huntingdon (Québec) J0S 1H0
Tél. : 450 601-8083
Francis Jourdain
Région : Montérégie
Type de fromagerie : artisanale

Le producteur ovin Hugh Sutherland et le fromager Francis Jourdain ont uni leurs ressources pour créer la fromagerie. Les brebis de race laitière Lacaune et Texel ont procuré une excellente rusticité au troupeau. Le cheptel compte maintenant plus de 900 brebis, dont 160 laitières au plus fort de la production. Les brebis profitent de la richesse des pâturages du printemps jusqu'à l'automne. Artiste et artisan dans l'âme, M. Jourdain s'est associé à deux passionnés d'agriculture, France Brière et Sylvain Gascon, afin de développer des produits originaux pour les consommateurs.

Les fromages sont distribués par Plaisir Gourmet dans les boutiques et fromageries spécialisées.

L'Artiste (crottin de brebis)
L'Intondable (PS-F à cr. naturelle), p. 201

FROMAGERIE P'TIT PLAISIR

259, rue Principale
Weedon (Québec) G0B 3J0
Tél. : 819 877-3210
Gaëtan Grenier
Région : Cantons-de-l'Est
Type de fromagerie : artisanale

Cette fromagerie propose des cheddars frais, en grains et en bloc, affinés jusqu'à deux ans, ainsi que des cheddars aux herbes, vieillis ou non.

Le casse-croûte, le bar laitier et la boutique ouvrent du dimanche au mercredi, de 7 h à 20 h; du jeudi au samedi, jusqu'à 21 h.

Cheddar (frais, bloc ou grains et affiné)
Cheddar assaisonné

FROMAGERIE PERRON

156, avenue Albert-Perron
Saint-Prime (Québec) G8L 1L4
Tél. : 418 251-3164
Sylvie Beaudoin
Région : Saguenay–Lac-Saint-Jean
Type de fromagerie : mi-industrielle

En 1890, l'arrière-grand-père, Adélard Perron, arrive à Saint-Prime pour y fabriquer du fromage. Témoin éloquent du passé, la vieille fromagerie construite en 1895 est la seule survivante de sa catégorie au Québec. Classée monument historique en 1989, elle abrite aujourd'hui le musée du cheddar. Depuis Adélard Perron, quatre générations de fromagers en filiation directe produisent un cheddar d'une qualité reconnue internationalement.

Le comptoir de la fromagerie ouvre du lundi au vendredi de 8 h à 18 h; samedi et dimanche de 9 h à 18 h; et toute la semaine jusqu'à 20 h, de la fête nationale du Québec à la fête du Travail.

Brick
Cheddar au Porto
Cheddar moyen, 1 an, 2 ans et Le Doyen 4 ans,
    p. 117
Colby
Gouda
Monterey Jack
Suisse Albert Perron, p. 275
Mozzarella

FROMAGERIE POLYETHNIQUE

235, chemin Saint-Robert
Saint-Robert (Québec) J0G 1S0
Tél. : 450 782-2111
Jean-Pierre Salvas et Marc Latraverse
Région : Montérégie
Type de fromagerie : artisanale

Depuis 1995, la Fromagerie Polyethnique approvisionne la communauté arabe du Québec. Les promoteurs du projet, Jean-Pierre Salvas et Marc Latraverse, aussi producteurs laitiers, contribuent à l'épanouissement du Québec en ouvrant une fenêtre sur l'agriculture locale aux néo-Québécois originaires de l'Est méditerranéen. Les fromages élaborés s'inspirent de ceux de cette région. On y fait des fromages frais ou conservés en saumure, parfois assaisonnés aux herbes ou aux épices (graines de nigelle).

Les produits de cette fromagerie sont vendus chez Adonis sous l'appellation Phœnicia. Le comptoir de vente ouvre du lundi au vendredi, de 8 h 30 à 16 h.

Akawi (PS-F)
Baladi (PM saumuré), p. 212
Halloomi (PS-F), p. 214
Labneh (P fraîche), p. 185
Nabulsi (PS-F), p. 215
Tressé (P filée), p. 181

FROMAGERIE PORT-JOLI

16, rue des Sociétaires
Saint-Jean-Port-Joli (Québec) G0R 3G0
Tél. : 418 598-9840
Robert Tremblay
Région : Bas-Saint-Laurent
Type de fromagerie : artisanale

En 1993, Robert Tremblay ouvre sa fromagerie afin de satisfaire la demande locale. Il y prépare un cheddar frais offert en grains, en tortillons ou en bloc, ainsi que des cheddars vieillis (mi-fort, fort et extra-fort) ayant jusqu'à trois ans d'affinage. Certains sont assaisonnés aux herbes ou aromatisés à saveur de barbecue. Une spécialité de la région consiste à fumer les fromages à l'érable. Robert Tremblay compte commercialiser prochainement un fromage de type brie ou camembert. La fromagerie produit aussi du beurre et une excellente crème fraîche.

Le comptoir est ouvert du lundi au vendredi de 9 h à 17 h.

Cheddar Port-Joli (frais, bloc ou grains, aux herbes, fumé et affiné)

FROMAGERIE PRINCESSE

1245, avenue Forand
Plessisville (Québec) G6L 1X5
Tél. : 819 362-6378
Marc Lambert
Région : Bois-Francs
Type de fromagerie : mi-industrielle

La fromagerie, rattachée au Groupe Fromage Côté, produit un cheddar doux offert en grains, râpé, en bloc ou en tortillons dans la saumure.

Le comptoir ouvre du lundi au mercredi de 9 h à 19 h ; et du jeudi au dimanche, jusqu'à 20 h. Le cheddar Princesse, en bloc ou en grains, est distribué dans le centre du Québec ainsi que dans les régions de Québec et de Montréal.

Cheddar Princesse (frais, bloc ou grains)

FROMAGERIE PROULX

430, rue Principale
Saint-Georges-de-Windsor (Québec) J0A 1J0
Tél. : 819 828-2223
Alain Proulx
Région : Bois-Francs
Type de fromagerie : artisanale

Saint-Georges-de-Windsor est une jolie municipalité agricole blottie dans une vallée baignée par la rivière Saint-François. Située dans les contreforts des Appalaches, la région chevauche les Bois-Francs et les Cantons-de-l'Est. Depuis les années 1950, la famille Proulx fabrique du cheddar frais traditionnel (sans sel), offert en grains et en bloc.

Le comptoir ouvre du lundi au vendredi de 10 h à 22 h ; samedi et dimanche, jusqu'à 18 h.

Cheddar Proulx (frais, bloc ou grains)

FROMAGERIE SAINT-FIDÈLE
2815, boul. Malcolm-Fraser
La Malbaie (Québec) G5A 2J2
Tél. : 418 434-2220
Yvan Morin
Région : Charlevoix
Type de fromagerie : mi-industrielle

La Fromagerie Saint-Fidèle fabrique un cheddar frais pour la clientèle locale ainsi qu'un fromage suisse de même type que le gruyère ou l'emmental.

Le comptoir de vente ouvre du lundi au vendredi, de 8 h à 17 h ; samedi et dimanche,

de 9 h à 18 h ; jusqu'à 21 h de la fête nationale du Québec à la fête du Travail. Le Suisse Saint-Fidèle, distribué par Le Choix du Fromager, se trouve dans plusieurs boutiques et fromageries spécialisées ainsi que dans les IGA et Metro.

Cheddar Saint-Fidèle (frais, bloc ou grains)
Suisse Saint-Fidèle (PF affiné)

FROMAGERIE SAINT-GUILLAUME
73, route de l'Église
Saint-Guillaume (Québec) J0C 1L0
Tél. : 819 396-2022
Martin Nantel
Région : Bois-Francs
Type de fromagerie : artisanale

Issue du vaste mouvement coopératif, la Société coopérative agricole de beurrerie de Saint-Guillaume, connue sous le nom de Coop Agrilait, est en activité depuis 1940. La fromagerie a repris l'appellation Saint-Guillaume et se révèle être la locomotive de l'entreprise. On y fabrique toujours du beurre, du cheddar frais, en bloc ou en grains, vieilli de six mois à un an, ainsi que du brick et un suisse ; un fromage de type gouda est en préparation. La fromagerie récupère le petit-lait et le convertit en poudre, le « whey », un complément alimentaire riche en protéines. La fromagerie emploie plus de 50 employés et fabrique plus de 2 000 tonnes de fromage par année.

On trouve les fromages Saint-Guillaume au comptoir de la quincaillerie locale, qui est aussi un dépanneur, tous les jours de 7 h à 22 h. À Montréal et dans la région métropolitaine, on peut se procurer leur cheddar frais en bloc ou en grains sous l'appellation Serge-Henri dans les supermarchés Loblaws, Maxi, IGA ou Metro. Le Suisse Saint-Guillaume se vend surtout dans les boutiques d'alimentation fine et les fromageries spécialisées.

Brick Saint-Guillaume (sans lactose)
Cheddar Saint-Guillaume, frais (bloc ou grains),
    6 mois, 1 an et assaisonné (tomate, basilic,
    épice jardinière)
Monterey Jack (sans lactose)
Suisse

FROMAGERIE ST-LAURENT

735, rang 6
Saint-Bruno (Québec) G0W 2L0
Tél.: 1 800 463-9141
Luc Saint-Laurent ou Bob Molson
Tél.: 418 487-8767)
Région: Saguenay–Lac-Saint-Jean
Type de fromagerie: mi-industrielle

La Fromagerie St-Laurent est une entreprise familiale fondée par Auguste Saint-Laurent dans les années 1930. Originaire de la Gaspésie, il acquiert cinq fromageries de rang dans la belle région du Lac-Saint-Jean. La fromagerie de Saint-Bruno a été construite par Maurice en 1972 et modernisée en 1982. Elle est maintenant gérée par ses successeurs, Luc, Yves et François. On y transforme environ 12 millions de litres de lait par année. Les principaux fromages fabriqués sont le cheddar (jeune ou vieilli) vendu en bloc, en grains ou en tortillons (certains sont aromatisés aux fines herbes ou au porto), le gouda, le suisse et un type parmesan. La fromagerie propose du beurre, régulier ou allégé, ainsi que de la margarine.

Le comptoir de la fromagerie ouvre tous les jours de 7 h 30 à 18 h 30; jusqu'à 21 h du début juin à la fin septembre. L'été, on y ajoute un bar laitier avec terrasse.

Les produits St-Laurent sont distribués dans les régions du Saguenay–Lac-Saint-Jean, de Chibougamau, de Chapais et de la Côte-Nord.

> Cheddar
> Cheddar au Porto
> Gouda, p. 191
> Mozzarella (en bloc ou râpé)
> Parmesan, p. 234
> Suisse, p. 277
> Tortillon

FROMAGERIE TOURNEVENT

54, rue Principale
Saint-Damase (Québec) J0H 1J0
Tél.: 450 797-3301
Michel Bonnet
Région: Montérégie
Type de fromagerie: mi-industrielle

On doit en partie au chèvre frais la renaissance de la production fromagère au Québec. Le mouvement de retour à la terre des années 1970 y a fortement contribué. À l'époque, le Québec se développe à un rythme extraordinaire, et les goûts évoluent avec enthousiasme. Avec leur petit troupeau de chèvres, quelques jeunes néo-campagnards sont devenus producteurs agricoles. Après le yogourt vinrent les fromages. C'est à la ferme que, outre le lait et d'autres produits fermiers, l'amateur s'approvisionnait en fromage de chèvre frais.

En 20 ans, le marché s'est beaucoup développé. Lucie Chartier et René Marceau, fondateurs de la Fromagerie Tournevent, furent les premiers à commercialiser le chèvre. Les honneurs décernés aux produits Biquet et Tournevent confirment l'excellence de leur savoir-faire dans le domaine des fromages de chèvre. La Fromagerie Tournevent exporte ses produits au Canada, aux États-Unis et même au Japon. Cette entreprise modèle fonctionne grâce aux efforts de ses employés regroupés en coopérative de travailleurs actionnaires.

Compétition, concentration, mondialisation, réglementation, le défi est trop grand. En septembre 2005, la compagnie Damafro devient donc propriétaire de Tournevent. Heureusement, l'actif demeure québécois. Le nouvel acquéreur, la fromagerie de Saint-Damase, prône les mêmes valeurs de qualité et devient ainsi le principal producteur de fromage de chèvre au Québec, mais la marque demeure.

Les produits Tournevent sont vendus au comptoir de la fromagerie du lundi au vendredi, de 9 h à 17 h, ainsi que dans les boutiques de fromages fins ou d'aliments naturels, les épiceries des grandes surfaces et de nombreux restaurants. Pour une commande de 50 $ ou plus, Tournevent Express livre à votre domicile partout au Québec.

Biquet et Biquet à la crème (chèvre frais, nature ou assaisonné)
Capriati (crottin dans l'huile), p. 144
Chèvre Doux (chèvre frais, en pot)
Chèvre Fin (PM à cr. fleurie)
Chèvre Noir et Chèvre Noir Sélection (type cheddar), p. 121
Chevrino (cheddar, frais)
Déli Chèvre (chèvre frais allégé, sans lactose)
Féta Tradition (en saumure, nature, assaisonné)
Médaillon (chèvre frais, nature, en rondelles), p. 135
Tournevent (chèvre frais, nature), p. 135

FROMAGERIE VICTORIA

101, rue de l'Aqueduc
Victoriaville (Québec) G6P 1M2
Tél. : 819 752-6821
Youville Rousseau
Région : Bois-Francs
Type de fromagerie : artisanale

En 1988, Youville Rousseau et Florian Gosselin font l'acquisition de cette fromagerie spécialisée dans la fabrication du cheddar depuis 1946. Ils y ajoutent une section restauration et transforment l'ancienne usine en microfromagerie et en salle de spectacles. Les visiteurs peuvent assister à la fabrication du cheddar ou participer à un souper-spectacle (visites individuelles ou en groupes).

Le restaurant et comptoir de vente ouvre du lundi au mercredi de 6 h à 19 h 30 ; jeudi et vendredi, jusqu'à 21 h 30 ; samedi de 7 h à 21 h ; dimanche de 7 h 30 à 21 h.

Cheddar Victoria

FROMAGES CHAPUT

254, boul. Industriel
Châteauguay (Québec) J6J 4Z2
Tél. : 450 692-3555
Isabelle Chaput
Région : Montérégie
Type de fromagerie : artisanale

Pierre-Yves Chaput fonde la maison d'affinage en 1992. Les fromages au lait cru y étaient amenés à leur pleine maturation. Délaissant peu à peu l'importation, la fromagerie, qui élabore aujourd'hui une quinzaine de fromages, a été reprise par Jean-Marc Chaput, le père, qui a perpétué avec toute la fougue qu'on lui connaît la mission d'offrir des fromages de qualité au lait cru de chèvre ou de vache. La fromagerie est maintenant gérée par Patrick, l'aîné de la famille, sa fille Marie-Laurence et son fils Vincent. Ils ont donné un nouveau souffle à l'entreprise, qui en plus de fournir le marché québécois exporte largement ses fromages aux États-Unis. On vise ensuite le Mexique, puis divers pays outremer. Le lait provient de deux fermes sélectionnées et exclusives qui sont en attente d'une certification bio.

Les fromages Chaput sont en vente dans la majorité des boutiques et fromageries spécialisées du Québec ainsi que dans certains supermarchés.

Champagnole (tome de chèvre) , p. 107
Enchanteur (chèvre, PM cendrée), p. 156
Filou (type morbier, PS-F à cr. lavée), p. 167
Métis (mi-chèvre, PS-F à cr. lavée), p. 217
Montérégie (vache, PS-F à cr. lavée), p. 222
Prestige (chèvre, PM à cr. cendrée), p. 156
Rondoudou (chèvre, PM nature ou cendrée), p. 156
Rose blanche (PM à cr. fleurie)
Ste-Maure Chaput (chèvre, PM cendrée), p. 156
Vacherin Chaput (PS-F, à cr. lavée), p. 288

FROMAGERIE DE L'ÉRABLIÈRE

1580, route Eugène-Trinquier
Mont-Laurier (Québec) J9L 3G4
Tél. : 819 623-3459
Gisèle Guindon et Gérald Brisebois
Région : Laurentides
Type de fromagerie : fermière

Jeune entreprise de la région des Hautes-Laurentides, la Fromagerie de l'Érablière a d'abord été un projet longuement chéri par son propriétaire, Gérald Brisebois. Lui qui en est à sa troisième entreprise dans le domaine laitier avait un désir profond, celui de voir le lait de sa région transformé en un produit raffiné.

Gérald Brisebois a œuvré sa vie durant à valoriser le noble métier d'agriculteur et à en améliorer la condition. Établi sur la ferme paternelle depuis les années 1960, il fonde en 1992, en association avec 85 producteurs laitiers, la Laiterie des Trois Vallées, une usine d'embouteillage de lait. Il met ainsi fin au monopole des grandes entreprises qui recueillent et transportent le lait des régions vers les grands centres, pour ensuite le retourner, standardisé, dans ces mêmes régions. Dans les vallées de la Rouge, de la Lièvre et de la Gatineau, on boit maintenant un lait du terroir.

L'entreprise, aujourd'hui gérée par Pierre Brisebois, le fils de Gérald, distribue également, sous l'appellation Mont-Lait, de la crème fraîche ainsi qu'une excellente crème glacée.

En 2000, sur les judicieux conseils de M. André Fouillet, Gérald Brisebois lance la Fromagerie de l'Érablière. Dans une cabane à sucre, au cœur d'une érablière, il transforme le Casimir, le Sieur Corbeau des Laurentides, le Cru des Érables et le . Ces produits ont connu un succès fulgurant, et la fromagerie transforme maintenant 400 kilos de chacun de ces fromages par semaine. Le troupeau de la ferme est élevé selon les principes de l'agriculture biologique alors que la culture se fait sans engrais chimiques ni pesticides. En outre, les bêtes ne sont pas gavées d'hormones ; elles sont nourries essentiellement de foin sec et de céréales.

Il n'y a pas de comptoir de vente à la fromagerie. Les fromages de l'Érablière sont distribués par Plaisir Gourmet, et ces produits se trouvent dans la majorité des boutiques et fromageries spécialisées du Québec.

Casimir (PM à cr. fleurie), p. 82
Cru des Érables (PM à cr. lavée), p. 150
Diable aux Vaches (PM à cr. lavée), p. 153
Sieur Corbeau des Laurentides (PS-F à cr. mixte),
    p. 261

FROMAGES DE L'ISLE D'ORLÉANS

4696, chemin Royal
Sainte-Famille Île d'Orléans (Québec) G0A 3P0
Tél. : 418 829-0177
Diane Marcoux
Région : Québec
Type de fromagerie : artisanale

Le Fromage affiné de l'Île est un produit que l'on veut faire revivre selon la tradition ancestrale de la famille Aubin. Ce fromage est une véritable légende. Il fut le premier à être fabriqué en terre d'Amérique et demeure encore la référence en matière de fabrication fromagère au Québec. À l'isle d'Orléans, les cultivateurs fabriquaient un fromage dont l'origine remonte au début de la colonie française. Affiné à point, il était reconnu pour son caractère particulièrement odorant. Le secret de sa fabrication se transmettait de génération en génération, de mère en fille. Hélas, en 1965, un règlement interdisant l'utilisation du lait cru dans l'industrie fromagère a eu pour effet de mettre fin à la fabrication de ce fromage patrimonial. Le lait cru emprésuré, mis en moule, s'égouttait naturellement sans pressage sur un petit tapis de jonc (le paillasson), sans qu'aucun ferment extérieur ni additif de rendement n'influence sa nature, ce qui pouvait donner un résultat différent d'une maison à l'autre. Le jonc cueilli dans le fleuve, du côté nord de l'île d'Orléans, était l'habitat de micro-organismes caractérisant le fromage tout en lui transmettant une bonne part de ses arômes. Les recherches menées par Hélène Thiboutot et Jacques Goulet ont permis d'identifier la flore microbienne typique de ce fromage, de sorte qu'on peut maintenant en fabriquer avec du lait pasteurisé. En 2005, avec l'aide de M. Gérard Aubin, dernier descendant de la famille à avoir conservé la recette ancestrale, le Fromage affiné de l'Île revoyait le jour. Il est présenté sous trois formes : frais en faisselle le jour de sa fabrication (en dessert avec des fruits ou du sirop), séché pendant 3 jours, il peut être rôti à la poêle comme certains fromages méditerranéens (c'est le Paillasson) et affiné pendant quelques semaines, la croûte lavée (nommé le Raffiné par nos ancêtres).

Dans un décor du XVIIe siècle, la fromagerie ouvre tous les jours du 24 juin au 6 septembre, ainsi que du vendredi au dimanche en septembre et octobre, de 10 h à 18 h. Le fromage est distribué dans les boutiques et fromageries spécialisées.

Paillasson de l'île d'Orléans (PM), p. 231

FROMAGES LA CHAUDIÈRE

3226, rue Laval-Nord
Lac-Mégantic (Québec) G6B 1A4
Tél.: 819 583-4664
Vianney Choquette /225
Région: Cantons-de-l'Est
Type de fromagerie: artisanale

La fromagerie fabrique du cheddar traditionnel doux, moyen et fort (vieilli), ainsi que du fromage en saumure et en grains. Fromages La Chaudière a été l'une des premières fromageries québécoises à offrir un cheddar biologique thermisé doux ou vieilli. La maison est accréditée bio par l'OCIA. Le lait provient également de fermes accrédités bio.

Le comptoir de vente est ouvert du lundi au samedi de 8 h à 18 h; jeudi et vendredi, jusqu'à 21 h 30; dimanche de 9 h à 18 h.

> Cheddar Bio d'Antan
> Cheddar La Chaudière (bloc ou grains)
> Suisse Bio d'Antan

FROMAGES RIVIERA – LAITERIE CHALIFOUX

493, boul. Fiset
Sorel-Tracy (Québec) J3P 6J9
Tél.: 450 743-4439 ou 1 800 363-0092
Manon Tousignant et André Fournier
Région: Montérégie
Type de fromagerie: mi-industrielle

L'histoire débute en 1920, dans une ferme laitière, non loin de Sorel. Alexandrina Chalifoux, fermière entreprenante, vend le surplus de lait de son troupeau aux villageois. Jusqu'en 1945, elle ne s'approvisionne qu'à sa ferme. Son fils Jean-Paul reprend la ferme mais y ajoute une fromagerie.

Fondée en 1959, la fromagerie se limite d'abord à la fabrication d'un cheddar. Puis vient la production de fromages de type suisse ou emmental, dont la pâte cuite permet une plus longue conservation. Le caillé de ce type de fromage est chauffé avant d'être mis en meule et pressé. Cela donne une texture compacte et ferme. À l'exception du cheddar, les fromages Riviera sont exempts de lactose. Le lait étant soumis à une ultrafiltration, procédé éliminant le sucre du lait, on obtient des fromages pouvant être consommés par les personnes souffrant d'intolérance au lactose. Au début des années 1990, la fromagerie a été la première en Amérique du Nord à utiliser cette technologie européenne. Depuis, on a appris à la maîtriser et à la perfectionner.

L'entreprise fabrique un cheddar frais ou affiné et a fait sa spécialité des fromages de type suisse, emmental, jalsberg, edam, esrom ou havarti. Certains sont vieillis au moins un an avant leur mise en marché. Ce long affinage permet de développer des arômes les rapprochant avantageusement de leurs cousins européens.

Le comptoir de la fromagerie est ouvert du lundi au vendredi de 8 h à 17 h. Les fromages se trouvent dans les boutiques et fromageries spécialisées, ainsi que dans toutes les bonnes épiceries et supermarchés partout au Québec.

FROMAGIERS DE LA TABLE RONDE
317, route 158
Sainte-Sophie (Québec) J5J 2V1
Tél. : 450 530-2436
Ronald Alary
Région : Basses-Laurentides
Type de fromagerie : fermière

L'idée du Rassembleu est née autour d'une table ronde. Les « preux fromagiers » sont la famille Alary : Ronald, son frère et ses trois fils. Sont associés à la ferme le fils, Gabriel, le fromager, et la fille, Maria. Ils ont mis en commun leurs ressources, leurs connaissances et leur enthousiasme pour se lancer à la recherche de ce goût unique à la fois doux et puissant d'un fromage « cru fermier » biologique. La fromagerie, attenante à la ferme, a été conçue pour la production de fromages bleus avec des équipements de pointe. Pour l'élaboration du fromage, le lait de la traite du matin est transformé encore tout chaud, alors qu'il est à son meilleur degré de qualité.

Les Fromagiers de la Table ronde ont donné au Québec des bleus uniques, le Rassembleu et le Fleurdelysé. Véritables fromages fermiers au lait cru, ils sont fabriqués selon les normes strictes du certificateur biologique Québec Vrai. Le Fou du Roy est le dernier-né de l'entreprise. Les Alary proposent aussi une attitude, une façon d'être où le plaisir, l'échange et la complicité sont rois. Voilà tout le pouvoir du Rassembleu.

Le comptoir de vente est ouvert tous les jours de 9 à 17 h et de 11 h à 17 h. On trouve le Rassembleu dans les boutiques et fromageries spécialisées ainsi que dans les magasins d'alimentation desservies par Plaisir Gourmet.

JAC LE CHEVRIER
1139, rang Saint-Joseph
Saint-Flavien (Québec) J0B 3A0
Tél : 418 728-1807
Jacques Mailhot
Région : Lotbinière
Type de fromagerie : fermière

Jacques Mailhot peut se flatter d'être le premier éleveur de chèvres à transformer ce lait dans la belle région de Lotbinière. À la ferme, en voie d'accréditation, les chèvres sont élevées selon les normes de l'agriculture biologique. Le lait sert presque uniquement à la confection d'un petit délice, lointain cousin du Crottin de Chavignol (mais plus grand, il fait le double du poids) : le Jac le Chevrier, qui porte le même nom que la fromagerie. Après trois ans, Jacques Mailhot a acquis la maîtrise de son fromage et du maintien de sa qualité. Le lait est de nature changeante et il faut savoir l'utiliser en conséquence. Pour cette raison, le Jac est produit de façon saisonnière, de mars-avril à décembre. Le lait atteint sa plénitude en automne, d'octobre à décembre. C'est le meilleur lait de l'année, plus concentré en matières grasses qu'en avril, où il est plus humide. La matière est aussi utilisée pour la confection d'une tommette au lait cru affinée pour le temps des Fêtes.

LAITERIE CHARLEVOIX

1167, boul. Monseigneur-de-Laval
Baie-Saint-Paul (Québec) G3Z 3W7
Tél.: 418 435-2184
Dominique Labbé
Région: Charlevoix
Type de fromagerie: mi-industrielle

Écomusée de la fabrication artisanale du cheddar au lait cru ou pasteurisé, en meule ou en grains, frais ou vieilli, la Laiterie Charlevoix a été fondée par la famille Labbé en 1948. Stanilas Labbé et Elmina Fortin acquièrent alors une petite laiterie au centre de Baie-Saint-Paul. À ses débuts, la modeste laiterie embouteille et distribue son lait dans le village. Installée sur le site actuel, la laiterie achète la production de lait de la région, qu'elle embouteille et transforme en crème, beurre ou fromage. En 1953, le fils, Marcel, ouvre une route de lait sur la Côte-Nord. On boit le lait de la Laiterie Charlevoix jusqu'à Baie-Comeau. La famille Labbé diversifie ses activités et vit alors une période de prospère jusqu'à la création des grandes entreprises qui, sans scrupules, s'accaparent la totalité du marché. Les années 1970 ont marqué la fin de la plupart des laiteries, crémeries, beurreries et fromageries artisanales et régionales partout au Québec. Le lait transporté vers les grands centres est retourné dans les régions standardisé, homogénéisé, écrémé, transformé. La Laiterie Charlevoix s'associe alors avec la Laiterie Laval et délaisse l'embouteillage pour se consacrer à la transformation du fromage et à la distribution des produits laitiers. En 1980, les petits-fils de M. Labbé se concentrent sur la production d'un fromage régional, et en 1994 ils contribuent – en collaboration avec la maison d'affinage Maurice Dufour – au développement du Migneron de Charlevoix. Aujourd'hui, dans ses installations modernes, les visiteurs ont la possibilité d'observer la production du cheddar. La Laiterie Charlevoix propose des produits vrais et exclusifs: le lait acidulé (caillé), une vraie crème à 40 %, le lait entier, le cheddar vieilli et le Fleurmier, un fromage à pâte molle et à croûte fleurie.

À la belle saison, le comptoir est ouvert tous les jours de 9 h à 19 h; hors saison, du lundi au vendredi, de 9 h à 17 h 30; samedi et dimanche, jusqu'à 17 h. Le Fleurmier et le cheddar vieux de la Laiterie Charlevoix sont distribués dans les boutiques et fromageries spécialisées partout au Québec.

LAITERIE DE COATICOOK

1000, rue Child (route 147)
Coaticook (Québec) J1A 2F5
Tél.: 819 849-2272
Jean Provencher et Julie Doyon
Région: Cantons-de-l'Est
Type de fromagerie: artisanale

La laiterie existe depuis 1940, c'est l'une des plus anciennes entreprises de l'Estrie. Il s'y fabrique des fromages cheddar en grains et en bloc, certains vieillis de 1 à 2 ans, des bâtonnets en saumure ainsi qu'un fromage de type mozzarella. La Laiterie de Coaticook est réputée pour sa crème glacée et propose partout au Québec un lait glacé sous l'appellation P'tit Velours. Récemment, la laiterie s'est associée à trois fermes caprines de la région pour produire un fromage de chèvre, le Capricook. On peut se le procurer en grains ou en bloc frais ou vieilli jusqu'à neuf mois.

Le comptoir de la laiterie ouvre du lundi au vendredi de 8 h à 18 h; le samedi jusqu'à 12 h. On trouve tous ces produits dans les épiceries de la région.

Capricook (cheddar de chèvre)
Cheddar (frais, grains ou bloc, blanc, jaune ou
    marbré)
Cheddar vieilli (15 mois)
Mozzarella
Fromage saumuré (PF)

LIBERTÉ
1425, rue Provencher
Brossard (Québec) J4W 1Z3
Tél. : 514 875-3992
Région : Montérégie
Type de fromagerie : industrielle

Liberté est un manufacturier de produits laitiers qui a commencé à produire du fromage à la crème et du fromage cottage en 1928, dans une fromagerie située à l'intersection des rues Saint-Urbain et Duluth, au centre-ville de Montréal.

Installée à Brossard depuis 1964, l'entreprise fabrique, outre le fromage à la crème, une gamme de produits comptant plusieurs types de yogourts, de kéfir, de fromages et de crème aigre (sure), ainsi qu'une gamme de produits biologiques. En 2005, l'entreprise faisait l'acquisition de la Laiterie Tournevent. Cette dernière est née en 1992 de l'association de la Fromagerie Tournevent avec un groupe de producteurs de lait de chèvre du Centre-du-Québec. Le lait, le yogourt et le fromage blanc de chèvre sont vendus sous la marque Liberté.

Parmi les fromages Liberté, on trouve des fromages frais tels que le cottage en crème ou à l'ancienne, le quark et le fromage à la crème.

Les produits Liberté sont vendus au Québec et au Canada (Ontario, Colombie-Britannique et Alberta), chez des épiciers indépendants et dans certaines grandes chaînes d'alimentation.

Cottage à l'ancienne et cottage en crème
    Liberté
Fromage à la crème Liberté
Quark Liberté, p. 184

MADAME CHÈVRE
475, rue Saint-Jean-Baptiste Nord
Princeville (Québec) G6L 4Z4
Tél. : 1 877 364-7272
Région : Bois-Francs
Type de fromagerie : industrielle

La fromagerie est une filiale de Woolwich Dairy, le plus important producteur de fromage au lait de chèvre en Amérique du Nord. Woolwich Dairy a son siège social à Orangeville, en Ontario, et compte une autre usine au Wisconsin. L'usine de Princeville a été inaugurée en juillet 2005 pour l'élaboration de produits dits « à risque », nécessitant une période d'affinage, soit les fromages de type brie ou camembert destinés au marché américain, canadien et québécois. Enfin, la fromagerie compte mettre en marché une gamme de fromages à pâte molle affinés en surface, de fabrication et d'affinage différents : Castille, Cappella et Tre Fratello. Madame Chèvre s'approvisionne en lait grâce à un réseau de plus d'une douzaine de producteurs de chèvres des environs. Le lait est ramassé deux fois par semaine afin d'assurer une fabrication faite à partir d'un lait de plus ou moins trois jours.

Chèbrie (PM à cr. fleurie), p. 107
Princeville (PM à cr. fleurie), p. 241

MAISON ALEXIS-DE-PORTNEUF – SAPUTO
71, avenue Saint-Jacques
Saint-Raymond-de-Portneuf
(Québec) G3L 3X9
Tél. : 1 866 901-3312
Denis Cayer
Région : Québec
Type de fromagerie : industrielle

La fromagerie Cayer se donne une nouvelle appellation adoptant le prénom de l'ancêtre, Alexis Cayer. Il y a 150 ans, ce défricheur s'engageait sur des terres encore sauvages pour les apprivoiser. Dans cette région pastorale de monts et de vallées, Maison Alexis-de-Portneuf – Saputo est devenue maître dans la fabrication de fromages de types camembert et brie de lait entier, double ou triple-crème, qui valent bien des fromages importés. On y prépare également des fromages à pâte fraîche, à pâte semi-ferme ou ferme, des pâtes persillées (bleu), ainsi que des fromages de chèvre.

On trouve les fromages Cayer dans la plupart des supermarchés ainsi qu'à la boutique de l'usine, à Saint-Raymond, ouverte du lundi au mercredi de 8 h 30 à 17 h 30; les jeudi et vendredi de 8 h 30 à 21 h; le samedi de 8 h 30 à 16 h et le dimanche de 10 h à 16 h.

Brie triple-crème Chèvre des neiges, p. 97

Belle-Crème (double-crème), p. 90

Bleubry (bleu), p. 66

Brie Bonaparte, p. 91

Brie d'Alexis

Brie de Portneuf

Brie de Portneuf double-crème, p. 92

Brise du Matin (PM à cr. fleurie)

Camembert Calendos, p. 79

Camembert des Camarades

Camembert de Portneuf, p. 80

Caprano

Caprano vieilli (cheddar de chèvre)

Capriny (chèvre frais nature ou assaisonné)

Cendrillon (PM à cr. cendrée), p. 106

Chèvre d'art (PM à cr. fleurie), p. 126

Chèvre des neiges (chèvre frais), p. 133

Doré-mi (PS-F non affiné), p. 214

Paillot de chèvre (PM à cr. fleurie), p. 232

Rumeur (double-crème, PM à cr. fleurie)

Saint-Honoré (PM à cr. fleurie)

Saint-Raymond (PM à cr. lavée)

Sauvagine (PM à cr. lavée)

Tilsit (PS-F), p. 287

Cœur du Nectar (mi-chèvre, P fraîche garni de fruits : grenade et bleuets, grenade et framboises et grenade et cerises noires)

MAISON D'AFFINAGE MAURICE DUFOUR

1339, boul. Monseigneur-de-Laval
Baie-Saint-Paul (Québec) G3Z 2X6
Tél. : 418 435-5692
Maurice Dufour
Région : Charlevoix
Type de fromagerie : maison d'affinage

Grâce à la distribution du Migneron de Charlevoix, dont la réputation dépasse largement les frontières du Québec, la maison d'affinage Maurice Dufour jouit d'une grande popularité nationale et internationale. La maison d'affinage, fondée en sep-

tembre 1994, mit en marché le Migneron de Charlevoix dès 1995. Ce fromage artisanal s'inspire de l'oka par sa forme. Il a été créé dans la foulée de la renaissance de l'industrie fromagère québécoise. Le Migneron connaît aussitôt un succès retentissant tout en se taillant une place de choix dans l'univers des fromages fins du Québec.

Pour confirmer son caractère artisanal, son étiquette représente la traite du soir, tirée d'une œuvre du peintre charlevoisien Louis Tremblay. Fier ambassadeur d'une industrie fromagère en pleine expansion, le Migneron peut compter sur un allié de taille, le Ciel de Charlevoix, un bleu délicieux fait de lait cru de vache. En saison, Francine Bouchard et Maurice Dufour élaborent un fromage de brebis à partir du lait de leur propre troupeau (135 brebis) : le Deo Gratias.

Le comptoir de vente est ouvert de 9 h à 17 h 30 du 24 juin, fête nationale du Québec, à la fête du Travail (hors saison de 11 h 30 à 17 h 30). Dès 11 h 30, le restaurant offre une dégustation de fromages maison; le soir, du mardi au samedi à partir de 18 h, la table d'hôte met en valeur les produits du terroir charlevoisien.

Ciel de Charlevoix (bleu), p. 66

Migneron de Charlevoix (PS-F à cr. lavée), p. 219

Le Deo Gratias (brebis, P/Fr)

Le Secret de Maurice (Brebis, PM à cr. fleurie)

La Tomme D'Elles (Brebis-vache, PS-F, à cr. lavée)

MOUTONNIÈRE (LA)

3690, rang 3
Sainte-Hélène-de-Chester (Québec) G0P 1H0
Tél. : 819 382-2300
Lucille Giroux
Région : Bois Francs
Type de fromagerie : fermière, artisanale

Il y a déjà quelques décennies que Lucille Giroux, fondatrice de la bergerie La Moutonnière, fait des moutons sa passion. À l'origine, son troupeau était destiné à la production de laine, et plus tard de viande de boucherie. Depuis 10 ans, Lucille Giroux possède un élevage de brebis dont la production laitière est consacrée à la transformation fromagère. Elle est la première à avoir fabriqué et commercialisé des fromages québécois de brebis.

En 2000, La Moutonnière a connu un développement important avec la venue du Néo-Zélandais Alastair MacKenzie, désormais associé à l'entreprise. Celui-ci a apporté de son pays natal une expérience d'une vingtaine d'années en qualité d'exploitant agricole en production ovine. La Moutonnière a agrandi son troupeau, rationalisé ses installations et possède désormais une cave d'affinage permettant la fabrication de fromages affinés.

La bergerie et la fromagerie La Moutonnière peuvent être considérées comme des précurseurs, dans la filière ovine laitière au Québec, en matière de production et de fabrication de fromages fermiers de caractère, qui font dorénavant partie intégrante du terroir québécois.

Afin de mériter la confiance du public, les promoteurs de la fromagerie ont mis au point leur propre symbole de qualité concernant l'élevage et la nutrition du troupeau, en tentant de respecter au maximum les conditions de vie des moutons à l'état naturel. Durant les beaux jours, les moutons paissent dans de beaux pâturages ensemencés d'un mélange d'une douzaine de plantes sauvages. L'hiver, ils sont nourris du fourrage cultivé à la ferme et récolté au moment de la floraison (aucun ensilage, puisque celui-ci modifie le goût du lait). La Moutonnière propose neuf fromages avec le lait de la ferme, ainsi que celui d'élevages sélectionnés.

La Société américaine des fromages mettait en compétition – au début de l'été 2007 – 1 208 produits fabriqués par 200 producteurs originaires de 30 États américains, du Québec et du Canada. Sur les neuf fromages et yogourts présentés par La Moutonnière, sept ont obtenu des titres d'excellence. La féta de brebis dans l'huile aux fines herbes s'est classée au premier rang. C'est d'autant plus prestigieux que cette catégorie regroupait les laits de brebis, de chèvre et de vache.

On trouve ces produits à la boutique de la fromagerie, au comptoir de la fromagerie au marché Jean-Talon, à la fromagerie Atwater (Montréal), à l'Échoppe des Fromages (Saint-Lambert), à la Fromagère du Marché du Vieux-Port de Québec, ainsi que dans certaines boutiques d'alimentation et fromageries au Québec.

Bercail (PM à cr. naturelle), p. 61
Bleu de la Moutonnière (bleu), p. 64
Cabanon (PM dans une feuille d'érable et bain d'eau-de-vie), p. 99
Clos vert (PF à cr. naturelle), p. 147
Féta La Moutonnière (PS-F dans l'huile aromatisée), p. 164
Fleurs des Monts (PS-F à cr. naturelle), p. 169
Foin d'odeur (PM à cr. fleurie), p. 170
Neige de Brebis (P fraîche de type ricotta), p. 249
Soupçon de bleu (bleu), p. 69

PAMPILLE ET BARBICHETTE

2722, rang Saint-Edmond
Sainte-Perpétue (Québec) J0C 1R0
Tél. : 819 336-6882
Maryse Clément
Région : Centre-du-Québec
Type de fromagerie : fermière

La ferme Fiorys existe depuis 1993 alors que Maryse et François Clément en prenaient possession. À ses débuts, la ferme laitière comprenait un troupeau de 45 vaches de race Holstein. En 2000, on ajoutait l'élevage de la chèvre pour le lait. Cette récolte est devenue l'activité principale avec plus de 160 laitières. En 2005, la ferme a reçu le trophée Lait'Mérite pour la qualité de son lait à l'usine Cayer-Saputo, et en 2006 elle était finaliste dans la catégorie argent du Mérite agricole.

Depuis la création de la fromagerie, en 2005, une partie du lait de chèvre est transformée, la production consistant actuellement en fromage frais et en yogourt. Le Délice de Fiora est un mélange onctueux de fromage et de yogourt agrémenté de fruits en purée ou de confiture maison.

Les produits sont en vente à la ferme le vendredi de 9 h 30 à 11 h 30 et de 14 h à 17 h ; la fromagerie a son comptoir au Marché Godefroy de Bécancour les fins de semaine, de mai à octobre.

Alpin (chèvre frais, nature, aux fines herbes ou au poivre)

Boules de Neige (chèvre frais aromatisé et mariné dans l'huile)

Caprinou (yogourt de chèvre, nature, fraise ou framboise)

Délice de Fiora (fromage frais et yogourt aromatisé au fruits)

PETITE HEIDI (LA)
504, boul. Tadoussac
Sainte-Rose-du-Nord (Québec) G0V 1T0
Tél. : 418 675-2537
Line Turcotte et Rhéaume Villeneuve
Région : Saguenay–Lac-Saint-Jean
Type de fromagerie : fermière, artisanale

La Petite Heidi a vu le jour en 1996. Line Turcotte et Rhéaume Villeneuve proposent des fromages de chèvre fabriqués à partir du lait de leur troupeau. Ils produisent le Sainte-Rose frais nature ou assaisonné, dont un au chocolat, le Sainte-Rose en grains et le Petit Heidi du Saguenay, deux fromages de type cheddar. La Petite Perle est de type crottin, nature ou assaisonnée aux épices et aux herbes. Les fromages les plus connus de la fromagerie artisanale sont le Rosé du Saguenay et une tomme, le Sainte-Rose lavé au vin. À l'occasion, Line Turcotte prépare un petit fromage à pâte molle et à croûte fleurie, le Petit Trésor du Fjord. La fromagerie avait souligné l'arrivée de l'an 2000 avec le Fleur de Roseline. Ce fromage à pâte semi-ferme à la croûte lavée avec une

solution que l'on veut secrète est offerte sur le marché, mais la petite production ne permet pas un approvisionnement constant.

Le comptoir de la fromagerie est ouvert tous les jours de 9 h à 18 h. Selon la saison, on trouve le Rosé du Saguenay et le Sainte-Rose dans les boutiques et fromageries spécialisées.

Fleur de Roseline (PS-F à cr. lavée)

Petit Heidi du Saguenay (cheddar frais)

Petite Perle (crottin, nature ou assaisonné)

Rosé du Saguenay (PS-F), p. 280

Sainte-Rose en grains (cheddar de chèvre)

Sainte-Rose (chèvre frais : nature, ciboulette, épices et chocolat)

Sainte-Rose lavé au vin (PS-F à cr. lavée), p. 256

RUBAN BLEU
449, rang Saint-Simon
Saint-Isidore (Québec) J0L 2A0
Tél. : 450 454-4405
Caroline Tardif et Jean-François Hébert
Région : Montérégie
Type de fromagerie : artisanale

La fromagerie, qui existe depuis le début des années 1980, fut la première à commercialiser le fromage de chèvre au Québec. Denise Poirier et son mari, Jean-Paul Rivard, ont mis au point une gamme de fromages au lait de chèvre à la manière traditionnelle et selon des techniques artisanales.

Les fromages Ruban Bleu ont remporté de nombreux prix d'excellence dans divers concours québécois, canadiens et américains. Le nom de l'entreprise commémore les premières récompenses obtenues : en 1981, l'une des chèvres de race Toggenburg remportait en effet un premier prix, et sa propriétaire se voyait décerner le fameux « Ruban bleu ». En décembre 2005, Caroline Tardif prend la relève et donne un nouveau souffle à la fromagerie. Dès lors, le troupeau de chèvres laitières est doublé et la production s'intensifie. En 2008, la modernisation entraîne l'aménagement et l'équipement de nouveaux locaux. En outre, des efforts considérables sont déployés afin d'augmenter l'achalandage à la ferme : on y vend aussi des viandes et autres produits de petits fruits (la ferme possède un verger de 5 000 arbres fruitiers – poiriers, pommiers, cerisiers, abricotiers). Le principe de vente à la ferme rejoint les valeurs écologiques et communautaires de la propriétaire ; tous les produits sont d'influence bio.

Depuis 1998, un centre d'interprétation de la chèvre, le Pavillon Ruban Bleu, explique à l'aide d'images et de commentaires le déroulement de la filière caprine, depuis la naissance du chevreau jusqu'à l'élaboration du produit transformé. Trois présentations sont offertes : la générale pour le grand public, une présentation pédagogique pour les groupes scolaires et une autre plus spécifique pour les habitués. Une dégustation de fromages et de lait de chèvre est proposée sur place.

La fromagerie ouvre du mardi au vendredi de 10 h à 18 h, samedi et dimanche, jusqu'à 17 h ; elle est fermée le lundi. Visites commentées : mai, juin, septembre et octobre, samedi et dimanche à 14 h, juillet et août du mardi au dimanche à 14 h. Téléphoner à la fromagerie au préalable. On trouve les fromages dans quelques boutiques et fromageries spécialisées et sur les marchés un peu partout au Québec. On y trouve aussi une salle de réception et une table champêtre, des repas thématiques selon la saison.

Bouton de Culotte (crottin), p. 144
Chèvre d'Or (cheddar de chèvre)
Pampille (chèvre frais)
Pyramide (PM à cr. fleurie), p. 242
Saint-Isidore (PM à cr. fleurie), p. 255
Saint-Isidore cendré (PM à cr. cendrée), p. 255
Monsieur Émile (PM à cr. fleurie)
Choco-Chèvre (friandise au chèvre frais : coupe en chocolat garnie de crème de chèvre frais agrémenté de confiture maison)
Tomme (chèvre-brebis)
Féta

SAPUTO INC.
6869, boul. Métropolitain Est
Montréal (Québec) H1P 1X8
Tél. : 514 328-6662
Nathalie Gamache
Région : Montréal-Laval
Type de fromagerie : industrielle

En 1950, Giuseppe Saputo quitte son village natal de Montelepre, près de Palerme, en Sicile, pour venir à Montréal. Avec l'aide son fils aîné, Frank, il prépare la venue de son épouse, Maria, et de ses six autres enfants. Il faudra attendre deux ans pour que la famille soit enfin réunie. Les années qui suivent témoignent du courage et de la ténacité de cette besogneuse famille sicilienne. En 1954, sur les encouragements de son fils Lino, Giuseppe fonde l'entreprise qui porte le nom de la famille Saputo. Aujourd'hui, l'entreprise demeure un important importateur et fabricant de fromage au Québec, au Canada et aux États-Unis. Saputo a également étendu ses activités en Argentine et, depuis peu, en Europe.

Giuseppe a perpétué au Québec la tradition fromagère de son berceau, la Sicile, ainsi que d'autres spécialités du sud de l'Italie. La première installation de production d'importance a été inaugurée dans le quartier Saint-Michel en 1957. L'événement concorde avec la popularisation de la pizza. La mozzarella contribuera au succès et à la renommée de la famille. Au Québec et au Canada, la société exploite aussi un réseau de distribution spécialisé offrant à sa clientèle un vaste assortiment de fromages importés et de produits non laitiers, en complément de ses productions. Les principales marques de commerce au Québec sont Saputo, Stella, Frigo, Dragone, Dairyland, Dairy Producers, Baxter, Armstrong, Caron, Fromage Côté et Maison Alexis-de-Portneuf – Saputo. Ses installations comprennent 15 usines aux États-Unis et 36 au Québec et au Canada.

Bocconcini, Cocktail Bocconcini et Mini Bocconcini (P fraîche, filée), p. 180
Brick
Caciocavallo (filée, nature ou fumé), p. 179
Féta
Fiorella Ricotta
Friulano (type cheddar)
Havarti (nature ou assaisonnée), p. 197
Monterey Jack
Mozzarella
Mozzarellissima
Mozzarina Mediterraneo (P fraîche, filée), p. 181
Pastorella (PF), p. 232
Provolone traditionnel (PF filée)
Provolone Gigantino (léger)
Ricotta (P fraîche), p. 250
Suisse et Suisse Saint-Jean (PF)
Trecce (PF filée), p. 181
Tuma (ricotta), p. 251

200, rue Bellehumeur
Gatineau (Québec) J8P 8N6
114, rue Saint-Raymond
Gatineau (Secteur Hull)
Tél. : 819 243-6411
Gilles Joanisse et Mario Hébert
Région : Outaouais
Type de fromagerie : mi-industrielle

Mario est le quatrième de la famille Hébert à exploiter la fromagerie. En association avec Gilles Joanisse, il fabrique quotidiennement 1 000 kilos de fromage. Les spécialités sont les cheddars frais, en grains et en bloc, ainsi que des cheddars vieillis de 2 à 5 ans sous les appellations 1re, 2e, 3e et 4e Génération, chacun se voulant un fier représentant d'un membre de la famille depuis 1925. D'autres fromages sont proposés : un triple-crème, le Léo, un cheddar macéré plusieurs mois dans la liqueur d'érable Mont-Laurier, et le Neige, macéré dans le cidre de glace. On y fabrique à plus grande échelle le colby, le monterey jack, le brick et le farmer, nature ou assaisonné à l'aneth, à l'ail ou à l'oignon, ainsi qu'aux herbes ou aux épices.

La fromagerie ouvre tous les jours à 9 h, jusqu'à 18 h le lundi et le mardi, 19 h le mercredi, 21 h le jeudi et le vendredi, 17 h 30 le samedi et 17 h le dimanche. Les produits sont distribués dans la majorité des chaînes d'alimentation de la région ainsi qu'à la fromagerie La Trappe, à Plaisance.

Attrape-Cœur, (PM à cr. fleurie), p. 90
Brick
Cheddar (frais, bloc ou grains)
Colby
Farmer
Génération 1er, 2e, 3e et 4e (cheddar vieilli de 1 an à 5 ans), p. 117
Léo (cheddar macéré dans la liqueur d'érable)

Neige (cheddar macéré dans le cidre de glace), p. 249
Monterey Jack

TROUPEAU BÉNIT (LE)
Saint-Monastère-Vierge-Marie-la-Consolatrice
827, chemin de la Carrière
Brownsburg-Chatham (Québec) J8G 1K7
Tél. : 450 533-4313 ou 450 533-1170
Sœur Mireille
Région : Basses-Laurentides
Type de fromagerie : artisanale

La petite communauté de religieuses grecques orthodoxes s'est établie sur cette ancienne terre au nord de Lachute. La maison est devenue leur monastère. Les 15 sœurs tirent leur subsistance de la culture de la vigne, des fruits et des légumes, de l'élevage de poulets et de poules, ainsi que d'une centaine de brebis et de chèvres, le « Troupeau Bénit ». Fidèles à la tradition grecque, les sœurs fabriquent trois fétas (au lait de chèvre, de brebis ou mixte, brebis-chèvre) conservées dans la saumure, ainsi qu'un gruyère. Ce dernier, le Graviera, est un fromage pressé enrobé de cire et fait au lait de chèvre ou de brebis. La fromagerie prépare un gouda de chèvre, un havarti ainsi qu'un fromage frais, roulé en billes, nature ou assaisonné aux herbes et conservé dans l'huile. Les religieuses fabriquent également le traditionnel yogourt grec, épais et onctueux, ainsi que du beurre. Les fromages sont fabriqués à partir du lait du troupeau du monastère.

On achète ces produits à la boutique du monastère tous les jours de 9 h à 18 h. On peut aussi y acheter de la viande d'agneau ou de chevreau, des plats cuisinés, des chocolats et pâtisseries (biscuits), des livres liturgiques, des bougies, des objets de culte, dont de belles icônes, des bougies, des œufs peints à la main, des cassettes de chants religieux, etc.

Athonite (gouda), p. 188
Bon Berger (havarti), p. 198
Féta Le Troupeau bénit
Graviera (gruyère ou jalsberg), p. 270
Les Petites Sœurs (chèvre frais, roulé en boules, nature ou assaisonné dans l'huile de pépins de raisin), p. 134
Symandre (havarti), p. 198

INDEX